微积分溯源

Calculus Reordered

A History of the Big Ideas

·伟大思想的历程·

[美] 戴维·M. 布雷苏（David M. Bressoud）著　陈见柯　林开亮　叶卢庆　译

人民邮电出版社
北京

图书在版编目(CIP)数据

微积分溯源：伟大思想的历程/（美）戴维·M.布雷苏 (David M. Bressoud) 著；陈见柯，林开亮，叶卢庆译. --北京：人民邮电出版社, 2022.11

（图灵新知）

ISBN 978-7-115-60243-5

Ⅰ. ①微… Ⅱ. ①戴… ②陈… ③林… ④叶… Ⅲ. ①微积分-研究 Ⅳ. ①O172

中国版本图书馆 CIP 数据核字（2022）第 188891 号

内 容 提 要

本书讲述了一种理解和学习微积分的新思路。书中通过探索微积分发展历程背后的数学动机，展现了这一数学基本工具的魅力。作者根据自己研究和教授微积分的丰富经验，结合多年从事中学和大学数学教育的心得体会，对传统的微积分教学方式，即大多按照从极限、导数、积分到级数的顺序进行学习的方法提出了异议，探讨了一种更有趣、更易被接受和理解的学习方法。作者写过不少富有启发意义的微积分教材，此次利用自己在教学与研究方面的特长，写成了这本内容丰富、风格有趣的“小书”。本书适合中学以上水平的数学爱好者、学生和教师阅读。

◆ 著　　[美] 戴维·M.布雷苏（David M. Bressoud）
译　　陈见柯　林开亮　叶卢庆
责任编辑　赵晓蕊
责任印制　彭志环

◆ 人民邮电出版社出版发行　北京市丰台区成寿寺路 11 号
邮编 100164　电子邮件 315@ptpress.com.cn
网址：https://www.ptpress.com.cn
涿州市京南印刷厂印刷

◆ 开本：720×960 1/16
印张：12.5　　2022 年 11 月第 1 版
字数：205 千字　　2025 年 2 月河北第 13 次印刷
著作权合同登记号　图字：01-2019-7535 号

定价：79.80 元

读者服务热线：(010) 84084456-6009　印装质量热线：(010) 81055316

反盗版热线：(010)81055315

广告经营许可证：京东市监广登字 20170147 号

版 权 声 明

序 言

本书不会告诉你如何做微积分练习. 我的目标是解释微积分是如何以及为何产生的. 然而, 往往微积分的叙事结构消失在种种法则和步骤背后. 我希望本书的读者能够从微积分的故事中获得启迪. 我假定读者对微积分有一定了解, 但事实上, 我写的绝大部分内容只需要读者具有对数学的好奇心, 以及极少的其他数学预备知识.

大多数学习过微积分的人知道, 牛顿和莱布尼茨"站在巨人的肩膀上", 而且我们今天所学习的课程并非 300 多年前他们留传下来的内容. 不过令人不安的是, 我们往往会听到这样的解释: 微积分好像是在 17 世纪晚期就已经完全定型, 而且此后几乎没有变化的一门学科. 事实是, 我们今天所了解的这门课程经过整个 19 世纪才定型, 被精心组织以满足研究型数学家的需要. 我们今天通常采用的进程, 即微积分 AP(先修) 课程所认定的微积分四大核心理念 (Four Big Ideas)——极限、导数、积分和级数——对一门分析课程来说是合适的, 分析课程致力于理解在试图应用微积分时可能会犯的各种错误, 但它为理解微积分提供了一条艰难的路径. 本书的目标, 是利用这四大核心理念的历史发展, 来指引抵达微积分的更自然和更直观的路径.

微积分核心理念的历史进程始于积分, 或更准确地说, 累积. 这至迟可以追溯到公元前 4 世纪对圆的面积等于一个底为圆周长 (π × 直径)、高为圆半径的三角形的面积[①]的解释. 在接下来的几百年里, 古希腊哲学家变得擅长于推导旋转多面体的表面积和体积公式. 正如我们将看到的, 这个方法被阿拉伯、印度和中国数学家进一步发展, 并在 17 世纪的欧洲达到其顶点.

累积并不只有面积和体积. 在 14 世纪的欧洲, 哲学家将变化的速度作为位移的变化率来研究. 我们发现了积累小的变化量以求得总的变化量的第一个例子. 这些哲学家意识到, 如果物体的速度用一条曲线到一条水平线的距离表示, 则速度曲线与水平线之间的面积就是物体所走过的路程. 因此, 路程的累积可以表示为面积的累积, 从而将几何与运动联系起来.

① 用现代记号表示为 $\frac{1}{2} \times 2\pi r \times r$ 或 πr^2.

接下来出现的一个核心理念是导数, 它包含一系列的解题技巧, 其核心思想是变化率. 线性函数很特殊, 因为输出的变化量与输入的变化量之比值是常数. 在公元 500 年左右, 古印度天文学家在研究弧长的改变如何影响对应的弦长的改变时, 发现了我们今天视为正弦与余弦的导数. 他们在探究敏感性, 即导数的关键应用之一: 理解一个变量的小的改变如何影响一个相关联的变量.

在 17 世纪的欧洲, 变化率的研究以切线的形式出现. 最终, 它们汇入变化率的一般研究. 微积分诞生了, 牛顿与莱布尼茨相互独立地认识到, 求解累积问题与变化率问题的技巧是互逆的, 从而使得自然哲学家使用在一个领域内找到的解来回答另一个领域内的问题.

出现的第三个核心理念是级数. 虽然写成无穷和的形式, 但无穷级数其实是部分和序列的极限. 级数独立地出现在 13 世纪的印度与 17 世纪的欧洲, 其建立源于对多项式逼近之基础的探索. 当微积分建立起来以后, 在 18 世纪早期, 级数成了为动力系统建立模型的必备工具, 其地位是如此重要, 以至于欧拉——为 18 世纪数学定型并确立了微积分威力的数学家——断言, 对微积分的任何学习都必须从无穷级数开始.

术语*无穷求和*是一个自相矛盾的组合. 从字面上看,"无穷" 意味着没有终结, 而 "求和"(summation) 与 "顶点"(summit) 相关, 意味着引出一个结论. 所以, 无穷求和是一个引出结论的无休止的过程. 如果应用时不小心, 就可能引出错误的结论和显然的矛盾. 主要是理解无穷和的种种困难, 在 19 世纪推动了最后一个核心理念——极限——的发展. "极限" 一词的通常用法包含了会令学生误入歧途的种种含义. 正如格拉比内 (Grabiner) 指出的①, 极限的现代含义源于不等式的代数, 这些不等式通过控制自变量而控制了因变量的振幅.

按照历史顺序, 微积分的四大核心理念, 即我们前四章的标题依次是:

(1) 累积 (积分);

(2) 变化率 (导数);

(3) 部分和序列 (级数);

(4) 不等式的代数 (极限).

此外, 我补充了一章以介绍 19 世纪分析学的某些方面. 不清楚代数在微积分中如何应用的人不应该教授代数, 同理, 不清楚微积分在 19 世纪如

① 见 [35].

何演化的人不应该教授微积分. 虽然严格遵循这个历史顺序也许是不必要的, 但任何讲授微积分的人应该明白不遵循它的潜在危险.

那我们又怎么会采用一个与历史近乎相反的顺序呢: 首先是极限, 而后是导数、积分, 最后是级数? 答案是, 这是 19 世纪研究型数学家的需要, 他们揭示了微积分内部的显然矛盾. 正如欧几里得所开创并为数学界广泛接受的范式所要求的, 一个逻辑上严格的解释始于精确的定义和对假设 (在数学词汇中以公理著称) 的陈述. 由此出发, 人们建立论证, 得到定义和公理的直接推论, 进而将它们糅合在一起, 作为推演更微妙、复杂的命题和定理的基石. 这个方法的优美之处在于, 它使得任何数学断言的检验变得非常便利.

这就是目前微积分教学大纲的结构. 由于导数和积分都建立在极限的概念之上, 因此从逻辑上说, 极限要首先登场. 从某种意义上说, 接下来出场的是导数还是积分并不重要, 但导数的极限定义比累积的极限定义要简单, 后者的精确阐明直到 1854 年才由黎曼给出, 而且包含了极限的复杂应用. 因此, 导数几乎总是在极限之后出场. 在大一的微积分课程中, 为了实际应用, 介绍的级数是泰勒级数, 它是用导数定义的多项式逼近的延伸. 正如在大一微积分课程中所应用的, 级数可以出现在积分之前, 不过这些理念的相对重要性通常会使得积分被置于级数之前.

对那些想要检验微积分在逻辑上合理的学生来说, 我们当前所采用的进程是合适的. 不过, 大一学生中只有极少数人有这个需求. 通过强调微积分的历史进程, 学生会理解这些核心理念是如何发展的.

如果当前的教学大纲在教学上是合理的, 事情也许不会如此糟糕. 不幸的是, 并非如此. 从四大核心理念中最成熟、最困难的极限开始, 就意味着大多数学生无法理解其真实含义. 极限要么被简化为一种具有一定有效性但可能导致许多错误假设的直观概念, 要么学习它就得死记硬背许多技巧.

下一个教学问题是积分——现在它紧跟在导数之后——很快归结为求原函数. 作为 19 世纪后期回应一个不连续函数如何仍然可积的问题的产物, 黎曼对积分的定义很难理解, 导致学生忽略了作为极限的积分而只专注于作为原函数的积分. 累积是一个非常直观的简单思想. 作为微积分发展的第一步, 这是有原因的. 然而, 那些将积分视为求导逆过程的学生通常很难将累积问题与积分联系起来.

当前的课程设置是如此根深蒂固, 我几乎不指望本书能促使每个人调整教学大纲. 我的希望是, 老师和学生能关注微积分的历史发展, 在教学极限时关注不等式的代数, 在教学导数时关注变化率, 在教学积分时关注累积, 在教学级数时关注部分和序列. 为有助于做到这一点, 我补充了一个附录, 它源于从数学教育研究中获得的实际见解与建议. 我希望本书能帮助老师们认识到形成于 19 世纪并在 20 世纪融入当前微积分课程中的定义与定理所固有的概念上的难点. 这包括极限、连续性、收敛性的精确定义. 即便没有它们, 伟大的数学家也做出了伟大的工作. 但这并不是说它们不重要. 它们较晚才进入微积分的世界, 因为它们阐明了数学界慢慢才理解的一些微妙之处. 如果大一学生难以理解其重要性, 我们不应感到惊讶.

对于我如何称呼微积分创立中所涉及的人物, 我还想说几句. 对公元 1700 年以前的人, 我称他们为 “哲学家”, 因为他们认为自己是哲学家, 是 “喜爱智慧的人”. 没有一个人将自己限于研究数学. 牛顿和莱布尼茨即如是. 牛顿将物理视为 “自然哲学”, 即对大自然的研究. 对 1700 年到 1850 年的人, 我称他们为 “科学家”. 虽然这个词直到 1834 年才被发明出来, 但它精确地捕捉了这一时期发展微积分的所有人的广泛兴趣. 许多人仍然将自己视为哲学家, 但重心已经转移到对我们周围世界的更实际的探究. 他们中几乎每个人都对天文学和今天我们所称的 “物理学” 感兴趣. 1850 年以后, 大家往往只专注于数学问题. 在且仅在这个时期, 我将称他们为数学家.

我要对帮助我完成本书的许多人表示由衷的谢意. 吉姆 • 斯莫克, 一位未接受过正式训练但懂得极多数学历史的数学家, 对我启发很大, 并对早期的初稿提供了极有用的反馈. 我要感谢威廉 • 邓纳姆和迈克 • 厄尔特曼提出了许多有用的建议. 普林斯顿大学出版社的薇姬 • 卡恩和剑桥大学出版社的凯蒂 • 利奇都对本书表示出兴趣. 他们的鼓舞激励我完成了本书. 他们两位都将我的初稿拿给了审稿专家. 我得到的反馈非常有价值. 尤其要感谢剑桥大学出版社的审稿专家逐行阅读了全书, 使我的行文更加紧凑, 并建议进行了许多增删. 您将会在全书中看到您留下的痕迹. 我要感谢我的制作编辑萨拉 • 勒纳, 尤其是我的文字编辑格伦达 • 克鲁帕. 最后, 我想感谢我的妻子简, 感谢她对我的支持. 她对历史的热爱帮助我将这本书定型.

戴维 • M. 布雷苏

bressoud@macalester.edu

2018 年 8 月 7 日

目　　录

第一章　累　　积

微积分中最直观的核心理念是*累积*. 在这一章, 我们将追溯这一理念的发展历程. 我们首先讲述古希腊哲学家安提芬、德谟克利特、欧几里得、阿基米德和帕普斯发现面积和体积公式的故事. 这些发现引导海赛姆、开普勒和 17 世纪的哲学家们发展出了旋转体的体积公式. 接着, 我们返回 14 世纪, 回顾累积理念在速度–路程问题中的应用, 并简要地叙述默顿学派和奥雷姆的贡献. 回到 17 世纪, 我们将分享一个令人惊艳的发现——竟然存在长度无限而体积有限的几何体. 我们还会了解如何求曲线下方区域的面积. 在本章末我们将介绍伽利略和牛顿如何运用累积的方法来解决那个时代最大的科学难题: 为何地球在空间中飞驰, 而我们却丝毫感觉不到它的运动?

1.1　阿基米德和球的体积

1906 年, 约翰·路德维希·海伯格 (Johan Ludwig Heiberg) 在一本 13 世纪的祈祷书中发现了一部遗失的阿基米德著作——*《力学定理的方法》*(*The Method of Mechanical Theorems*). 书中阿基米德的文字是从一本约 10 世纪的手稿中抄来的, 字已经被擦拭掉, 以便重复使用羊皮纸. 幸好, 很多原先的字迹依稀可辨. 其中可读的部分在接下来的十年间被发表出来. 1998 年, 一位匿名收藏家以 200 万美元的价格收购了这份文本, 并将它保存在美国巴尔的摩的沃尔特斯艺术博物馆. 博物馆改善了文本的保存条件, 并使用现代科学工具对其进行解读.

现在人们已经知道,*《力学定理的方法》*是阿基米德写给同时代的数学家埃拉托斯特尼 (Eratosthenes) 的书, 里面阐述了计算面积、体积和力矩的方法. 书中展示了积分学的核心思想, 包括对无穷小量的运用, 只不过阿基米德在书写形式证明的时候隐藏了这些想法. 对于该手稿, 2003 年的一档 *NOVA* 节目声称

> 这是一部原本可以改变世界历史的书……如果人们能够早点儿发现它的秘密, 今天的世界就会变得非常不同.……没准儿我们

早已登陆火星, 而且已经提前完成现在的人们在一百年之后才能做到的所有事情.(*NOVA*, 2003)

言外之意, 若世界没有在那几个世纪里遗失阿基米德的《力学定理的方法》, 微积分早就被发展出来了. 然而这是无稽之谈. 正如我们将看到的, 阿基米德的其他工作完全足以引领微积分的发展. 微积分的滞后发展不是因为人们对阿基米德的方法缺乏理解, 而是因为还需要发展出其他数学工具. 特别是, 学者们在我们现在所知的微积分方面取得实质性进展之前, 还需要发展出现代的代数符号语言及其在曲线问题中的应用. 直到 17 世纪早期, 这种语言及其在解析几何中的应用才得以发展完成. 即便如此, 将“穷竭法”转化为用于计算面积和体积的代数技术仍然耗费了数十年. 对于微积分的发展来说, 欧多克索斯、欧几里得和阿基米德的工作是很重要的, 但并非全都不可或缺, 而且仅凭这些工作远远不够.

阿基米德 (Archimedes of Syracuse, 约公元前 287—公元前 212) 是解决面积问题和体积问题的大师. 尽管他的准确出生年份已不可考, 但人们对他的卒年却再清楚不过了. 西西里和迦太基曾在第二次布匿战争 (公元前 218～公元前 201) 期间结盟, 在这场战争中, 汉尼拔 (Hannibal) 率领着他的象群翻越阿尔卑斯山进攻罗马. 罗马将军马塞勒斯 (Marcellus) 对当时的西西里首都叙拉古进行了长达两年的围攻. 身为大工程师, 阿基米德用他发明的各种武器帮助保卫这座城市，如爪钩、弹射器, 甚至可能还发明了汇聚阳光以烧毁罗马战舰的反光镜. 罗马人最终突破了防线, 阿基米德在城池沦陷期间死去. 有一个也许是杜撰的故事, 说马塞勒斯将军曾试图将阿基米德带到安全的地方, 但是阿基米德太专注于数学计算, 因而并未跟随他离开.

在阿基米德的众多成就中, 他最引以为豪的就是发现了球的体积公式, 即一个球的体积是容纳该球的最小圆柱体积的三分之二 (图 1.1).

阿基米德非常珍视这个发现, 以至于他要求在自己的墓碑上刻一个球内切于圆柱的图案, 并标注出比例 2 : 3. 百年之后, 当西塞罗 (Cicero) 游历叙拉古之时, 依然能看到这个墓碑.[①]为弄清它为什么告诉了我们关于球体积的通常公式, 设 r 为球的半径. 容纳该球的最小圆柱的底面半径为 r, 高为 $2r$, 所以

$$\text{圆柱的体积} = \pi \times \text{半径}^2 \times \text{高} = \pi r^2 \cdot 2r = 2\pi r^3.$$

① Dijksterhuis, 1956, p.32.

该数值的三分之二是 $\dfrac{4}{3}\pi r^3$, 恰好是球的体积.

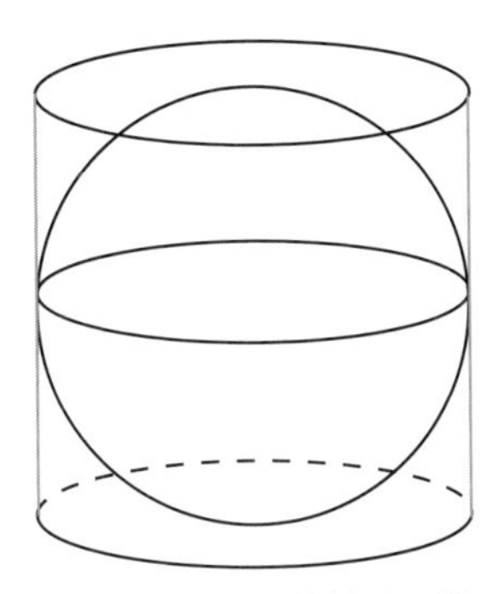

图 1.1 容纳球的最小圆柱

阿基米德向埃拉托斯特尼解释 (我进行了一些加工), 他将球面看作由圆绕其直径旋转一周所得, 而且设想球体由垂直于该直径的薄片堆积而成. 首先构造以 AB 为直径的圆 (图 1.2). 记 X 为直径上任意一点, 过 X 作直径的垂线交圆于点 C. 如果我们将圆及其内部绕着直径 AB 旋转一周, 则过点 X 且垂直于直径的薄片是一个面积为 $\pi\overline{XC}^2$、厚度为无穷小量 ΔX 的圆盘. 所有圆盘的体积之和可以表示为

$$\text{球的体积} = \sum \pi\overline{XC}^2\Delta X.$$

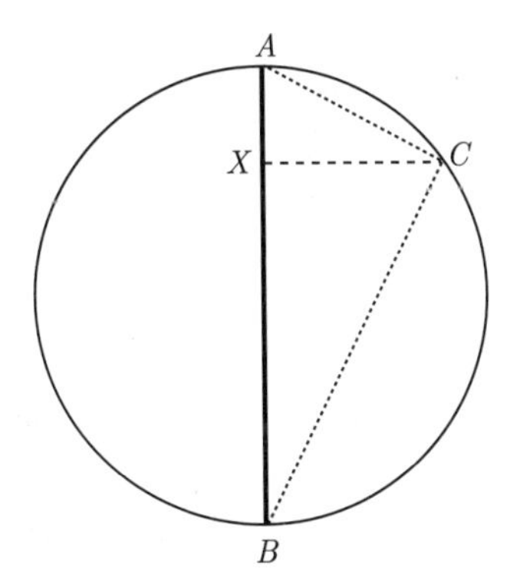

图 1.2 以 AB 为直径的圆

然后阿基米德借助了一点儿简单的几何知识. 由勾股定理, $\overline{XC}^2 = \overline{AC}^2 - \overline{AX}^2$. 且因为 $\angle ACB$ 是直角, 所以三角形 AXC 和三角形 ACB 相似, 故

$$\frac{\overline{AX}}{\overline{AC}} = \frac{\overline{AC}}{\overline{AB}}, \text{ 或 } \overline{AC}^2 = \overline{AX}\cdot\overline{AB}.$$

综上所述,

$$\begin{aligned}\text{球的体积} &= \sum \pi \overline{XC}^2 \Delta X \\ &= \sum \pi \overline{AC}^2 \Delta X - \sum \pi \overline{AX}^2 \Delta X \\ &= \sum \pi \overline{AX} \cdot \overline{AB} \Delta X - \sum \pi \overline{AX}^2 \Delta X.\end{aligned}$$

取同一直径 AB, 并在直径上的每一点 X 处作直径 AB 的垂直延伸线到点 D, 使得 $\overline{AX} = \overline{XD}$, 可得一个等腰直角三角形 (图 1.3). 将三角形绕轴 AB 旋转一周, 可得一个高为 $\overline{AB}$、底面半径为 $\overline{AB}$ 的圆锥. 和式 $\sum \pi \overline{AX}^2 \Delta X = \sum \pi \overline{XD}^2 \Delta X$ 表示这个圆锥的体积. 而圆锥的体积等于 $\frac{1}{3} \pi \overline{AB}^3$, 或者按照阿基米德那时候的理解, 圆锥的体积等于容纳球体的最小圆柱体积的 $\frac{4}{3}$ 倍, 其中最小圆柱的高为 $\overline{AB}$, 底面半径为 $\frac{1}{2} \overline{AB}$. 由此, 他建立了关系式

$$\text{球的体积} + \frac{4}{3}\ \text{容纳球的最小圆柱的体积} = \sum \pi \overline{AX} \cdot \overline{AB} \Delta X.$$

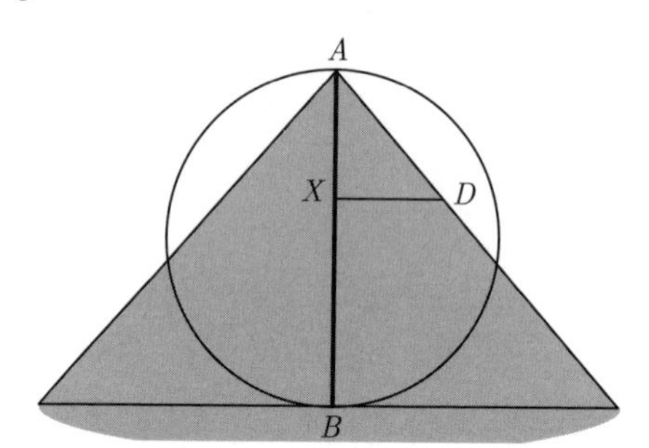

图 1.3　圆和等腰直角三角形

等号右边的和式本身比较难算. 阿基米德利用力矩干净利落地完成了推导.[①] 力矩的一个用途是确定平衡, 它是物体的质量与其到支点距离的乘

① 可以避免使用力矩, 用现代方法计算和式 $\sum \pi \overline{AX} \cdot \overline{AB} \Delta X$. 过程如下:

$$\begin{aligned}\sum \pi \overline{AX} \cdot \overline{AB} \Delta X &= \pi \overline{AB} \sum \overline{XD} \Delta X \\ &= \pi \overline{AB} \cdot\end{aligned}$$

$$\text{以}AB\text{为一直角边的等腰直角三角形的面积} = \frac{\pi}{2} \overline{AB}^3.$$

但是问题在于, 阿基米德是想不到这种方法的. 因为在他那个年代, 圆周率并未用符号 π 来表示, “提取出 π” 的操作自然无从谈起. 对于阿基米德来说, “π 乘以某个量的平方” 表示一个圆的面积, 这种表达式是不能被拆开的.

积. 若杠杆上两个质量不同的物体产生的力矩相等, 也即, 若它们的质量之比与它们到支点的距离之比成反比 (图 1.4), 杠杆就可以保持平衡. 阿基米德要算的是体积, 而不是质量, 但若物体的密度相同, 则体积之比就等于质量之比. 我们将等号左边的两个体积都乘上 $\overline{AB}$, 并将对应的物体妥善地安置在支点左边且与支点距离为 $\overline{AB}$ 的位置 (图 1.5).

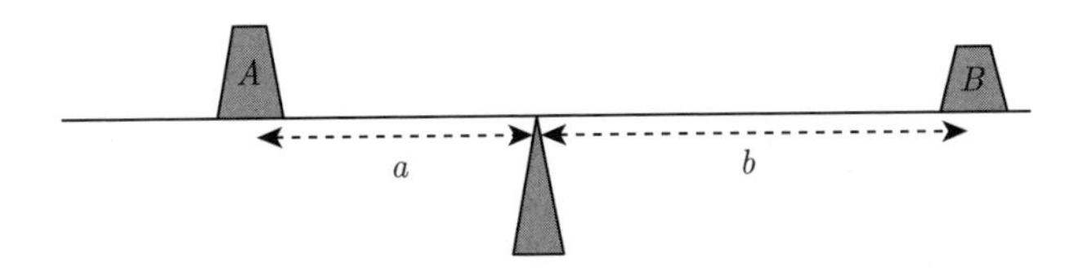

图 1.4 若 $Aa = Bb$, 或等价地说, $\dfrac{A}{B} = \dfrac{b}{a}$, 则与支点距离为 a 的重物 A 能与支点距离为 b 的重物 B 保持平衡

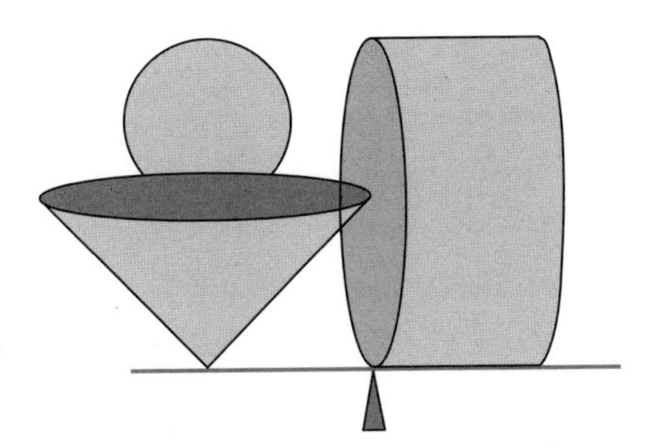

图 1.5 球和圆锥与厚圆柱保持平衡

将等式右边也乘以 $\overline{AB}$, 得到

$$\sum \pi \overline{AX} \cdot \overline{AB}^2 \Delta X.$$

$\pi \overline{AB}^2 \Delta X$ 是一个半径为 $\overline{AB}$、厚度为 ΔX 的圆盘的体积. 将它乘以 $\overline{AX}$ 表示把该圆盘放置在距离支点 $\overline{AX}$ 的位置所产生的力矩. 所有圆盘产生的力矩之和等于一个厚圆柱产生的力矩, 该厚圆柱的底面半径为 $\overline{AB}$, 其一个底面紧贴支点, 另一个底面在支点右边, 与支点的距离为 $\overline{AB}$(图 1.5). 因为厚圆柱的粗细是均匀的, 所以所有小圆盘产生的总力矩等于将厚圆柱的质量集中在距离支点 $\dfrac{1}{2}\overline{AB}$ 的位置所产生的力矩. 厚圆柱的底面半径为 $\overline{AB}$, 是容纳球体的最小圆柱底面半径的两倍, 故厚圆柱的体积是容纳球体的最小圆柱体积的四倍.

现在我们使用体积之比等于质量之比, 且质量之比为物体到支点距离之比的反比的事实, 得到

$$\frac{\text{球的体积} + \frac{4}{3}\text{容纳球的最小圆柱的体积}}{4 \times \text{容纳球的最小圆柱的体积}} = \frac{1}{2},$$

由上式可得欲证结论

$$\text{球的体积} = \frac{2}{3}\ \text{圆柱的体积}.$$

这样的论证足以说服同时代的数学家, 但其严格性尚达不到可发表的程度. 阿基米德会接着在他的《论球与圆柱》(*On the Sphere and Cylinder*) 中提供一个严格证明, 但是我不会介绍那个错综复杂的论证, 而是通过介绍阿基米德所处理的一个简单得多的例子, 来说明相同的实质. 这个例子就是圆的面积公式.

1.2 圆的面积和阿基米德原理

阿基米德的方法基于一项更加古老的技术——“利用薄片法求面积和体积”. 阿基米德将这项技术归功于公元前 4 世纪的欧多克索斯 (Eudoxus of Cnidus), 后者生活在今天的土耳其西南海岸. 欧多克索斯用他的薄片法, 发现棱锥和圆锥的体积等于底面积乘以高的三分之一. 人们认为, 甚至早在欧多克索斯之前, 安提芬 (Antiphon of Athens, 公元前 5 世纪) 就发现了圆的面积等于一个三角形的面积, 其中三角形的高等于圆的半径, 底等于圆的周长.

用现代符号表述, 定义 π 为圆的周长与其直径之比[①], 则圆的周长等于 π 乘以直径或 $2\pi r$. 而上述三角形的面积是底乘以高的一半, 为

$$\frac{1}{2}r \cdot 2\pi r = \pi r^2,$$

这就是我们熟悉的圆的面积公式. 如果将圆看作由很多非常细的三角形组成 (图 1.6), 就会得到这个公式.

① 第一次用 π 来表示圆的周长与直径之比是在 17 世纪或 18 世纪早期——可能是因为 π 是“perimeter”的希腊首字母——这个记号之后由欧拉推广使用.

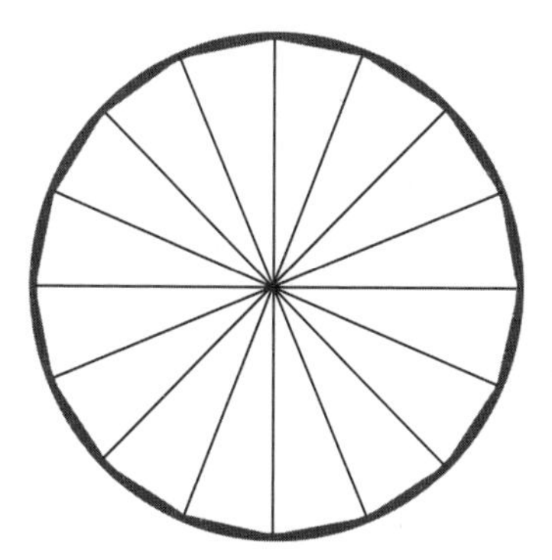

图 1.6 用很多细三角形逼近一个圆

事实上, 这些细三角形的高很接近于圆的半径, 而且随着三角形越变越细, 细三角形的高会越来越接近圆的半径. 所有细三角形的总面积等于各自的底乘以高的一半再求和, 也即等于先将底求和, 再乘以高的一半. 结果趋于周长 (底的和) 乘以半径的一半.

下面我给出的圆的面积公式的证明是对阿基米德的证明稍作加工而得到的. 证明依赖于欧几里得《几何原本》第十卷命题 1:

> 给定两个不等的量, 从较大量中减去一个大于它的一半的量, 再从余量中减去大于该余量一半的量, 这样继续下去, 则会得到某个小于较小量的余量.(Euclid, 1956, vol.3, p.14)

这个命题告诉我们, 若有两个正的量, 让其中一个量保持不变, 让另一个量不断减半, 那么最终 (在有限步内), 另一个量的余量会小于那个保持不变的量. 该命题如今被称为 *阿基米德原理*, 虽然它至少可以追溯到欧几里得. 它看起来是如此显然, 似乎不值一提, 然而值得注意的是, 它明确否定了无穷小量的存在. 无穷小量是一个大于零却小于任何正数的量. 如果我们允许某个不变的量是无穷小量, 取另一个正实数, 则无论我们将该正实数减半多少次, 它会始终大于无穷小量, 这与阿基米德原理矛盾.

定理 1.1 (阿基米德, 来自《圆的度量》) 圆的面积等于一个直角三角形的面积, 其中直角三角形的一条直角边等于圆的半径, 另一条直角边等于圆的周长.

证明 遵循阿基米德的证明, 我们将表明圆的面积既不小于也不大于上述直角三角形的面积, 从而证明它恰好等于直角三角形的面积. 首先假设圆的面积 A 严格地大于直角三角形的面积 T, 即 $A-T>0$.

考虑圆的内接正多边形, 比如如图 1.7 所示的正八边形.

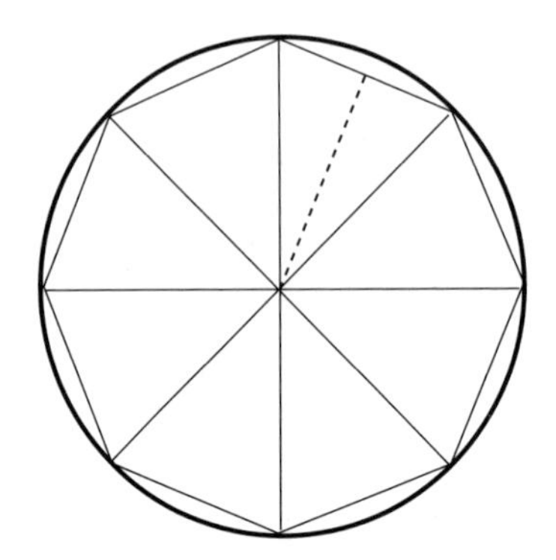

图 1.7　圆及其内接八边形. 虚线是其中一个三角形的高

记 P 为正多边形的面积. 因为正多边形内接于圆, 所以它的面积小于圆的面积, 即 $A-P>0$. 正多边形的面积是若干三角形面积之和, 因为每个三角形的高都小于圆的半径, 且所有三角形的底边之和小于圆的周长, 所以正多边形的面积小于定理中直角三角形的面积, 即 $P<T$.

在连接正多边形每一对相邻顶点的弧的正中间再插入一个顶点, 得到新的边数翻倍的正多边形. 记其面积为 P'. 我断言 $A-P'$ 小于 $A-P$ 的一半. 为证明这一点, 考虑图 1.8. 很明显, 图中等腰三角形的面积占了圆与旧的正多边形之间所形成的弓形面积的一半以上. 以此方式, 不断地将正多边形的边数翻倍, 直到我们得到一个面积为 P^* 的内接正多边形, 使得 $A-P^*<A-T$. 阿基米德原理确保这能够实现. 此时有 $P^*>T$.

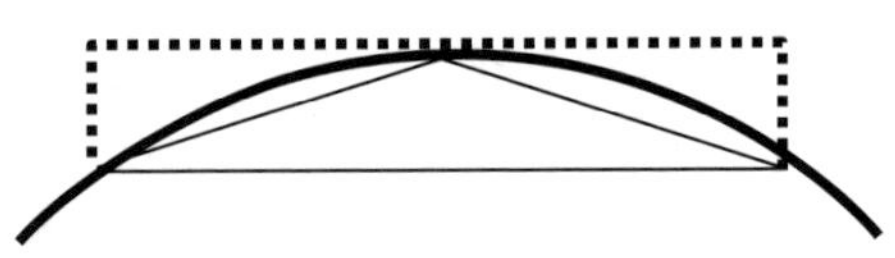

图 1.8　比较圆与第一个多边形之间的面积和圆与边数翻倍的多边形之间的面积

但是面积为 P^* 的多边形仍旧是圆的内接正多边形, 所以 $P^*<T$, 与前文的结论矛盾. 故我们的假设 $A>T$ 不可能是正确的.

如果圆的面积严格地小于 T 会怎样呢? 我们有 $T-A>0$. 令 P 为圆外切正多边形的面积 (图 1.9). 此时, 组成外切正多边形的每个三角形的高等于圆的半径, 且外切正多边形的周长严格地大于圆的周长[①], 故 $P>T$.

① "外切于圆的多边形的周长大于圆的周长" 证明起来并不容易. 阿基米德在《论球与圆柱》中把它承认为公理.

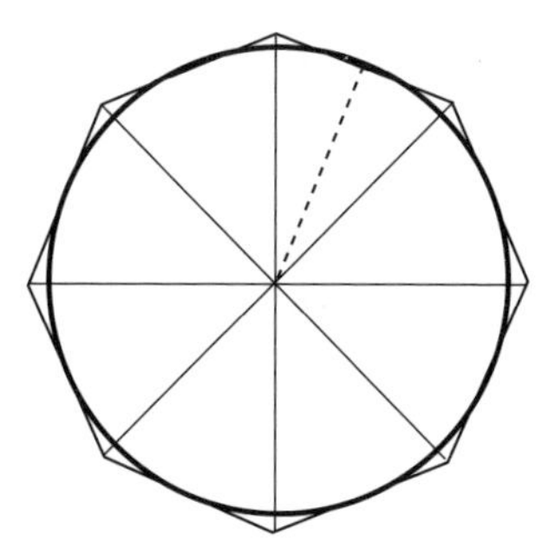

图 1.9 圆及其外切八边形. 虚线是其中一个三角形的高

按照图 1.10 所示的作法, 将外切正多边形的顶点个数翻倍, 其中 A 是原来的顶点,B 是新作出的一对顶点中的一个.[①]记新外切正多边形的面积为 P'. 图 1.10 显示了随着正多边形顶点数翻倍, $P-A$ 中有多少面积被移除了: 因为 $BC=BD$, 所以 AB 大于 AC 的一半. 比较三角形 ACD 和三角形 BCD 的面积, 两个三角形的高相同 (都是点 D 到直线 AC 的距离), 且三角形 ACD 的底边长大于三角形 BCD 底边长的两倍, 所以通过将外切正多边形的顶点数翻倍, 外切正多边形与圆之间的面积损失了一半以上, 即 $P'-A<\frac{1}{2}(P-A)$.

以此方式不断地将圆外切正多边形的顶点数翻倍, 直到得到一个外切正多边形, 其面积为 P^*, 且 $P^*-A<T-A$, 从而有 $P^*<T$, 这与每个外切正多边形的面积都大于 T 矛盾. 故我们的假设 $A<T$ 也是错误的. 由于 A 既不严格大于 T, 又不严格小于 T, 因此它必定恰好等于 T. □

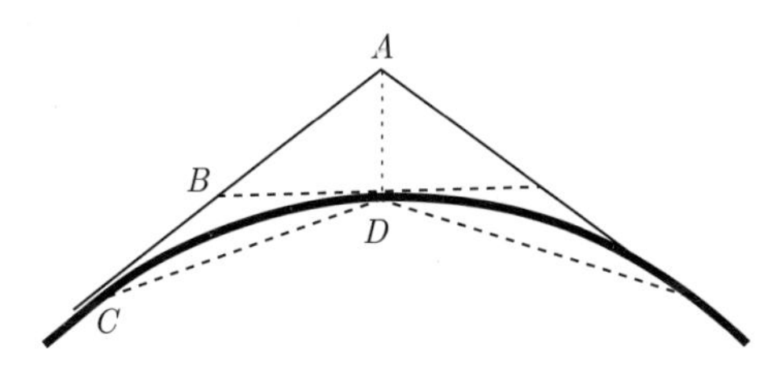

图 1.10 比较圆与旧外切正多边形之间的面积和圆与顶点数翻倍的新外切正多边形之间的面积

我们刚才看到的证明可能显得烦琐而迂腐. 仅凭图 1.6 原本就能说服大部分人. 问题在于, 那样的论证依赖于把“无穷多”和“无穷小”看作有意

① 这里对圆的新外切正多边形作法补充描述如下: 如图 1.10 所示, 原来的外切正多边形把圆分成若干段小圆弧, 在每段小圆弧的中点处作圆的切线, 将切线与原外切正多边形的交点作为新正多边形的顶点, 从而得到顶点数和边数翻倍的新外切正多边形. ——译者注

义的量. 古希腊哲学家愿意把它们看作有用的虚拟量, 以帮助自己发现数学公式, 但不认为仅靠它们就足以说明数学结论的合理性.

17 世纪的哲学家们对无穷小量的合法性展开了激烈的辩论. 我们可以从牛顿和莱布尼茨的作品中看到, 他们既承认无穷小量方法所蕴含的强大力量, 同时又不愿放弃阿基米德所恪守的严格准则. 这种不情愿会在 18 世纪伯努利家族和欧拉的影响下消散. 但是由此产生的问题会在 19 世纪初以明显的矛盾和悖论的形式卷土重来. 在第四章, 我们将看到柯西如何将阿基米德和其他古希腊后继者的论证改写为精确的极限语言, 从而建立起微积分的现代基础.

1.3 阿拉伯的贡献

在阿基米德之后的几个世纪里, 伴随着罗马帝国的兴盛, 数学衰落了. 没有多少人能够阅读和理解欧几里得和阿基米德的作品, 更谈不上进一步发展它们了. 为进一步扩展这些工作, 需要有源源不断的师生钻研其中的方法. 几个世纪中, 亚历山大一直是地中海东部最繁荣的学术中心, 但即便在那里, 教师的数量也在逐渐减少.

公元 4 世纪早期, 数学迎来了最后一抹余晖. 古希腊最后一位大几何学家帕普斯 (Pappus of Alexandria, 约 290—350) 的《数学汇编》(*Synagoge* 或 *Collection*) 是一部对当时留存的古希腊大几何学家著作的评论和指南作品. 不少原始文本现在已经失传. 我们对它们的了解, 甚至它们本身曾存在过的事实, 完全取决于帕普斯对它们的描述. 其中一部失传作品是阿波罗尼奥斯 (Apollonius of Perga, 约公元前 262—公元前 190) 的《平面轨迹》(*Plane Loci*). 帕普斯保留了阿波罗尼奥斯的定理陈述, 但没有保留证明. 我们将会看到, 这些古希腊成果的蛛丝马迹为费马、笛卡儿以及其 17 世纪的同时代人提供了直接的灵感.

在古希腊罗马世界里, 当亚历山大博物馆，即缪斯神庙, 及其附属的图书馆和学校因为它们的异教成分被取缔后, 基本上所有的数学工作都在 5 世纪末停止了[①]. 不过, 数学并没有毁于一旦. 在 8 世纪后, 人们对数学重新产生了兴趣, 并取得了新的重大进展.

哈伦 • 拉希德的传奇故事在经典故事集《一千零一夜》中有着绘声绘

① Katz, 2009, p.190.

色的描述. 拉希德最伟大的成就之一是建立了智慧宫 (Bayt al-Hikma). 它是数学、天文学、医学和化学的研究中心, 其图书馆收集并翻译了来自希腊地中海、波斯和印度的重要科学文献, 并引领了伊斯兰[①]科学的大繁荣, 这种繁荣一直持续到 13 世纪.

塔比 • 伊本 • 库拉 (Thabit ibn Qurra, 836—901) 是智慧宫的学者, 他继承并发扬了古希腊和阿拉伯学者的工作. 他的成就之一是重新发现了抛物体的体积公式, 抛物体是由抛物线绕着它的主轴旋转而形成的. 虽然阿基米德已经知道了这个结果, 但种种迹象表明伊本 • 库拉重新发现了它.

用现在的话来说, 为了推导这个公式, 首先要认识到抛物线是这样一种曲线: 其上的点到主轴的距离与该点沿着主轴到顶点的横向距离之平方根成正比. 使用现代代数符号, 如果顶点位于 (0, 0), x 是抛物线上的点到顶点的横向距离, 则抛物线上的点到主轴的距离 y 可以表示成 $y = a\sqrt{x}$(图 1.11). 抛物体在 x 处的截面面积是 $\pi(a\sqrt{x})^2 = \pi a^2 x$. 为了逼近抛物体在区间 $0 \leqslant x \leqslant b$ 上的体积, 我们将抛物体切成 n 个厚度为 $\frac{b}{n}$ 的圆盘. 在 $x = \frac{ib}{n}$ 处, 对于每个 $0 \leqslant i < n$, 圆盘的体积是

$$\pi a^2 \frac{ib}{n} \times \frac{b}{n} = \frac{\pi a^2 b^2}{n^2} i.$$

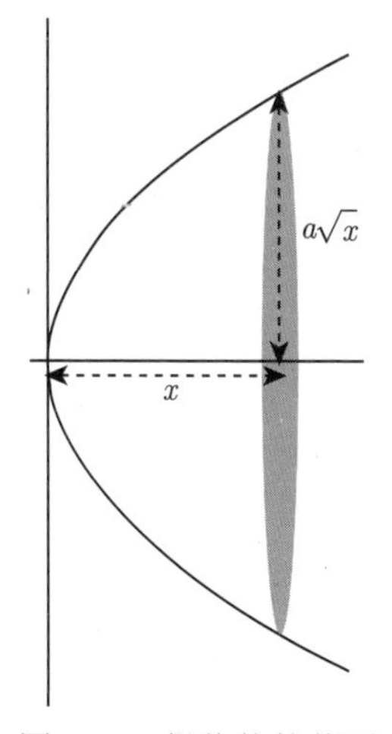

图 1.11 抛物体的截面

① 本书中的“伊斯兰”作广义理解, 泛指伊斯兰国家和伊斯兰文化, 其中一些哲学家是犹太人.

现将各个圆盘的体积相加①,

$$\frac{\pi a^2 b^2}{n^2}[0+1+2+\cdots+(n-1)]=\frac{\pi a^2 b^2}{n^2}\times\frac{n^2-n}{2}=\frac{\pi a^2 b^2}{2}-\frac{\pi a^2 b^2}{2n}.$$

当 n 的值越来越大时 (圆盘变薄), $\frac{\pi a^2 b^2}{2n}$ 要多小就可以有多小, 这保证了实际体积的值既不小于也不大于 $\frac{\pi a^2 b^2}{2}$.

伊本 • 海赛姆 (Ibn al-Haytham, 965—1039) 进一步发挥了这种方法的威力. 他演示了如何用这种方法计算一个旋转体的体积, 其中旋转体由抛物线绕其主轴的一条垂线旋转一周而得 (图 1.12). 若抛物线由 $y=b\sqrt{\frac{x}{a}}$ 表示, 其中 $0\leqslant y\leqslant b$, 则高度为 $\frac{ib}{n}$ 的圆盘薄片的半径是

$$a-\frac{ay^2}{b^2}=a-\frac{a\left(\frac{ib}{n}\right)^2}{b^2},$$

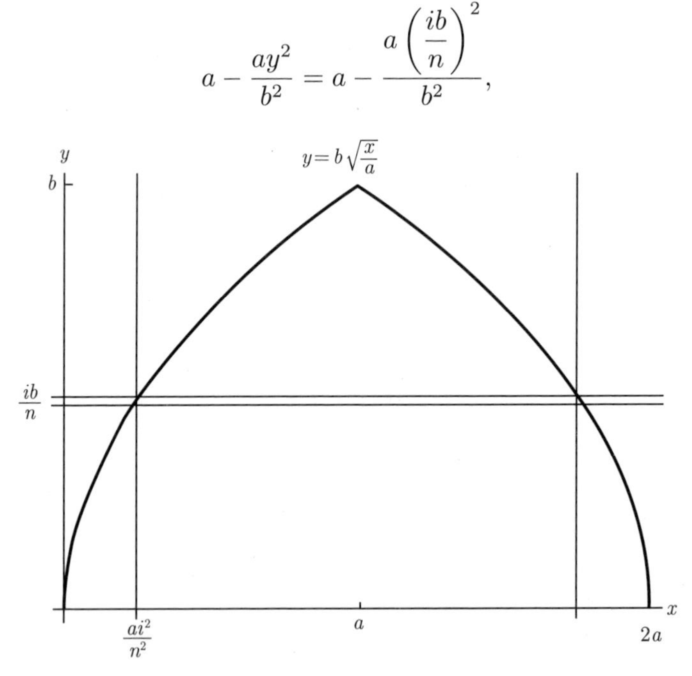

图 1.12　海赛姆旋转体的一个竖截面, 图中显示了一个横向薄片的侧面

其体积是

① 这里用到了结论 $1+2+\cdots+(n-1)=\frac{n(n-1)}{2}$, 该结论最早的发现者已经无法考证.

$$\pi\left(a-\frac{a\left(\frac{ib}{n}\right)^2}{b^2}\right)^2\times\frac{b}{n}=\pi a^2b\left(\frac{1}{n}-\frac{2i^2}{n^3}+\frac{i^4}{n^5}\right). \tag{1.1}$$

接下来只要将该表达式对 i 从 1 到 $n-1$ 求和即可. 为此我们需要知道 $1^2+2^2+3^2+\cdots+(n-1)^2$ 和 $1^4+2^4+3^4+\cdots+(n-1)^4$ 的闭公式.

阿基米德在《论螺线》(*On Spirals*) 中推导出了平方和的表达式: 由

$$S(n)=(n+1)n^2+(1+2+\cdots+n)=(n+1)n^2+\frac{n(n+1)}{2},$$

可得

$$S(n+1)-S(n)=3(n+1)^2.$$

又因为 $S(1)=3$, 所以

$$S(n)=3(1^2+2^2+\cdots+n^2),$$

或者, 等价地, 有

$$1^2+2^2+\cdots+n^2=\frac{(n+1)n^2}{3}+\frac{n(n+1)}{6}.$$

阿布·巴克尔·卡拉吉 (Abu Bakr al-Karaji, 953—1029) 发现了立方和公式

$$1^3+2^3+\cdots+n^3=(1+2+\cdots+n)^2-\frac{n^2(n+1)^2}{4},$$

他一猜到这个公式, 就很容易观察到, 当 $n=1$ 时, 等式右边为 1, 而且当用 $n+1$ 代替 n 时, 等式右边增加了 $(n+1)^3$, 由此说明该公式成立.

当求和的幂次大于 3 时, 问题变得更困难, 因为相应的求和公式不容易猜. 海赛姆的天才之处在于, 他展示了如何使用已知的 k 次幂的前 n 项和公式来得到 $k+1$ 次幂的前 n 项和公式. 他求的是具体的和式, 但是他的方法很容易转化成一般性的论述. 为求 $k+1$ 次幂的前 n 项和公式, 首先来看

$$(n+1)\left(1^k+2^k+\cdots+n^k\right).$$

我们将 $n+1$ 乘进去, 再将 $(n+1)i^k$ 分为两项, 变成

$$\big(i+(n+1-i)\big)i^k=i^{k+1}+(n+1-i)i^k.$$

则

$$(n+1)\left(1^k+2^k+\cdots+n^k\right)=\left(1^{k+1}+2^{k+1}+\cdots+n^{k+1}\right) \tag{1.2}$$
$$+n\cdot 1^k+(n-1)2^k+\cdots+1\cdot n^k$$
$$=\left(1^{k+1}+2^{k+1}+\cdots+n^{k+1}\right)$$
$$+\left(1^k+2^k+\cdots+n^k\right)$$
$$+\left(1^k+2^k+\cdots+(n-1)^k\right)+$$
$$+\cdots+\left(1^k+2^k\right)+1^k.$$

为简化上式, 关键是观察到, k 次幂的前 n 项和公式是形如 $\frac{n^{k+1}}{k+1}+p_k(n)$ 的表达式, 其中 p_k 是次数不超过 k 的多项式. 海赛姆知道这对于 $k=1,\ 2,\ 3$ 是成立的. 剩下的推导只需表明, 若这对于次数 k 是成立的, 则对于次数 $k+1$ 也成立. 将等式(1.2)两边作代换, 可得

$$(n+1)\left(\frac{n^{k+1}}{k+1}+p_k(n)\right)=\left(1^{k+1}+2^{k+1}+\cdots+n^{k+1}\right)+\frac{1}{k+1}$$
$$\left(n^{k+1}+(n-1)^{k+1}+\cdots+1^{k+1}\right)+p_k(n)$$
$$+p_k(n-1)+p_k(n-2)+\cdots+p_k(1),$$

即

$$\frac{n^{k+2}}{k+1}+\frac{n^{k+1}}{k+1}+np_k(n)+p_k(n)$$
$$=\frac{k+2}{k+1}\left(1^{k+1}+2^{k+1}+\cdots+n^{k+1}\right)+p_k(n)$$
$$+p_k(n-1)+p_n(n-2)+\cdots+p_k(1).$$

将等式两边同时乘以 $\frac{k+1}{k+2}$, 可得欲证关系式

$$1^{k+1}+2^{k+1}+\cdots+n^{k+1}=\frac{n^{k+2}}{k+2}+p_{k+1}(n), \tag{1.3}$$

其中 $p_{k+1}(n)$ 是关于 n 的次数不超过 $k+1$ 的多项式①.

现在回到每个圆盘的体积表达式(1.1). 将所有体积相加:

$$\begin{aligned}\text{总体积} &= \sum_{i=1}^{n} \pi a^2 b\left(\frac{1}{n}-\frac{2i^2}{n^3}+\frac{i^4}{n^5}\right)\\&=\pi a^2 b\left(1-\frac{2}{n^3}\left(\frac{n^3}{3}+p_2(n)\right)+\frac{1}{n^5}\left(\frac{n^5}{5}+p_4(n)\right)\right)\\&=\pi a^2 b\left(\frac{8}{15}+\frac{2p_2(n)}{n^3}+\frac{p_4(n)}{n^5}\right).\end{aligned}$$

因为 p_k 是次数不超过 k 的多项式, 所以当 n 足够大时, 最后两项要多小就有多小. 于是旋转体的体积既不大于也不小于容纳它的最小圆柱体积的 $\frac{8}{15}$, 即体积值是 $\frac{8\pi a^2 b}{15}$.

1.4 二项式定理

古希腊哲学家从未考虑过四次幂, 因为他们的数学根植于几何学, 而四次幂意味着第四个维度. 但在公元第一个千年结束时, 在中东、印度和中国, 天文学家和哲学家开始使用任意次数的多项式. 大约在公元 1000 年, 在这三个数学传统中几乎同时出现了二项式定理

$$(a+b)^n = \sum_{k=0}^{n} C_n^k a^k b^{n-k},$$

其中 C_n^k 是如下三角形数阵第 $n+1$ 行的第 $k+1$ 项.

---

① 用 $p_k(n)$ 来表示 $p_{k+1}(n)$, 可得

$$p_{k+1}(n)=\frac{n^{k+1}}{k+2}+\frac{k+1}{k+2}\Big(np_k(n)-p_k(n-1)-p_k(n-2)-\cdots-p_k(1)\Big).$$

设 $p_k(x)=a_k x^k+a_{k-1}x^{k-1}+\cdots+a_0$, 则

$$\begin{aligned}&p_k(n)+p_k(n-1)+\cdots+p_k(1)\\&=a_k\Big(n^k+(n-1)^k+\cdots+1^k\Big)+a_{k-1}\Big(n^{k-1}+(n-1)^{k-1}+\cdots+1^{k-1}\Big)\\&+\cdots+a_0(1+1+\cdots+1)\\&=a_k\left(\frac{n^{k+1}}{k+1}+p_k(n)\right)+a_{k-1}\left(\frac{n^k}{k}+p_{k-1}(n)\right)+\cdots+a_0\cdot n,\end{aligned}$$

这是关于 n 的次数不超过 $k+1$ 的多项式.

$$
\begin{array}{c}
1 \\
1 \quad 1 \\
1 \quad 2 \quad 1 \\
1 \quad 3 \quad 3 \quad 1 \\
1 \quad 4 \quad 6 \quad 4 \quad 1 \\
1 \quad 5 \quad 10 \quad 10 \quad 5 \quad 1 \\
1 \quad 6 \quad 15 \quad 20 \quad 15 \quad 6 \quad 1 \\
\vdots
\end{array}
$$

这个数阵如今被称为杨辉三角, 在欧洲被称为帕斯卡三角 (Pascal's triangle)①, 它的每一项都是其肩上的两项之和. 二项式展开最初用于求多项式方程的根②, 但之后在数学里起到了很多重要作用. 特别的是, 二项式定理提供了一种求任意正整数次幂之和的方法.

哲学家们曾多次观察到杨辉三角的一个性质, 由这个性质可以推导出 k 次幂求和公式. 在图 1.13 中, 我们可以看到, 如果从杨辉三角最右边缘处任意一个数开始, 沿着从右上方到左下方的斜线将各项相加, 那么无论加到何处为止, 这些数的和都等于所停位置右下方紧邻的数. 不难看出为什么会这样.

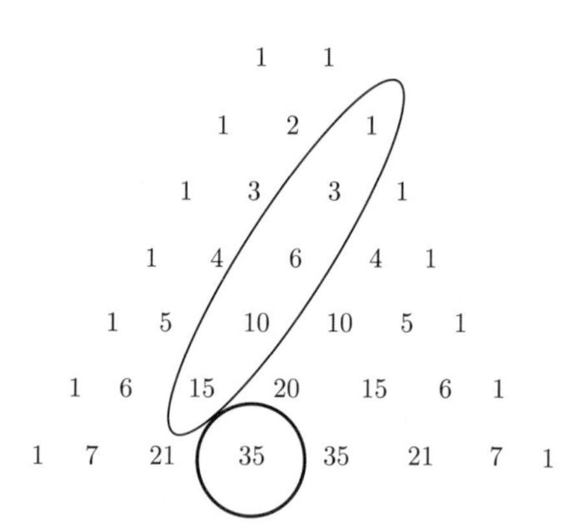

图 1.13 从最右侧开始沿从右上方到左下方的斜线将数相加, 结果恒等于相加的最后一项右下方的数

① 布莱兹·帕斯卡在发表于 1665 年的《论算术三角形》(*Treatise on the Arithmetical Triangle*) 中普及了这个三角数阵, 并将他的名字和它永远地联系在了一起. 他从未声称自己发现了它.

② 若已知关于 x 的多项式在相邻整数 a 和 $a+1$ 处的取值为异号, 则在 a 和 $a+1$ 之间有一个根. 用二项式 $a+\frac{y}{10}$ 代替 x, 再用二项式定理展开, 可得一个关于 y 的多项式, 它在 0 和 10 之间有一个根. 再求出整数 b 使得关于 y 的多项式在 b 和 $b+1$ 处的取值为异号, 则 b 即为所求根的十分位数字. 再用 $b+\frac{z}{10}$ 代替 y, 再一次展开, 可得关于 z 的多项式, 以此求出根的百分位数字. 该操作可不断地继续下去.

以图 1.13 所示为例,

$$1 + 3 + 6 + 10 + 15 = 35,$$

$1+3$ 等于 3 和它右边的 1 相加. 由杨辉三角的构成法则, $3+1$ 等于它们正下方的数 4, 4 位于 6 的右边. 故沿从右上方到左下方的斜线的前三项之和等于第三项 6 与它右边的数 4 的和. 数 6 与数 4 相加, 等于它们正下方的数 10, 而这个 10 恰好位于该斜线上的 10 的右边. 无论我们选择在哪儿停止, 沿该斜线的各项之和, 等于相加的最后一项与其右边的数相加, 结果等于这两个数正下方的数.

该性质最早记录在犹太裔西班牙哲学家埃兹拉 (Rabbi Abraham ben Meir ibn Ezra, 1090—1167) 的占星书中. 它也出现在中国朱世杰 1303 年的手稿《四元玉鉴》和印度那罗延 (Narayana Pandit, 约 1340—1400) 1356 年的《伽尼塔·考穆迪》(*Ganita Kaumudi*, 意为"数学月光") 中. 该性质可以表述为如下形式:

$$C_k^k + C_{k+1}^k + C_{k+2}^k + \cdots + C_{k+n-1}^k = C_{k+n}^{k+1}. \tag{1.4}$$

在 1.7 节, 我们会看到, 费马将使用该性质求出曲线 $y = x^k$ 下从 0 到 a 的区域的面积, 这个面积公式在如今写作

$$\int_0^a x^k \mathrm{d}x = \frac{1}{k+1} a^{k+1}, \tag{1.5}$$

其中 k 是任意正整数.

1.5 西　　欧

欧几里得和阿基米德的作品经历了中世纪早期的漫长时光, 在君士坦丁堡幸存下来, 最终被 16 世纪和 17 世纪的欧洲科学家所知. 在几百年里, 这些著作被抄写员们传抄着, 而他们往往对自己所抄的内容一无所知. 到公元 8 世纪, 欧几里得的《几何原本》, 以及阿基米德的《圆的度量》《论球与圆柱》已经从拜占庭帝国传到了阿拉伯世界, 并被人们译成阿拉伯文. 到 12 世纪, 这些阿拉伯文的拉丁译本开始出现在欧洲. 在接下来的几个世纪里, 欧几里得的著作被引入大学课程, 但即使是硕士学位课程也只上到《几何原本》前六卷为止, 而且学生很少被要求掌握超出第一卷的内容.

《几何原本》由坎帕努斯（Campanus）从阿拉伯文翻译成拉丁文，并于1482 年在威尼斯出版，它是史上首部印刷版的数学书. 随后，在 1505 年，基于一份古希腊文手稿的译本出版了，其中附有西昂 (Theon of Alexandria, 约 355—405) 的评注. 直到 1808 年弗朗索瓦・佩拉尔 (François Peyrard) 在梵蒂冈图书馆发现更早的文本，由费德里科・科曼迪诺 (Federico Commandino) 翻译、西昂评注的 1572 年版一直是《几何原本》的标准版本[①].

相比之下，阿基米德著作的流传更显曲折. 除阿拉伯文译本之外，还另有两份希腊文手稿，它们可能是公元 10 世纪左右在君士坦丁堡誊抄的，每一份手稿都包括了阿基米德的一部分作品. 人们认为，当诺曼人在 11 世纪征服西西里岛时，这两份希腊文手稿曾被带到西西里. 1266 年，西西里岛的统治者曼弗雷德 (Manfred of Sicily) 在贝内文托 (Benevento) 战役中败亡，之后文稿被送到罗马的梵蒂冈，三年以后被翻译成拉丁文. 1543 年，尼科洛・塔尔塔利亚 (Niccolò Tartaglia) 出版了拉丁文版的《圆的度量》《求抛物线弓形的面积》《论平面的平衡》，以及《论浮体 I》. 在接下来的一年里，阿基米德在那个年代所有已知的作品都出版了，出版的书中同时包含希腊原文和拉丁译文[②].

费德里科・科曼迪诺翻译出版了很多古希腊大师的作品，他们中有欧几里得、阿基米德、阿利斯塔克 (Aristarchus of Samos)、希罗 (Hero of Alexandria)、帕普斯. 1588 年，帕普斯的《数学汇编》由科曼迪诺的学生圭多巴尔多・蒙特 (Guidobaldo del Monte, 1545—1607) 翻译成拉丁文并出版，这部著作同时启发了费马和笛卡儿. 科曼迪诺和包括弗朗西斯科・马洛里科 (Francesco Maurolico, 1494—1575) 在内的一些人拓展了阿基米德的工作，特别是对求物体质心问题做了较大拓展. 马洛里科用等厚度的内接圆盘堆和外接圆盘堆逼近抛物体，先计算出每个圆盘的质心位置，由此求出抛物体的质心位置. 最后得出结论：抛物体质心到顶点的距离既不大于也不小于抛物体底部到顶点距离的三分之二[③].

在接下来的几十年里，荷兰工程师西蒙・斯泰芬 (Simon Stevin, 1548—1620) 以及常与伽利略通信的罗马哲学家卢卡・瓦莱里奥 (Luca Valerio) 运用阿基米德的方法来计算面积、体积和物体的质心. 巴伦指出[④]，马洛里科、科

---

① Heath, 1921, vol.1, pp. 360–369.

② Dijksterhuis, 1956, pp. 36–42.

③ Baron, 1969, pp. 91–96.

④ Baron, 1969, pp. 96–107.

曼迪诺、斯泰芬以及瓦莱里奥的工作全都局限在阿基米德的形式证明框架之内. 在 17 世纪, 为了更快地得到结果以及简化论证, 一些学者开始放宽限制, 引进无穷小量. 到 17 世纪中叶, 这些工具已经被发展得足够完善, 所以卡瓦列里、托里拆利、格雷戈里 (Grégoire de Saint-Vincent, 1584—1667)、费马、笛卡儿、吉勒·佩索纳·德·罗贝瓦尔 (Gilles Personne de Roberval, 1602—1675), 以及他们的后继者们能够把这些工具应用到旋转体体积公式的求解中.

第一部系统阐述旋转体体积的著作是开普勒 (Johannes Kepler, 1571—1630) 于 1615 年出版的《酒桶体积测量新法》(*Nova Steriometria doliorum vinariorum*). 书中包含了 96 种不同类型旋转体的体积公式, 这些旋转体是由圆锥截线绕着某条轴旋转得到的. 一个例子是求如图 1.14 所示的苹果体的体积, 其中苹果体由圆绕着它的一条竖直弦旋转一周而形成. 开普勒放弃了阿基米德的严格性, 将苹果体看作由无数非常薄的圆柱侧面围成. 取一竖直弦 AB, 将它绕着中心轴旋转一周, 求出旋转所得的圆柱薄壳的面积. 对所有圆柱薄壳的面积求和, 可求得苹果体的体积. 实际上, 他所做的就是把每一层圆柱薄壳展开成矩形, 再把所有矩形重组成一个易于求出体积的几何体. 这种方法现在被称作“圆柱壳法” (shell method).

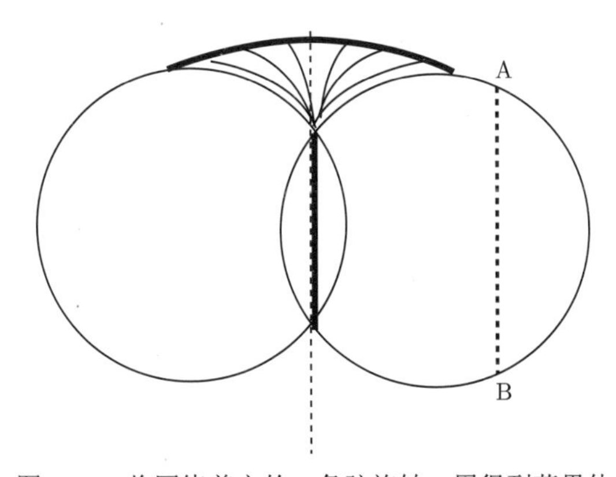

图 1.14 将圆绕着它的一条弦旋转一周得到苹果体

早在公元 4 世纪, 帕普斯就已经掌握了一种计算旋转体体积的更简单的方法. 他在《数学汇编》中指出, 平面上一区域绕轴旋转一周得到的旋转体的体积正比于该区域的面积与区域的重心与轴的距离之积. 不幸的是, 帕普斯对该命题的证明没有流传下来. 1640 年, 瑞士人保罗·古尔丁 (Paul Guldin, 1577—1643) 在他的著作《论重心》(*De centro gravitatis*) 中发表并证明了这个定理[①]. 顺便指出, 古尔丁是耶稣会会士, 他曾在罗马接受过耶稣会的专门训练, 并且和开普勒常有联络.

1.6 卡瓦列里和积分公式

博纳文图拉 • 卡瓦列里 (Bonaventura Cavalieri, 1598—1647) 深受开普勒的影响. 他是贝内代托 • 卡斯泰利 (Benedetto Castelli, 1578—1643) 的学生, 后者曾跟随伽利略学习. 从 1619 年开始, 卡瓦列里和伽利略进行了频繁的通信, 并在 1626 年左右研究了开普勒的《酒桶体积测量新法》. 在基本完成他的《不可分量的几何学》(*Geometria indivisibilibus*) 两年之后, 在 1629 年, 他成为博洛尼亚大学 (University of Bologna) 的教授. 这部著作直到 1635 年才出版. 伽利略一直在沿着类似的路线工作, 有人提出[②], 卡瓦列里也许一直在等待伽利略公布这些结果.

卡瓦列里是从这样的假设出发的: 面可以由一维的线构成, 而体由二维的不可分量构成. 这些二维的不可分量不是指无限薄的薄片. 卡瓦列里明确地拒绝将体看作由无限薄的三维薄片堆积而成. 他对体积的计算始于一个观察, 即若两个几何体的高相同, 且在任意高度的截面全等, 则它们必然体积相同 (图 1.15). 这个观察可以追溯到德谟克利特 (Democritus, 约公元前 460—公元前 370). 德谟克利特借此证明了四面体的体积是底面积的三分之一乘以高. 但是将几何体看作由二维截面构成, 这一观点在很多人眼里太过火了. 古尔丁就是该观点的众多激烈批评者之一.

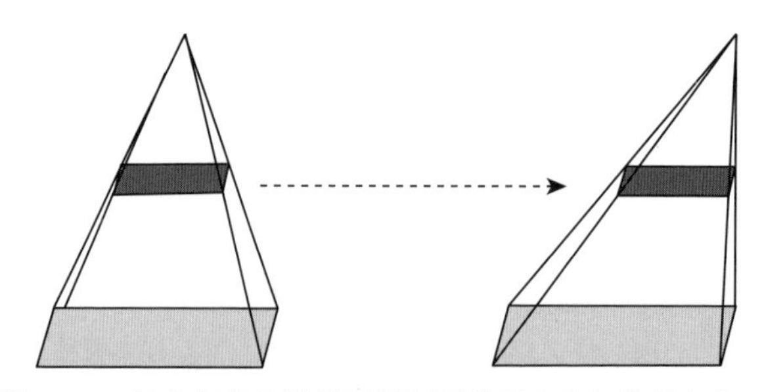

图 1.15 任意高度的横截面都相同的两个几何体体积相同

① 古尔丁没有提及帕普斯对该定理的优先权. 关于古尔丁是否剽窃了帕普斯的结果, 这一点曾备受争议. 古尔丁在发表该结论的几十年前, 必定已经在《数学汇编》中读到过这个结论——这本书实在是太重要了, 作为一位优秀的数学家, 古尔丁不可能没读过. 但是鉴于古尔丁在引用他人结论时总是非常小心, 最可能的是经过这么多年后, 古尔丁已经忘记了《数学汇编》中曾有过这个结论.

② Baron, 1969, p.122.

卡瓦列里的《几何学》首次包含了一个与 x^k 的积分公式等价的公式的推导过程. 尽管他仅将推导进行到 x^9 的积分为止, 但这已经足够让任何人想到一般的公式会是什么样了. 在解释卡瓦列里的工作时, 要认识到重要的一点, 即这一切都是在解析几何出现之前完成的. 没有解析几何的帮助, 就无法将 x^k 的积分解释为曲线 $y = x^k$ 下的面积. 我们今天所理解的积分, 在卡瓦列里那儿仅简单地被理解为一个和, 即构成面的所有线段长度之和.

我们从图 1.16 所示的三角形区域开始, 图中显示了组成这个三角形的一些线. 卡瓦列里将这个区域的面积视为所有这些线的长度之和 $\sum l$. 整个矩形[①]的面积等于所有长为 A 的线之和 $\sum A$.

卡瓦列里推导的第一步基于一个事实:

$$\frac{\sum l}{\sum A} = \frac{1}{2},$$

即三角形的面积是矩形面积的一半.

接下来, 他不再满足于简单地将组成三角形的所有线段的长度相加, 而是将这些线段长度的平方相加. 如果我们在每条线段上放一个面积为 l^2 的正方形, 就会得到一个棱锥, 正如我们所知的, 人们早就知道这个棱锥的体积等于由规格为 $A \times A$ 的正方形堆叠而成的长方体体积的三分之一, 即

$$\frac{\sum l^2}{\sum A^2} = \frac{1}{3}.$$

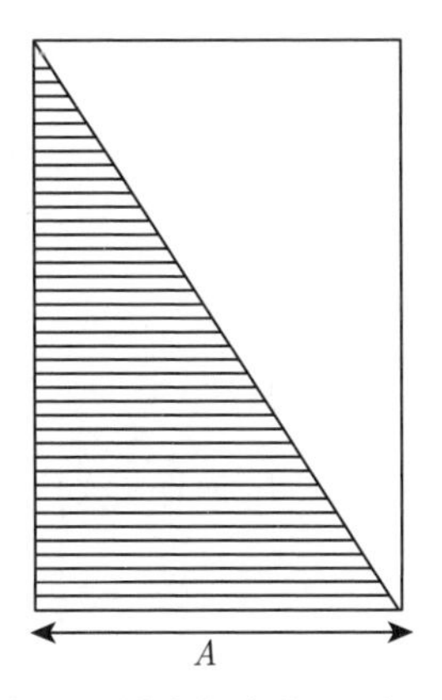

图 1.16 三角形区域由长度从 0 到 A 的线段构成

① 卡瓦列里在此使用的是平行四边形, 而不是矩形. 这里用矩形是为了让图形显得简单点儿.

接着, 卡瓦列里进入了未知领域, 开始考虑三角形中各线段长度的立方和与 A 的立方和之比值. 他借助等式

$$(x+y)^3+(x-y)^3=2x^3+6xy^2 \tag{1.6}$$

完成了这项工作. 他并没有对当 l 从 A 递减到 0 时的 l^3 直接求和, 而是将其分成两部分之和, 一部分是当 l 从 $\frac{A}{2}$ 递减到 0 时的 $\left(\frac{A}{2}+l\right)^3$ 之和, 另一部分是当 l 从 0 递增至 $\frac{A}{2}$ 时的 $\left(\frac{A}{2}-l\right)^3$ 之和①, 即

$$\sum_{0\leqslant l\leqslant A} l^3=\sum_{0\leqslant l\leqslant \frac{A}{2}}\left(\left(\frac{A}{2}+l\right)^3+\left(\frac{A}{2}-l\right)^3\right).$$

现在, 他可以使用等式(1.6)以及他已知的 $\sum l^2$ 的公式了:

$$\begin{aligned}
\sum_{0\leqslant l\leqslant A} l^3&=\sum_{0\leqslant l\leqslant \frac{A}{2}}\left(2\left(\frac{A}{2}\right)^3+6\left(\frac{A}{2}\right)l^2\right)\\
&=\frac{1}{4}\sum_{0\leqslant l\leqslant \frac{A}{2}}A^3+3A\sum_{0\leqslant l\leqslant \frac{A}{2}}l^2\\
&=\frac{1}{4}\sum_{0\leqslant l\leqslant \frac{A}{2}}A^3+A\sum_{0\leqslant l\leqslant \frac{A}{2}}\left(\frac{A}{2}\right)^2\\
&=\frac{1}{4}\sum_{0\leqslant l\leqslant \frac{A}{2}}A^3+\frac{1}{4}\sum_{\frac{A}{2}\leqslant l\leqslant A}A^3\\
&=\frac{1}{4}\sum_{0\leqslant l\leqslant A}A^3.
\end{aligned}$$

他一直算到 $\sum l^9$, 在每种情形都使用他已经知道的公式以及等式

$$(x+y)^k+(x-y)^k=2x^k+2C_k^2x^{k-2}y^2+2C_k^4x^{k-4}y^4+\cdots,$$

最后表明, 对于 $1\leqslant k\leqslant 9$, 都有

① 这里是对求和记号 $\sum\limits_{0\leqslant l\leqslant A}$ 的不典型的用法, 意思是对长度从 0 到 A 的所有线段求和.

$$\frac{\sum l^k}{\sum A^k}=\frac{1}{k+1}.$$

如果你将矩形逆时针旋转 90°, 就会发现他其实表明了曲线 $y=x^k, 0\leqslant x\leqslant A$ 下的区域面积等于

$$\sum_{0\leqslant l\leqslant A} l^k=\frac{1}{k+1}\sum_{0\leqslant l\leqslant A} A^k=\frac{1}{k+1}A^{k+1}.$$

不幸的是, 1635 年几乎没有人意识到他的成就. 卡瓦列里的伟大作品几乎是不堪卒读的[①]. 人们之所以知道卡瓦列里的数学, 是因为托里拆利在他 1644 年的《几何学文集》(*Opera Geometrica*) 中对卡瓦列里的数学进行过解释. 而在那时, 费马和笛卡儿已经建立了能用图像表示出代数关系的解析几何, 他们和另外一些人已经找到了求积分公式的更简单的方法.

1.7 费马的积分和托里拆利的奇异几何体

1636 年, 皮埃尔 • 德 • 费马 (Pierre de Fermat, 1601—1665, 图 1.17) 写信给他在巴黎的两位同事——马兰 • 梅森 (Marin Mersenne, 1588—1648) 和吉勒 • 德 • 罗贝瓦尔, 宣布他发现了求曲线 $y=x^k$(k 是正整数) 下区域面积的一般方法. 罗贝瓦尔在一个月内就回信称, 这个结果必须依赖一个事实 (用现代符号描述): 对任意正整数 k 和 n, 有

$$\sum_{j=1}^{n} j^k>\frac{n^{k+1}}{k+1}>\sum_{j=1}^{n-1} j^k. \tag{1.7}$$

图 1.17 皮埃尔 • 德 • 费马

① 据基尔斯蒂 • 安德森的文章记载, 马克西米利安 • 马里在 1880 年写道, 如果要给世界上最不堪卒读的书颁奖, 那么应该颁发给卡瓦列里 700 页的《不可分量的几何学》(Andersen, 1985, p.294).

费马显然因罗贝瓦尔能这么快地跟上自己的思路而感到沮丧. 对于罗贝瓦尔是否有能力证明这两个不等式①, 他表示怀疑.

我们尽可能地用现代符号重新构建费马的证明②. 二项式系数可以写成

$$C_{k+j-1}^{k}=\frac{j(j+1)(j+2)\cdots(j+k-1)}{k!},$$

我们将分子展开成关于 j 的多项式,

$$C_{k+j-1}^{k}=\frac{1}{k!}\left(j^{k}+a_{1}j^{k-1}+a_{2}j^{k-2}+\cdots+a_{k}\right), \tag{1.8}$$

其中系数 a_i 是整数. 将方程(1.4)和方程(1.8)结合, 可得

$$\frac{1}{k!}\sum_{j=1}^{n}\left(j^{k}+a_{1}j^{k-1}+a_{2}j^{k-2}+\cdots+a_{k}\right)=\frac{n(n+1)(n+2)\cdots(n+k)}{(k+1)!}. \tag{1.9}$$

---

① 不等式(1.7)可以用归纳法证明如下. 首先, 由于 k 是一个正整数, 当 $n=1$ 时不等式变成

$$1>\frac{1}{k+1}>0.$$

这显然成立. 然后观察到,

$$\begin{aligned}\frac{(n+1)^{k+1}}{k+1}-\frac{n^{k+1}}{k+1}&=\frac{n^{k+1}}{k+1}+n^{k}+\frac{k}{2!}n^{k-1}+\frac{k(k-1)}{3!}n^{k-2}+\cdots+\frac{1}{k+1}-\frac{n^{k+1}}{k+1}\\&=n^{k}+\frac{k}{2!}n^{k-1}+\frac{k(k-1)}{3!}n^{k-2}+\cdots+\frac{1}{k+1}\\&>n^{k}.\end{aligned}$$

$$\begin{aligned}\frac{(n+1)^{k+1}}{k+1}-\frac{n^{k+1}}{k+1}&=n^{k}+\frac{k}{2!}n^{k-1}+\frac{k(k-1)}{3!}n^{k-2}+\frac{k(k-1)(k-2)}{4!}n^{k-3}+\cdots+\frac{1}{k+1}\\&<n^{k}+kn^{k-1}+\frac{k(k-1)}{2!}n^{k-2}+\frac{k(k-1)(k-2)}{3!}n^{k-3}+\cdots+1\\&=(n+1)^{k}.\end{aligned}$$

由此可得归纳步骤

$$\frac{n^{k+1}}{k+1}>\sum_{j=1}^{n-1}j^{k}\Longrightarrow\frac{(n+1)^{k+1}}{k+1}>\sum_{j=1}^{n}j^{k},$$

和

$$\frac{n^{k+1}}{k+1}<\sum_{j=1}^{n}j^{k}\Longrightarrow\frac{(n+1)^{k+1}}{k+1}<\sum_{j=1}^{n+1}j^{k}.$$

这就用数学归纳法完成了证明. 费马本人是有能力去做归纳的, 虽然我们不知道他对归纳法理解得如何. 另外, 没有证据表明费马是用我们的这种方法证明了不等式(1.7).

② 这个证明是根据迈克尔 • S. 马奥尼的描述而重新构建的.

这样, 我们就可将 k 次幂之和表示成更低次幂之和:

$$\sum_{j=1}^{n} j^k = \frac{k!}{(k+1)!} n(n+1)(n+2)\cdots(n+k) - \sum_{j=1}^{n}\left(a_1 j^{k-1} + a_2 j^{k-2} + \cdots + a_k\right). \tag{1.10}$$

我们归纳假设[①], 从 1^m 到 n^m 的 m 次幂之和是关于 n 的 $m+1$ 次多项式. 我们已经看到, 这对于 $m=1,\ 2,3$ 是成立的, 可以假定这对于直到 $m=k-1$ 都是成立的. 这样, 方程(1.10)就可以表达成

$$\sum_{j=1}^{n} j^k = \frac{1}{k+1} n^{k+1} + \text{关于}n\text{的次数最高为}k\text{的多项式}. \tag{1.11}$$

为求出曲线 $y=x^k$ 下区域的面积, 我们将区间 $[0,\ a]$ 细分为 n 个长为 $\frac{a}{n}$ 的子区间 (图 1.18). 所有内接矩形的面积为

$$\sum_{j=0}^{n-1}\left(\frac{aj}{n}\right)^k \frac{a}{n} = \frac{a^{k+1}}{n^{k+1}} \sum_{j=0}^{n-1} j^k = \frac{a^{k+1}(n-1)^{k+1}}{(k+1)n^{k+1}} + n\text{的负数次幂之和}.$$

通过取足够大的 n, 上述表达式可以任意接近 $\frac{a^k}{k+1}$.

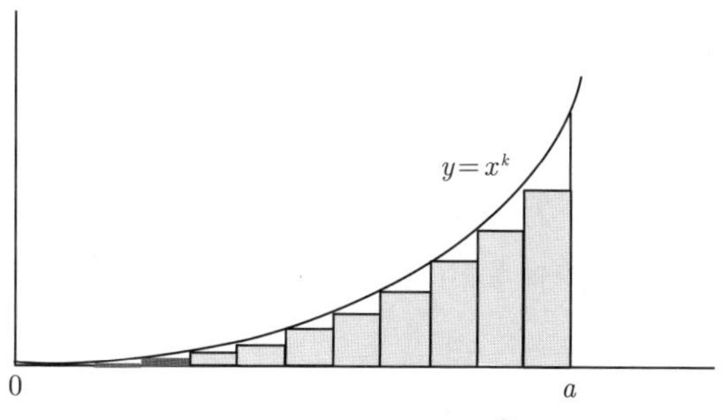

图 1.18　曲线 $y=x^k$ 下宽度为 $\frac{a}{n}$ 的内接矩形

① 费马从未明确使用过归纳法. 但是他在很多论证中都隐晦地使用归纳法, 这里也是一样.

所有的外接矩形之和是

$$\sum_{j=1}^{n}\left(\frac{aj}{n}\right)^{k}\frac{a}{n}=\frac{a^{k+1}}{n^{k+1}}\sum_{j=1}^{n}j^{k}$$

$$=\frac{a^{k+1}n^{k+1}}{(k+1)n^{k+1}}+n\text{ 的负数次幂之和},$$

若取足够大的 n, 上述表达式也可以任意接近 $\frac{a^k}{k+1}$. 故区域面积为 $\frac{a^k}{k+1}$.

埃万杰利斯塔・托里拆利 (Evangelista Torricelli, 1608—1647) 是卡斯泰利的另一个学生, 他通过担任卡斯泰利的秘书来赚取学费. 他从 1632 年开始和伽利略通信, 并在伽利略生命的最后几个月——从 1641 年 10 月到 1642 年 1 月——一直陪伴着他. 在出版于 1644 年的《几何学文集》中, 他使用了卡瓦列里的不可分量语言, 但和卡瓦列里不同的是, 他明确声称, 自己所使用的不可分量“具有相等和均匀的厚度”①, 只不过它们的厚度是无穷小.

托里拆利在今天最为人所知的, 是他发现了一个长度无限、体积有限的几何体, 他称之为“尖双曲体” (acute hyperbolic solid), 这个发现为他赢得了声誉. 尖双曲体由线段 $y=\frac{1}{a}(0\leqslant x\leqslant a)$ 和双曲线 $y=\frac{1}{x}$ 在 $x\geqslant a$ 的部分绕横轴旋转一周得到, 其中 a 是一个正数. 他证明了尖双曲体的体积等于半径为 $\sqrt{2}$, 高为 $\frac{1}{a}$ 的圆柱的体积 (图 1.19), 换句话说, 这个无限长的几何体的体积是有限值 $\frac{2\pi}{a}$.

他的证明方法是将尖双曲体分解为一系列侧面无限薄的空心圆柱. 高度到达 y 的空心圆柱半径为 y, 底面周长为 $2\pi y$, 空心圆柱的底部到双曲线的距离为 $\frac{1}{y}$. 每个空心圆柱体, 不管其对应的 y 值为多少, 都具有相同的侧面积 2π, 也就是一个半径为 $\sqrt{2}$ 的圆的面积. 因此, 我们可以将尖双曲体的体积与一个实心圆柱体的体积相对应, 其中实心圆柱体由半径为 $\sqrt{2}$ 的圆盘从 $y=0$ 开始堆叠至 $y=\frac{1}{a}$ 处.

托里拆利在 1641 年与卡瓦列里分享了这一发现, 后者回信写道:

---

① 来自托里拆利的《论尖双曲体》(*De solido hyperbolico acuto*, 摘自 Mancuso and Vailati, 1991, p.51).

> 当我收到你的信的时候, 正因发烧和痛风发作而躺在床上……虽然在生病, 我却享受着你的思想的美好成果, 一个无限长的双曲体的体积竟然等于一个长、宽、高都有限的几何体的体积, 这着实让人无限赞叹. 当我向我的一些哲学学生介绍了这个发现后, 他们一致认为这看上去真是一个奇妙的非凡结论.[①]

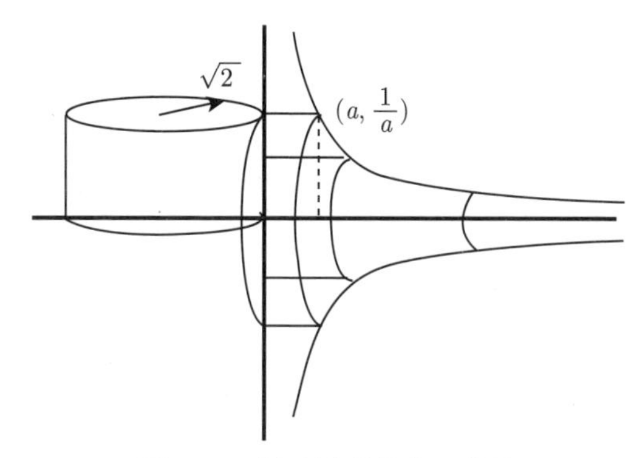

图 1.19 托里拆利的尖双曲体

1643 年, 卡瓦列里把这个结论不加证明地告诉了巴黎的让・弗朗索瓦・尼赛隆 (Jean François Niceron), 尼赛隆又把它告诉了梅森, 很快整个数学界都知道了这个结果. 一年后, 托里拆利在《几何学文集》中发表了该结论的两个证明, 一个证明使用了如上一段所述的不可分量方法, 另一个证明采用了传统的阿基米德方法, 即证明尖双曲体的体积既不大于也不小于底面半径为 $\sqrt{2}$、高为 $\frac{1}{a}$ 的圆柱体的体积.

托里拆利的结果着实震惊了主流数学界. 他后来记载道, 罗贝瓦尔在第一次听到这个结论的时候并不相信, 而尝试着去证否它[②]. 事实上, 由于最初的证明使用了卡瓦列里的不可分量, 这确实让人们对结论的可靠性产生了较大的疑问, 这也是为什么托里拆利意识到他还需要提供一个阿基米德式的严格证明.

1.8 速度和路程

如果累积只不过是计算面积、体积和力矩的一种方法, 那么它会产生一些有趣的结论, 但不太可能会在历史上成为一个主要数学分支的基础. 累积

① Cavalieri to Torricelli, Dec.17, 1641, (摘自 Mancuso and Vailati, 1991, p.51).

② Mancuso and Vailati, 1991, p.58.

之所以成为如现在这般强有力的工具, 是因为我们发现了它和瞬时速度之间的关系. 如果我们知道每一时刻的速度, 就可以积累路程的微小变化, 从而计算出走过的总路程. 这不是一个简单的想法. 不止一个学微积分的学生曾为此感到困惑: 为什么可以通过计算曲线下方区域的面积来求出路程?

我们今天将“物体在某个特定时刻的速度”这个概念视为理所当然, 毕竟, 每当我们看速度表时, 它就会呈现在我们面前. 然而, 解释它的确切含义涉及一些微妙之处. 公元前 5 世纪, 哲学家芝诺 (Zeno of Elea) 给出了一个关于瞬时速度的悖论: 首先, 箭不是在运动就是处于静止状态. 在一个单一的瞬间, 箭不可能运动, 因为运动就是改变位置, 如果它在一个瞬间改变了位置, 那么这个瞬间就有一段持续的时间, 这段时间可以被细分, 那就不称其为瞬间. 因此, 在每一个瞬间, 箭是静止的. 但是, 如果箭每时每刻都静止不动, 那么它就永远静止不动, 所以这箭绝对不会动.[①]

亚里士多德通过否定“瞬时”的存在来解决这个悖论, 从而否定了瞬时速度的存在. 对亚里士多德及他的后继者们来说, 这并不是一个大的损失, 因为他们研究的运动, 不论是直线运动, 还是圆周运动, 都是匀速的. 在那个时候, 并没有把速度定义为运动的路程与经过的时间之比, 甚至没有把速度本身当作一个独立的量来看待.[②]但是在 14 世纪, 牛津和巴黎的学者们开始研究速度, 认为它在每一瞬间都有一个大小, 并且研究当非匀速运动的时候, 能得出哪些结论.

欧洲的第一所大学于 1088 年在博洛尼亚建立. 其他大学很快随之建立起来. 古希腊的经典著作从阿拉伯文翻译而来, 为聚集在那里的学者们提供了素材. 他们孜孜以求地尝试理解这些作品, 并很快实现了超越.

牛津大学默顿学院成立于 1264 年. 约从 1328 年开始, 一群杰出的默顿学者——托马斯 • 布拉德沃丁 (Thomas Bradwardine)、威廉 • 海特斯伯里 (William Heytesbury)、理查德 • 斯威什海德 (Richard Swineshead) 以及约翰 • 邓布尔顿 (John Dumbleton)——开始了他们对速度的探索. 他们的第一个成就, 是将运动学 (对运动的定量研究) 与动力学 (对运动原因的研究) 分离开来. 仅描述一个运动的物体, 而不涉及是什么使这个物体运动或维持运动, 这是一个新的想法. 在这样的研究中, 学者们第一次把速度作为一个量来看待.[③]

---

① Heath, 1921, vol.1, p.276.

② Clagett, 1959, p.167.

③ Clagett, 1959, pp.206–208.

瞬时速度的最早描述可以在威廉·海特斯伯里 1335 年的手稿《消除诡辩的法则》(*Rules for Solving Sophisms*) 中找到. 他清楚地表明, 瞬时速度与物体已经运动了多远毫无关系, 而是由"假定物体在那个瞬间及之后做匀速运动, 在一段时间内运行的路径"所衡量[①]. 这是一个被使用了近 500 年的恰当定义, 与我们现在对速度的定义不同. 直到 19 世纪早期, 现代定义才被明确地表达出来, 它基于极限和不等式代数, 我们将在 4.2 节中阐述.

海特斯伯里接着考虑物体的匀加速运动, 即物体的速度随时间均匀增加的情形. 他论证了, 一个物体以某个初速度开始运动, 然后均匀地加速或减速到某个最终速度, 其所运行的路程, 等于这个物体按初速度和最终速度的平均速度运动所运行的路程. 这就是著名的默顿法则. 对于默顿法则, 海特斯伯里及其同事的证明都基于如下观察: 一个匀加速运动的物体, 在前一半时间里缺失的速度会恰好被后一半时间中多余的速度填补. 海特斯伯里耐人寻味地评论, 如果物体不是在均匀加速, 那么不存在一个一般性的法则来确定物体的运动路程.[②]不过, 仅仅在几年之后, 尼科尔·奥雷姆 (Nicole Oresme, 1320—1392) 就引进了一种强有力的新技术, 使得对非匀加速运动的分析成为可能.

奥雷姆是纳瓦拉学院 (College of Navarre) 的学者, 该学院由纳瓦拉女王胡安娜一世 (Queen Joan of Navarre) 于 1305 年在巴黎大学中设立. 从 1348 年奥雷姆第一次以学生身份进入纳瓦拉学院, 直到 1362 年他离开那里去鲁昂大教堂当牧师, 其间他写了《论量的构形》(*On the Configuration of Qualities*). 该著作给出了量的几何解释, 还给出了默顿法则的几何证明. 证明的关键想法是将速度看作一个具有大小的量, 并用一条线段表示它.

将物体运动所经历的时间段用一条线段表示 (图 1.20 中的线段 OC), 线段上的每一点代表一个瞬间. 在每一个瞬间点上作一条垂线段, 用来表示在那个瞬间速度的大小. 所有垂线段的上端点勾勒出一条或直或曲的线, 奥雷姆把这样的线叫作"密度线" (line of intensity). 对于匀速运动的物体来说, 它的密度线与时间线平行 (图 1.20 中的线段 DE). 对于匀加速运动的物体来说, 其密度线为一条斜线 (图 1.20 中的线段 AB). 奥雷姆意识到, 时间线和密度线所围成的区域面积就是物体在这段时间运行的总路程. 由于矩形 $OCED$ 的面积和四边形 $OCBA$ 的面积相等, 因此以这两种运动方式

① Clagett, 1959, p.236.

② Clagett, 1959, pp.277, 286–287.

所运行的路程必定相等.

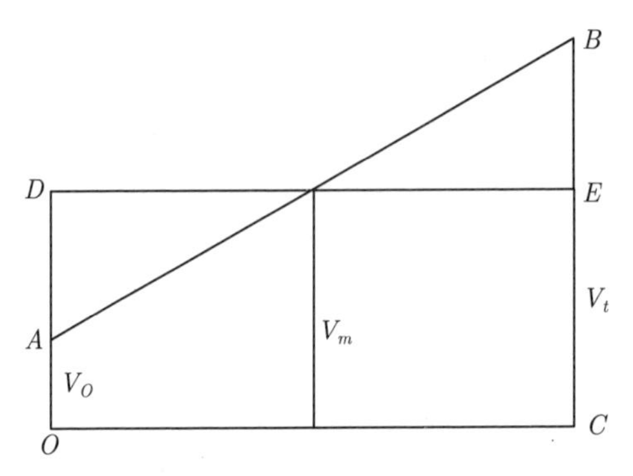

图 1.20 奥雷姆用于证明默顿法则的图

这种论证在奥雷姆之前就已经出现了. 博洛尼亚的乔瓦尼 • 迪 • 卡萨利 (Giovanni di Casali) 在 1346 年就给出了差不多的几何证明.[①]不同的是, 奥雷姆的阐述更加清晰, 而且奥雷姆意识到了一个远比默顿法则更广泛的原理. 奥雷姆注意到, 密度线可以是任意曲线, 或者用他的话说, 密度线可以是 "以各种迥异的方式勾勒出的图形".[②]无论密度线是怎样的, 运行的总路程总是由密度线下区域的面积表示.

但无论是奥雷姆, 还是卡萨利, 都没有试图去证明密度线下区域的面积表示总路程. 这个工作的进展要等到 17 世纪了.

1.9 艾萨克 · 贝克曼

荷兰共和国于 1581 年脱离西班牙, 宣布独立. 在接下来的一个世纪里, 荷兰成为科学进步的沃土. 其中第一个原因是它摆脱了罗马教会的束缚. 伽利略的作品被禁后, 他在荷兰找到了出版商. 而当笛卡儿 (René Descartes, 1596—1650) 因著作在法国引起太大争议时, 也曾在此避难. 第二个原因是荷兰进行了大规模基础建设, 大量的堤坝和灌溉渠把河口沼泽地变成了农田. 工程师们被雇用过来设计水闸、港口和抽水厂, 西蒙 • 斯泰芬就是其中之一. 1600 年, 莱顿工程学院 (Leiden School of Engineering) 成立. 实践需要新的数学工具. 最后一个原因是有充裕的资金. 17 世纪, 荷兰共和国是国际超级贸易中心之一, 创造的财富足以支持像惠更斯这样的科学家.

① Clagett, 1959, p.332.

② Clagett, 1959, p.332.

艾萨克 • 贝克曼 (Isaac Beeckman, 1588—1637) 是斯泰芬的学生, 也是笛卡儿的朋友和竞争对手. 正是他向笛卡儿介绍了阿基米德的数学和斯泰芬的观点. 贝克曼和笛卡儿相识于 1618 年, 当时年轻的笛卡儿驻扎在布雷达 (Breda) 的军校. 历史学家戴克斯特霍伊斯 (E. J. Dijksterhuis) 认为, 贝克曼从笛卡儿那里学到了奥雷姆对默顿法则的论证, 而笛卡儿是在他的古典教育中接触到的.[①]

贝克曼对下述结论提供了已知最早的证明: 若一个物体从静止开始做匀加速运动, 则它运行的路程与经过时间的平方成正比, 即

$$\text{路程} \propto \text{时间}^2,$$

其中符号 $\propto$ 表示“正比于”. 在 1618 年年末的一篇日志中, 贝克曼考虑了一个速度从零开始均匀增加的下落物体 (图 1.21). 注意, 图中的时间轴和速度轴与我们今天通常习惯的位置有差别, 它们经过旋转: 时间轴是竖直的, 而速度用点到时间轴的横向距离表示.

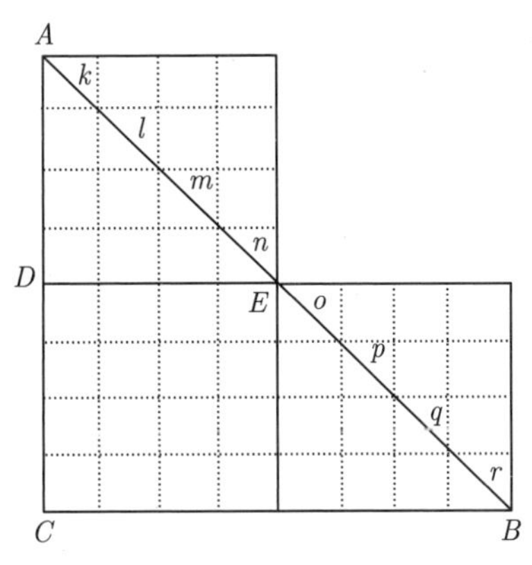

图 1.21 贝克曼的图. 时间从 A 到 C, 时间轴是竖直的

贝克曼首先假设在第一个时间段 AD 上的速度是恒定的, 用 DE 的长度表示. 在第二个时间段 DC 上的速度也是恒定的, 用 CB 的长度表示. 如果我们将每段时间延长为原来的两倍, 那么物体在每段时间的末速度也变为原来的两倍, 求得的近似总路程将是原来的四倍. 一般, 如果我们把物体的运动时间分成相等的两段, 并假设在每段时间上的运动速度恒定, 以此来近似计算物体运行的总路程, 那么计算出的总路程与经过时间的平方成正比.

① Djiksterhuis, 1986, p.331.

然后, 贝克曼将每段时间细分为八段, 这样计算出的运动路程更接近于匀加速运动的真实运动路程. 在时间段 AC 上计算出的路程用三角形 ACB 的面积加上额外的八个小三角形 k,l,m,n,o,p,q,r 的面积表示. 再一次, 当用八个分段匀速运动逼近真实运动路程时, 计算出的总路程也与运动时间的平方成正比. 他接着论证道, 随着进一步细分时间间隔, 需要加上的额外区域面积会逐渐变小. 这些额外区域的面积之和"将随着时间间隔变为零而消失". 由于计算出的路程始终与时间的平方成正比, 故物体匀加速运动经过的真实路程也与时间的平方成正比.[①]

贝克曼将一小段时间中的速度视为常数, 于是在这段时间运行的路程就是时间与速度的乘积, 即一个矩形的面积. 然后他论证得出, 随着时间间隔变短, 计算出的路程与实际路程的误差 (那些用于拼凑出完整矩形的额外的小三角形的面积之和) 消失了. 因此, 夹在时间轴和线 AB 之间的区域面积表示物体运行的总路程, 其中线 AB 表示匀加速运动物体的速度.

贝克曼从未发表这个论证. 该论证体现了阿基米德的方法与奥雷姆等人的动力学观点之间存在的丰富联系. 这种联系在伽利略及其学生的影响下将会真正开花结果.

1.10 伽利略 · 伽利雷和天体运动问题

伽利略 · 伽利雷 (Galileo Galilei, 1564—1642, 图 1.22) 出生于比萨[②], 是著名的琉特琴演奏家、音乐教师维森齐奥 · 伽利雷 (Vincenzio Galilei) 的第一个孩子. 他的家族姓氏曾经是博纳尤蒂 (Bonaiuti), 但是在 15 世纪早期, 家族中出了一位叫伽利略 · 博纳尤蒂的先辈, 他是一位声名卓著的医生, 所以他的后人都以伽利雷为姓[③]. 1581 年, 伽利略被比萨大学录取为医学生. 在入读后的第二年, 他遇到了数学家奥斯蒂利奥 · 里奇 (Ostilio Ricci), 他被里奇关于欧几里得的讲座迷住了, 于是放弃了医学学业, 把全部注意力转向了数学.

里奇被认为曾是尼科洛 · 塔尔塔利亚 (1499 或 1500—1557) 的学生, 后者出版了阿基米德的许多著作, 还在代数学的发展中发挥了重要作用. 正是里奇向伽利略介绍了阿基米德的数学及代数学的最新发展. 两年后, 伽利略

① Clagett, 1959, p.418.

② Heilbron, 2010.

③ Drake, 1978, p.1.

没有获得医学学位就离开了比萨大学, 之后担任了一系列数学教职.

图 1.22 伽利略·伽利雷

伽利略的工作重心是行星运动的日心说. 这个学说认为, 地球是绕着太阳转动的行星之一. 这与传统的亚里士多德学说相反, 传统观念认为太阳和其他行星绕着地球转动. 哥白尼在 1543 年出版的《天球运行论》(*On the Revolutions of the Heavenly Spheres*) 中提出这一理论, 但是作为一名主教, 他小心翼翼地隐藏他的尖锐观点, 以免与罗马的上级发生直接冲突. 正如他在前言中所说的:

> 无须考虑这些假设的真实性甚至可能性. 只要它们能提供与观测一致的计算结果, 那就已经足够了. (Copernicus, 1543, pp. 3-4)

伽利略相信日心说不是带来数学上的方便, 而是描述了现实. 但是这带来了一个问题. 如果地球每天自转一圈, 那么站在赤道上的人就是在以每小时超过 1000 英里[①]的速度运动. 更令人震惊的是, 地球绕太阳公转时, 每年必须穿行近 6 亿英里, 每小时需要运行超过 6.6 万英里. 然而, 我们作为站在这个在太空中飞速旋转的地球上的人, 却感受不到任何运动. 这是为什么呢?

这将成为 17 世纪最大的科学难题, 直到 1687 年艾萨克·牛顿的《自然哲学之数学原理》(*Mathematical Principles of Natural Philosophy*, 简称《原理》) 出版, 这个问题才得到完全解答. 伽利略对该问题的尝试最后集中体现在 1638 年出版的《关于两门新科学的对话》(*Discourses and Mathematical Demonstrations Relating to Two New Sciences*) 中[②]. 这本书最大的创新之一是对自由落体问题的纯运动学处理. 沿着奥雷姆和默顿学者开辟的路线,

① 1 英里 $\approx$ 1.61 千米. ——译者注

② 有中译本《关于两门新科学的对话》, 武际可译, 北京大学出版社, 2006 年. ——译者注

伽利略摆脱了传统思路, 不去研究引力产生的原因, 而仅专注于给出引力作用的数学描述. 与贝克曼不同, 伽利略发表了他的工作, 从而对科学的进一步发展产生了深远影响. 伽利略建立了借助数学研究问题的典范, 以致后来牛顿在研究这个问题的时候, 说了一句著名的话: "Hypotheses non fingo" (我不杜撰假说)①, 表明自己的研究并不关心引力产生的原因以及引力传递的方式, 而只在乎建立一个合适的数学模型来描述引力的作用效果.

在《关于两门新科学的对话》"自然加速运动"这一节的定理 I 中, 伽利略给出了默顿法则. 接着他在定理 II 中论证了, 一个从静止开始做匀加速下落的物体, 下落的距离与时间的平方成正比. 用现代符号表达, 如果记重力加速度为 g, 则在时刻 t, 物体的下落速度为 gt, 下落的距离用三角形的面积 $\frac{1}{2}t \times gt = \frac{1}{2}gt^2$ 表示.

伽利略用于证明默顿法则的图与贝克曼的图非常类似 (图 1.23). 他论证道:

> 线段 AB 上的每个点都对应于时间 AB 中的某个瞬间, 从这些点出发所作的平行线限定在三角形 AEB 内的部分表示加速运动逐渐增加的速度值, 限定在矩形内的部分表示匀速运动的常速度值. 三角形 AEB 中渐增的平行线段表示的加速运动的速度矩, 和矩形 GB 中的平行线段表示的匀速运动的速度矩一样多. (Galilei, 1638, Naturally Accelerated Motion, Theorem I)

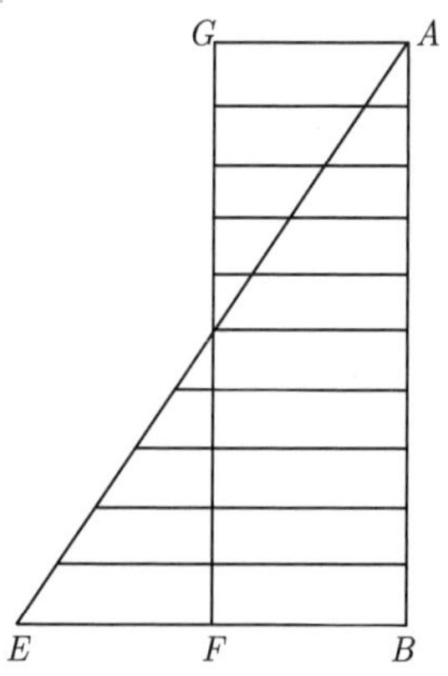

图 1.23 伽利略的图. 时间从 A 到 B, 时间轴是竖直的

① Newton, 1687, p.943. 原句是拉丁文, 被莫特 (Motte) 翻译为 "I frame no hypotheses." 伯纳德 • 科恩解释了为什么这个翻译没能传达牛顿的原意 (Newton, 1687, p.274).

伽利略认为三角形和矩形是由无数条平行线组成的, 这些平行线就是"速度矩" (moments of velocity), 每一个速度矩都表示在一段无限短的时间内走过的路程. 这让人不禁想起在 1.1 节中阿基米德对球体积公式的推导方法以及开普勒求旋转体体积的方法. 尽管伽利略一直都很尊重严格的阿基米德方法, 但他可能也曾鼓励卡瓦列里和托里拆利大胆地使用不可分量.

1.11 解决天体运动问题

凭借对惯性和引力加速度的理解, 伽利略确信, 天体运动问题的解决最终得依靠数学. 他对自由落体运动公式的推导本身就是他寻求数学解释过程中的部分成果. 他早已预见到最终的解决方案中可能会有哪些要素, 但是在这些要素被整合起来之前, 他就去世了. 正是伽利略所设置的议题, 启发了之后许多与累积、切线、变化率有关的工作. 最终的解决方案将由艾萨克 • 牛顿 (Isaac Newton, 1643—1727, 图 1.24) 给出, 他差不多恰好在伽利略去世一周年时出生.[①]

图 1.24 艾萨克 • 牛顿爵士

牛顿于 1665 年从剑桥大学毕业. 由于瘟疫在英国的城镇肆虐, 他在林肯郡的家中度过了接下来的两年. 正是在这里, 他解决了天体运动问题. 在

① 伽利略于 1642 年 1 月 8 日去世, 牛顿在那年的 12 月 25 日出生. 从日期上看, 牛顿似乎是在伽利略去世的同一年出生的. 但是日期本身具有误导性. 从 1582 年到 1752 年, 英国和意大利使用的是不同的历法. 当英国还在使用旧的儒略历时, 意大利已经开始使用新的格列高里历 (即现在的公历.——译者注) 了. 意大利的 1642 年 1 月 8 日对应着英国的 1641 年 12 月 29 日, 而英国的 1642 年 12 月 25 日对应着意大利的 1643 年 1 月 4 日.

此之前，那些伽利略之后的哲学家，特别是荷兰的惠更斯，已经发展和完善了惯性的概念，并认识到静止的物体和做匀速直线运动的物体是无法区分的. 二者唯一的区别就是参考系. 如果地球在做简单的直线运动，那么我们就无法断定自己在以每小时 107 000 公里的速度相对于一个太阳在其中静止的坐标系运动.

当然，我们并不是在做纯粹的直线运动. 首先，我们在绕地轴旋转. 每小时 1600 公里的转速会让我们每秒偏离直线 2 厘米. 如果一个站在赤道上的人维持着直线运动，由于地球每秒转过 $15''$，因此那个人会看到地面每秒下沉 $6\,371\,000(1-\cos 15'')\approx 0.017$ 米 (6 371 000 米是地球的半径). 之所以我们不会被甩到空中，是因为存在着引力加速度，它使得我们的速度每秒朝地心增加 9.8 米/秒，这个数值远大于 0.017 米/秒. 当然，这种调整不是每隔一秒发生一次，而是连续不断地发生. 净效应是我们在不断朝地心下落，在通常情况下，这种效应会让我们感受到重量，但如果我们从悬崖上跌落，它很容易表现为向下的速度. 同样的分析可以解释为什么我们意识不到自己在以巨大的速度绕着太阳旋转. 相对于自转半径，公转半径要长得多，约为 150 000 000 000 米，而公转角速度却小得多，约为每秒 $0.04''$，每秒只需要调整 0.003 米.

但这又引出了另一个问题. 我们都知道地球上存在重力. 对于古希腊哲学家来说，这只不过意味着所有的固体和液体都有向地心运动的趋势. 伽利略表明了引力体现为朝向地心的某种加速运动. 而为了绕太阳转，地球需要有朝向太阳的加速度，或者说太阳对地球存在吸引力. 这种东西存在吗？

牛顿与苹果的故事似乎是可信的. 1726 年，牛顿向威廉 • 斯蒂克利 (William Stukeley) 讲述了这个故事，后者在 1752 年把它记录了下来. 牛顿对苹果是否砸到他的头上只字不提，但看到苹果落地确实让他想到了引力加速度. 如果引力不是一种纯粹在地球上才有的现象，那么或许它可以解释到底是什么使月球绕地球运行.

牛顿意识到地球对月球的引力加速度应该会小于我们在地表所感受到的加速度. 会小多少呢？这要从惠更斯发现的一个结论谈起.

克里斯蒂安 • 惠更斯 (Chritiaan Huygens, 1629—1695, 图 1.25) 于 1645 年进入莱顿大学 (University of Leiden) 学习法律，但他也与弗兰斯 • 范 • 舒滕 (Frans van Schooten) 一起研究质心问题. 当范 • 舒滕在 1649 年发表对笛卡儿《几何学》(*La Géometrie*) 的评注时，他引用了惠更斯发现的一个例子.[①]后来, 惠更斯在布雷达学院继续他的学业. 在那里, 他与他父亲的好友梅森神父通信. 我们将看到, 梅森也是微分学发展过程中的关键人物. 17 世纪 50 年代早期, 惠更斯发表了有关圆周率计算的结果, 还研究了曲线长度问题. 在 1655 年的一次巴黎之旅中, 他了解到费马和帕斯卡在概率方面的工作, 并于 1657 年出版了自己在这方面的著作——《论赌博中的计算》(*On the Computation of Games of Chance*).

图 1.25 克里斯蒂安 • 惠更斯

惠更斯最为知名的是他在天文学和力学方面的工作. 他打磨镜头, 自制望远镜, 是第一个发现土星的卫星泰坦 (土卫六) 的人. 一年后, 也就是 1656 年, 他建造了一台长 25 英尺[②] 的望远镜, 发现伽利略所说的土星的"耳朵"实际上是土星的光环. 在 17 世纪 50 年代末, 他设计了第一个可以工作的摆钟. 用钟摆来调节时钟的想法至少可以追溯到达 • 芬奇. 伽利略和托里拆利都曾试图设计这样的时钟, 但惠更斯是第一个解决擒纵机构问题的人, 这使得制造第一个可以工作的摆钟模型成为可能. 他对钟摆力学的研究发表在 1673 年的《摆钟论》(*Horologium Oscillatorium*) 一书中, 这本书广受赞誉, 对牛顿的力学研究产生了重大影响.

为了阐述惠更斯对圆周运动的见解, 我们首先想象把一块石头栓在一根绳子的末端, 然后让石头沿着圆周转动. 我们感受到的拉力通常被称为离心力. 看上去是旋转的石头在拉着我们的手. 事实上, 我们感受到的是, 为了把石头拉回来继续做圆周运动, 以免它沿着直线飞出而必须施加的力和加速度. 惠更斯曾研究过这种加速度, 并证明了它与石头速度的平方成正比, 与圆的半径成反比, 或者说,

① Van Schooten, 1649, pp.203–205.

② 1 英尺 =30.48 厘米. ——译者注

$$a = c\frac{v^2}{r},$$

其中 a 是加速度, v 是速度, r 是半径, c 是常数. 速度加倍会使所需的加速度增加为原来的 4 倍. 半径加倍, 则加速度减半. 因为速度是路程与时间之比, 故我们可以把 v 写成 $\frac{2\pi r}{t}$, 其中 t 是周期, 即石头转一圈所需要的时间. 从而有

$$a = (4\pi^2 c)\frac{r}{t^2}.$$

开普勒曾观察到所有沿轨道运行的行星都有一个奇怪的现象, 即周期的平方与它和太阳距离的三次方成正比. 如果我们用 "年" (地球的公转周期) 来度量周期, 用 "天文单位" (地球和太阳的距离) 来度量距离, 则有等式

$$t^2 = r^3.$$

综上所述, 牛顿意识到, 行星沿轨道运动的加速度满足

$$a = (4\pi^2 c)\frac{1}{r^2}.$$

即引力加速度与距离的平方成反比.

月球的轨道半径约为地球半径的 60 倍, 所以地球对月球的引力加速度大约是地表的 $\frac{1}{3600}$, 约为 0.002 72 米/秒 ^{2}. 月球在 27.3 天的周期内运行 24 亿米 (朔望月的周期要长一些, 因为地球发生了运动, 增加了相同月相之间的时间间隔), 或者说每秒运行大约 1000 米. 在 1 秒内, 它移动了 $0.55''$, 这意味着, 为了保持在轨道上, 月球每秒需要朝地球下落

$$385\ 000\ 000(1 - \cos 0.55'') = 0.001\ 37\ \text{米}.$$

已知月球下落的加速度为 0.002 72 米/秒 ^{2}, 由伽利略的自由落体公式可得, 受引力作用, 月球每秒下落距离为 0.002 72 米的一半, 即每秒下落 0.001 36 米. 可得月球在每秒前进约 1025 米的同时会下落 0.001 37 米 (忽略因四舍五入而造成的微小误差), 由此完美地解释了月球的运行轨道.

1.12 开普勒第二定律

对惯性和引力加速度的深刻理解, 解决了 "为什么我们无法察觉到地球在高速运动" 这个问题. 牛顿意识到由此能获得更多的信息. 一旦知道了

加速度, 就可以通过累积速度的微小变化得知速度的变化情况. 而一旦知道在每一刻的速度, 就可以通过累积微小的位移得知位置的变化情况. 反过来, 一旦知道了物体的位置, 引力加速度的大小和方向也会完全确定, 即位置决定了加速度. 由此我们处于一种"良性循环"中: 加速度决定速度, 速度决定位置, 位置反过来又决定加速度. 如果我们知道一个轨道物体的初速度和初始位置, 那么, 在无任何多余外力作用的情况下, 物体的运动路径会是唯一确定的. 这一点在牛顿对开普勒第二定律的证明中体现得最为明显. 开普勒曾观察到: 在相等的时间内, 在轨道上运动的行星掠过相等的面积 (图 1.26), 因此行星在接近太阳时加速, 远离太阳时减速. 这也是牛顿《自然哲学之数学原理》的命题 I:

> 沿轨道运动的物体, 其指向力的不动中心的半径所掠过的区域位于同一不动平面上, 而且区域面积正比于掠过该区域所用的时间.

首先, 我们来看一个沿直线 l 做匀速运动的物体, 它在每段相等的时间间隔里运行相同的路程 (图 1.27).

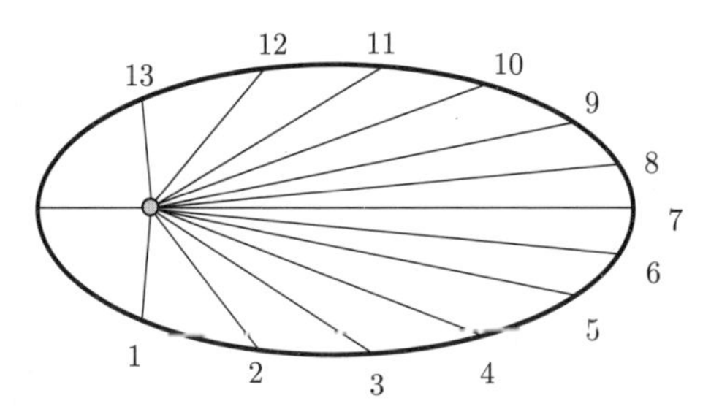

图 1.26 在相等时间内掠过相等面积

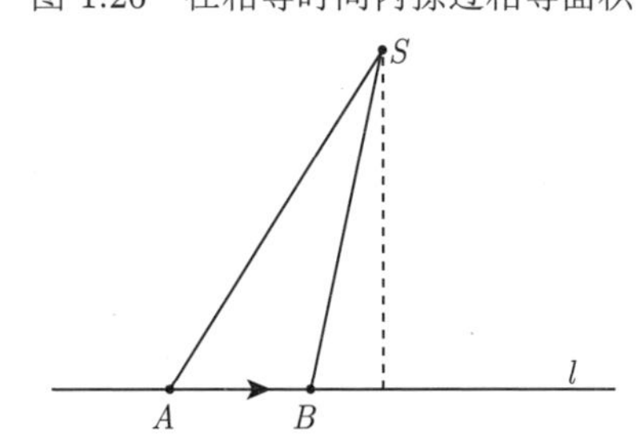

图 1.27 做匀速直线运动的物体在相等时间内掠过相等面积

在一段时间间隔里, 掠过的区域是三角形 ABS, 其面积等于点 S 到直线 l 的距离 (三角形的高) 的一半乘以 $\overline{AB}$(底边长度). 由于物体在做匀速运动, 故三角形的高和底边长度都不会变, 即在每一段时间内掠过的区域面积都相等.

现在我们在原速度的基础上引入一个指向点 S 的速度, 该速度用向量 $\overrightarrow{BV}$ 表示 (图 1.28). 原来的速度加上一个新引入的速度, 意味着在接下来的一段时间间隔里, 物体将由点 B 运动到点 D, 其中过点 C、点 D 的直线平行于过点 B、点 V 的直线. 在后一段时间间隔里, 掠过的区域是三角形 BDS, 将该三角形和三角形 BCS 进行比较, 可以看出, 它们的底相同, 都是线段 BS, 高也相同, 等于直线 BV 和直线 CD 的距离, 故这两个三角形的面积相等. 所以在后一段时间间隔里掠过的面积等于在前一段时间间隔里掠过的面积.

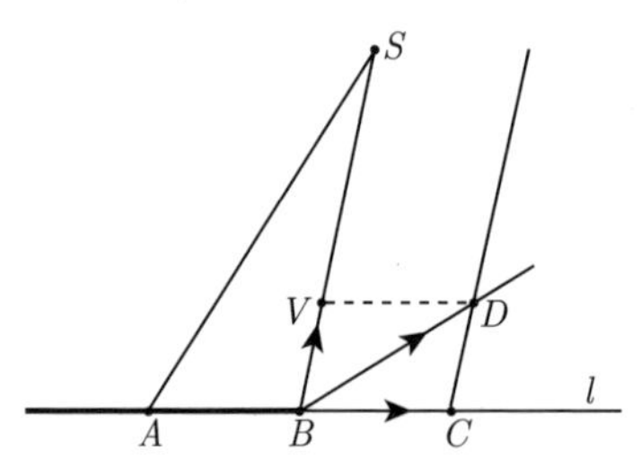

图 1.28　如果加速度是向心的, 则物体仍然在相等时间内掠过相等面积

当物体继续运动时, 虽然其指向点 S 的分速度会不断变化, 但是它依旧会在相同的时间间隔里掠过相等的面积 (图 1.29). 当时间间隔不断变小时, 物体的运动路径会趋于一条光滑的曲线.

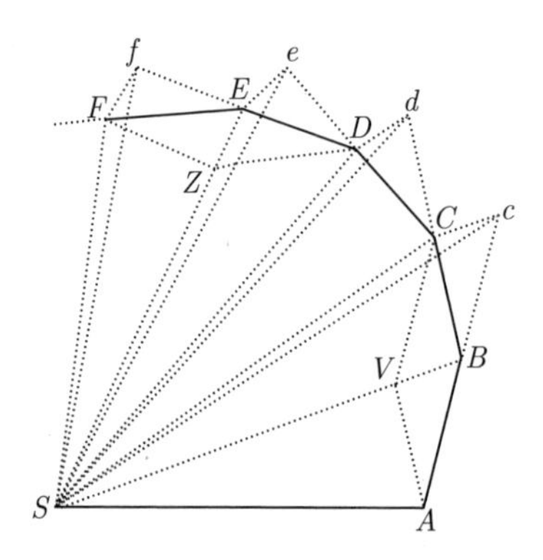

图 1.29　牛顿证明开普勒第二定律的图示

1.13 牛顿的《自然哲学之数学原理》

微积分可能诞生于 1666 年牛顿发现累积 (积分) 和变化率 (微分) 的关系之时. 如今被我们称为微积分的工具在接下来的几十年里显示出了它们的重要性. 颇为矛盾的是, 最能体现这些工具的威力的标志之一, 是牛顿于 1687 年出版的《原理》. 之所以说矛盾, 是因为《原理》里几乎没有包含任何我们今天认为是微积分的内容. 它完全是用欧几里得几何的语言表达的. 但是它处理的是累积、变化量之比、变化率这些如今我们用微积分来表述的问题.[①]

1684 年, 当埃德蒙•哈雷 (Edmond Halley)、克里斯托弗•雷恩 (Christopher Wren) 和罗伯特 • 胡克 (Robert Hooke) 意识到行星的运行轨道将完全由引力平方反比定律决定时, 他们想知道为什么这意味着轨道会是以太阳为焦点的椭圆. 里面涉及的数学难倒了这三个人.

同年夏天, 哈雷去剑桥拜访牛顿, 提出了这个问题. 牛顿回答说, 这个问题早已被他解决, 但是他找不到自己的原始推导了. 哈雷鼓励牛顿把过程写出来. 于是那年晚些时候, 牛顿写了《论物体的运动》(*De Motu Corporum*) 以作回应. 但是牛顿对此并不满意. 实际情况要复杂得多. 不仅太阳在吸引地球, 地球也在吸引太阳. 事实上, 每颗行星都对其他行星有引力作用, 木星对地球的影响很小, 但是月球的绕地运动受太阳的影响很大.

更何况, 为证明开普勒第二定律所做的分析假设, 在轨道上运行的行星可以用空间中的一个点来表示. 然而, 事实上它们是一个个实心球, 那该如何分析呢? 此外, 牛顿意识到, 需要解释椭圆轨道是如何与人们在地球上所描绘的行星在天空中的运行轨迹相对应的, 而且, 他需要把他的数学模型推导出的结果与实际的天文观测数据进行比对. 只阐述他自己的模型是不够的, 他还需要解释和验证他的假设, 论述他所说的质量、力、惯性到底是什么意思, 并打造出完成这些工作所需要的累积和变化率的工具. 最终完成的大部头著作有 510 页 (图 1.30).

这本书里没有任何东西看起来像现在的微积分. 里面没有出现明确的导数和积分. 但是微积分的基本思想——牛顿所说的"最初比和最终比方法", 即累积和变化率的思想, 支撑着他在书中所证明的所有 192 个命题. 他在第一卷中用 11 个引理开头, 建立了微积分的基础.

---

① S. 钱德拉塞卡拉将《原理》中的大量内容转换成了微积分的语言 (Chandrasekhar, 1995).

引理 1 定义了我们今天所说的“极限”概念 (更多细节见 4.1 节). 引理 2 和引理 3 表明, 任何面积问题以及累积问题, 都可以通过在足够小的区间上构造外接矩形和内接矩形来解决. 图 1.31 是牛顿所做的图示说明. 在引理 2 中, 他假设矩形的底边长相同, 即 $\overline{AB} = \overline{BC} = \overline{CD} = \overline{DE}$. 他观察到, 外接矩形和内接矩形的面积之差对应于小矩形 $Kbla$、$Lcmb$、$Mdnc$ 和 $DEod$ 的面积, 这些小矩形都可以滑动到区间 AB 上方, 且它们的面积之和恰好等于矩形 $ABla$ 的面积. 随着区间的长度越来越小, 矩形 $ABla$ 的高度不变, 但是宽度趋于零, 所以它的面积可以变得任意小. 故外接矩形和内接矩形的面积“会彼此变得非常接近, 以至于它们的差可以小于任意给定的量”.

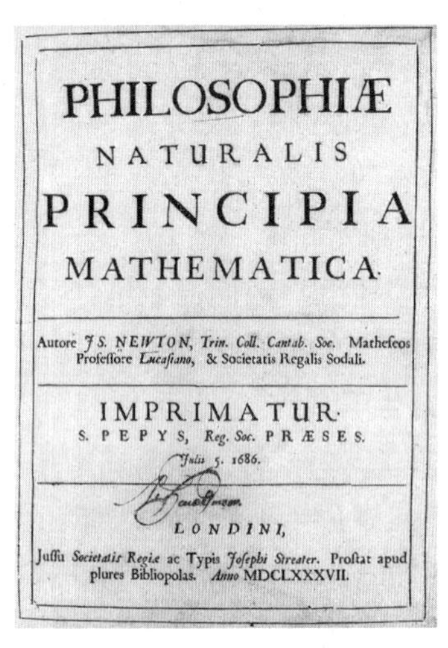
PHILOSOPHIÆ
NATURALIS
PRINCIPIA
MATHEMATICA.

Autore *J S. NEWTON*, *Trin. Coll. Cantab. Soc.* Mathefeos Profeffore *Lucafiano*, & Societatis Regalis Sodali.

IMPRIMATUR.
S. PEPYS, *Reg. Soc.* PRÆSES.
Julii 5. 1686.

LONDINI,
Juffu *Societatis Regiæ* ac Typis *Jofephi Streater*. Proftat apud plures Bibliopolas. *Anno* MDCLXXXVII.

图 1.30　牛顿《自然哲学之数学原理》第一版的扉页

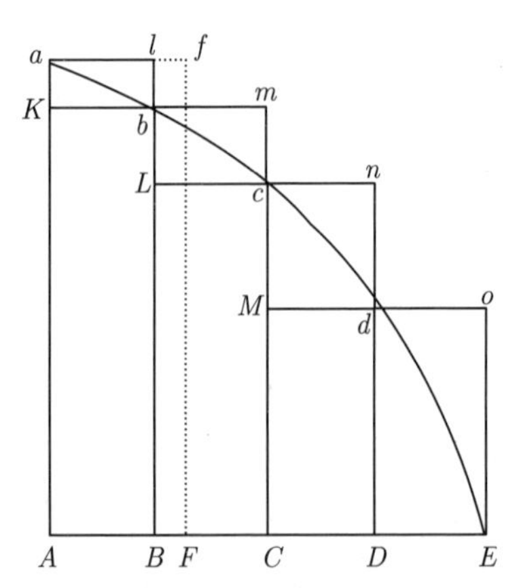

图 1.31　牛顿用于证明引理 2 和引理 3 的图示

在引理 3 中, 他写道, 这些矩形的底边长度不一定要相等. 如果其中一条底边, 比如说矩形 $AFfa$ 的底边, 比其余的都长, 则外接矩形与内接矩形的面积之差仍然会等于矩形 $ABla$ 的面积, 只要让最长的底边长度足够小, 矩形 $ABla$ 的面积就可以达到任意小的值.

为证明行星的轨道是椭圆, 且太阳位于椭圆的一个焦点处, 牛顿依赖于一个事实, 即一旦知道了初始位置和初始速度, 运行路径就将完全确定. 然后他证明了若运动轨道是椭圆, 且引力来自椭圆的焦点, 那么运动加速度与物体到焦点距离的平方成反比. 由解的唯一性[①]可得, 这个椭圆必然会是行星将要运行的路径.

现在我们来看逆问题. 我们不再使用加速度来累积速度和位置的变化, 而是使用位置和速度来确定加速度, 这样就进入了微分学和变化率的领域.

① 学界对于牛顿是否证明了“引力的平方反比定律蕴含行星的椭圆运行轨道”存有分歧. 牛顿证明的是如果行星的运行轨道是椭圆, 那么可推出其所受引力满足平方反比定律. 如果解是唯一的, 那么反之亦成立. 但是在《原理》第一版中牛顿并没有提及解的唯一性, 在之后的版本中也只是简单地提了一下, 并没有展开论述.

第二章　变　化　率

人们通常从切线的斜率引入导数的概念. 这种操作有可能带来教学上的困难. 实际上, 早在人们开始计算斜率之前, 哲学家、天文学家就已经在使用变化率的概念了. 如果学生不能将斜率理解为变化率, 那么他将很难完全领略导数概念的全部威力.

或许, 我们可以通过插值问题追溯微分学的起源. 给定一个函数关系, 例如, 将某数映成它的平方. 人们通常很容易确定这种对应关系:

$$1 \to 1, \quad 2 \to 4, \quad 3 \to 9, \quad 4 \to 16, \quad 5 \to 25, \quad \cdots .$$

但如果我们想知道 2.5 将对应于哪一个函数值呢? 注意，2.5 是 2 和 3 中间的数; 作为最初的估计, 我们或许应该去找 4 和 9 中间的数, 即 6.5. 这就是一种简单的线性插值, 前提是假定变化率为常数. 如我们所知, 这种方法提供了一个接近但并不准确的答案. 准确的结果应为 6.25. 这是因为, 从输入端的变化率到输出端的变化率并非常数: 输入值从 2 增加到 2.5, 输出值仅仅增加了 2.25; 但输入值如果从 2.5 增加到 3, 输出值增加得更快, 增加了 2.75.

前面提及了一个简单的例子. 取平方数并不困难, 我们也无须对变化率的变化给出多么复杂的解释. 但是, 在公元纪年第一个千禧年中段, 当南亚地区的天文学家们发现需要通过正弦函数表确定中间值之时, 他们意识到自己需要的绝不仅仅是线性插值这么简单的内容.

与插值问题的联系揭示了微分学的一个重要方面: 给定两个有关系的变量, 借助微分, 人们可以理解因变量如何随自变量的变化而变化. 累积问题源自几何, 对它们的讨论不会涉及函数. 但对变化率的探讨则只能在函数关系中进行.

在本章的开始, 我们将介绍历史上最早出现的导数: 首先是正、余弦函数的导数, 它们起源于古印度人在公元纪年第一个千禧年中段对三角函数的研究; 然后是约翰 • 纳皮尔 (John Napier, 1550—1617) 在 17 世纪初发明的对数表. 切线斜率、多项式导数的出现, 则必须要等到人们建立代数和代数几何的工具以后. 为了展开这部分故事的叙述, 我们有必要对代数学的历史进行一次快速梳理. 在 17 世纪, 许多哲学家都曾致力于发展如今被人们称为微积分的工具, 这些探索在牛顿发现积分学基本定理之时达到顶峰, 这个定理建立了累积与变化率之间的联系.

一旦将导数理解为变化率, 人们就可以透过诸多物理现象建立它们相互作用的动态模型. 在牛顿对于天体力学的探索中, 我们就已经看到过这种类型的例子. 自 18 世纪始, 微积分的这种应用极大地推动了科学进步. 但是现行的教育机制却存在着下述重大缺陷: 只有极少数学生才有机会领略到微积分的这种威力. 出于这些考虑, 在本章的结尾部分, 我们将指出微分方程在流体动力学、弦振动和电磁学中的应用.

2.1 插　值

第一个真正被人们认知的函数关系是弧长和弦长之间的对应关系, 由生活在罗兹岛的喜帕恰斯 (Hipparchus) 于公元前 2 世纪在其天文学的研究工作中引入. 这里的弦长, 是指连接圆弧两个端点的线段长度 (图 2.1). 美索不达米亚地区的天文学家们在引入度数时, 并不是将它们定义为角度, 而是用它们衡量圆周上圆弧的大小. 具体而言, 他们将整个圆周的弧长定义为 360°, 其他度数则表示圆弧在整个圆周所占的比例. 尽管一年并不是 360 天, 但太阳沿黄道走过 1° 的时间非常接近于一天.

给定一个半径为 1 的圆, 若弧长从 0°, 经 90°, 增加至 180°, 则弦长将从 0, 经 $\sqrt{2}$, 增加至 2 (图 2.1). 人们将弧长与弦长的这种关系称为协变关系. 古希腊的天文学家们已经知晓某些弧长对应的弦长, 它们包括:

$$60^\circ \to 1 \qquad \text{和} \qquad 36^\circ \to \frac{\sqrt{5}-1}{2}\,.$$

为了得到其他中间值, 人们需要使用插值的方法.

在公元纪年最初的几个世纪里, 南亚地区的天文学家们了解到古希腊同行们的工作, 并在此基础上做了进一步发展. 他们最早使用的说法是“半弦”, 即今天所谓的“sine”, 而不是“弦”(图 2.2).“半弦”被“sine”取代的故事同样值得一提. 在梵文中, 人们用“jya”或“jiva”表示“弦”. 随后的阿拉伯学者们将这个单词改写为“jyba”. 但是, 人们通常会忽略“jyba”中“a”的变音符号. 可是, 阿拉伯文中并没有“jyba”这个单词, 只有“jaby”.

而“jaby”的用法等同于“jyb”, 意为“口袋”(pocket). 等到这个单词被翻译为拉丁文时, 人们就真的将原文理解为“口袋”, 这个意思对应于拉丁文中的“sinus”, 最终演变成了英文单词“sine”.

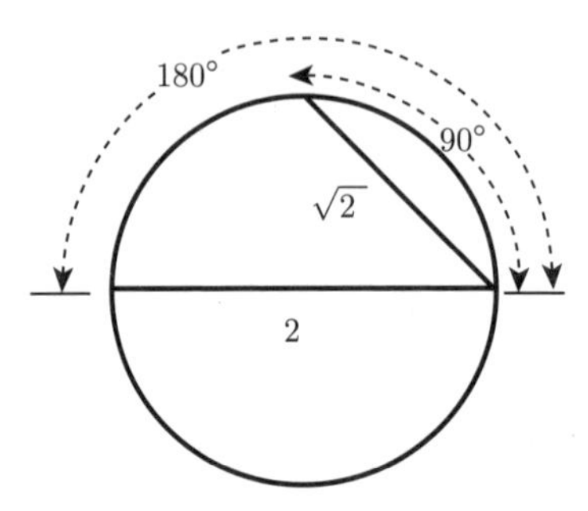

图 2.1 给定半径为 1 的圆, 90° 和 180° 的圆弧对应的弦长

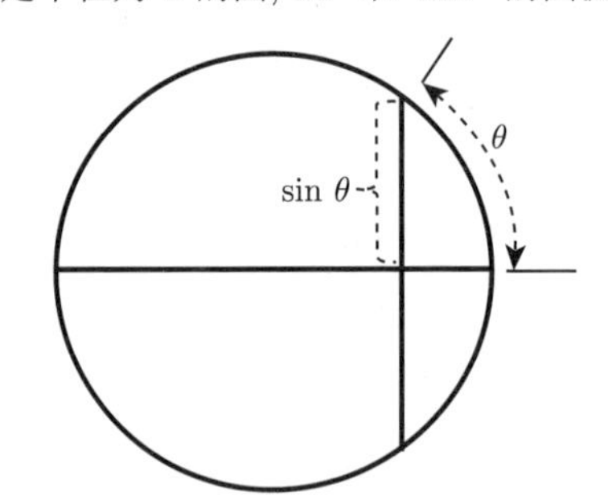

图 2.2 $\sin\theta$ 等于 2θ 对应弦长的一半

下面是一些精确的正弦值:

$$\sin 60^\circ = \frac{\sqrt{3}}{2},$$

$$\sin 45^\circ = \frac{\sqrt{2}}{2},$$

$$\sin 30^\circ = \frac{1}{2},$$

$$\sin 36^\circ = \frac{\sqrt{10-2\sqrt{5}}}{4}.$$

最后一个等式源自欧几里得《几何原本》中的一个几何定理. 事实上, 借助正弦函数的和角公式、差角公式和半角公式①

① 公元 2 世纪, 生活在亚历山大城的托勒密就已经知晓这些公式, 而且它们有可能就是从这里流传到了古印度天文学家们的手中.

$$\sin(\alpha+\beta)=\sin\alpha\ \cos\beta+\cos\alpha\ \sin\beta\ ,$$

$$\sin(\alpha-\beta)=\sin\alpha\ \cos\beta-\cos\alpha\ \sin\beta\ ,$$

$$\sin\frac{\alpha}{2}=\sqrt{\frac{1-\cos\alpha}{2}}\ ,\ 0^\circ\leqslant\alpha\leqslant 360^\circ\ ,$$

以及 $\cos\alpha=\sqrt{1-\sin^2\alpha}$, 其中 $0^\circ\leqslant\alpha\leqslant 90^\circ$, 人们可以计算 0° 和 90° 之间、3° 所有倍数的角的正弦精确值. 例如:

$$\sin 39^\circ=\sin(36^\circ+3^\circ)\ =\ \sin 36^\circ\cos 3^\circ+\cos 36^\circ\sin 3^\circ\ ,$$

$$\sin 3^\circ=\sqrt{\frac{1-\cos 6^\circ}{2}}\ ,$$

$$\sin 6^\circ=\sin(36^\circ-30^\circ)\ =\ \sin 36^\circ\cos 30^\circ-\cos 36^\circ\sin 30^\circ\ .$$

结合上述结果, 我们还可以得到 $\sin 39^\circ$ 的精确值,

$$\sin 39^\circ=\frac{(1-\sqrt{3})\sqrt{10-2\sqrt{5}}+(1+\sqrt{3})(1+\sqrt{5})}{8\sqrt{2}}\ .$$

为了计算需要的所有值, 古印度的天文学家们考虑了 3° 倍数之间的插值. 在保留 6 位有效数字的条件下, 若已知

$$\sin 36^\circ=0.587\ 785\quad \text{和}\quad \sin 39^\circ=0.629\ 320\ ,$$

我们下面用插值的方法计算 37° 的正弦值. 注意, 37° 位于从 36° 到 39° 的第一个三等分点处, 我们有理由按照下述方式进行计算:

$$\sin 37^\circ\approx 0.587\ 785+\frac{1}{3}\times(0.629\ 32-0.587\ 785)=0.601\ 630\ .$$

这种方法看起来并不糟糕, 尽管它的精确值是 0.601 815 (这里保留小数点后 6 位有效数字). 现在需要的是, 如何将正弦值的变化 (即半弦的变化) 转化为它在弧长变化中所占比例的问题. 为此, 我们可以用 3° 其他倍数的正弦值进行比较. 易知 33° 的正弦值为 0.544 639. 从 33° 到 36°, 正弦值增加了 $0.587\ 785-0.544\ 639=0.043\ 146$; 从 36° 到 39°, 正弦值增加了 $0.629\ 320-0.587\ 785=0.041\ 535$. 若考虑弧长变化导致的正弦值的变化, 这种变化呈现出减小的趋势. 因此, 若使用简单的线性插值, 计算结果将小于真实值 (参考图 2.3).

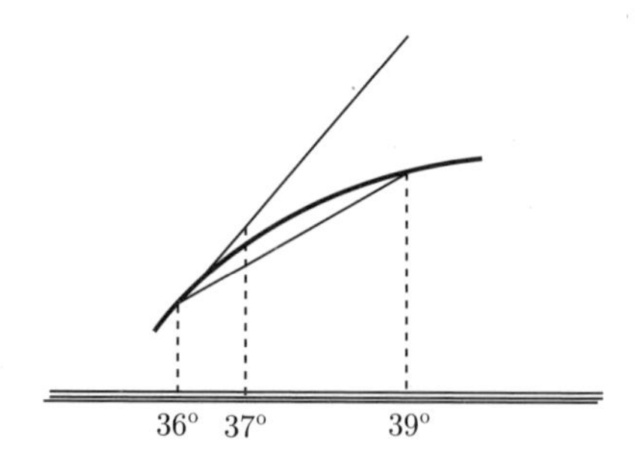

图 2.3　自 0° 到 90°, 正弦函数单调递增, 曲线为凹曲线. 线性插值的结果将小于 37° 的真实值. 若使用切线进行估计, 计算结果将大于真实值 (为了说明这一点, 我们夸大了正弦函数的凹性)

大约在公元 5 世纪, 古印度天文学家阿耶波多 (Aryabhata, 476—550) 意识到, 如果借助正弦函数的和角公式, 他就可以对弧长变化导致的正弦值变化给出更好的估计. 若 θ 增加了 $\Delta\theta$, 我们令 $\Delta(\sin\theta)$ 表示 $\sin\theta$ 的增量. 此时有

$$\begin{aligned}\Delta(\sin\theta) &= \sin(\theta+\Delta\theta)-\sin\theta\\&=\sin\theta\cos(\Delta\theta)+\cos\theta\sin(\Delta\theta)-\sin\theta\\&=\Big(\cos(\Delta\theta)-1\Big)\sin\theta+\cos\theta\sin(\Delta\theta).\end{aligned}$$

如果增量 $\Delta\theta$ 的取值很小, 则 $\cos(\Delta\theta)$ 的取值将非常接近于 1, 这种情形下, 上式第一项可以被忽略, 由此

$$\Delta(\sin\theta)\approx\cos\theta\sin(\Delta\theta)\ . \tag{2.1}$$

与古希腊的同行们相比, 古印度天文学家们掌握了一个巨大优势: 在表示描述角度的弧长和正弦 (即半弦长) 时, 他们使用了相同的单位. 1° 表示周长的 $\dfrac{1}{360}$. 若考虑半径为 R 的圆, 1° 表示长度为 $\dfrac{2\pi R}{360}$ 的距离. 绝大多数古印度天文学家使用周长为 21 600 (360×60, 即一个圆周的角分[①]数) 和半径为 3438 (将 $\dfrac{21\ 600}{2\pi}$ 四舍五入得到的整数) 的圆.

一旦对弧长和半弦长 (即正弦) 使用相同的单位, 那么对特别小的弧长, 我们总有 $\sin(\Delta\theta)\approx\Delta\theta$, 换言之, 二者十分接近. 将上式与表达式 (2.1) 联

① 角分〔minute (of arc)〕, 属于传统六十进位制的天文学术语. 它的记号是 ′. 与它类似的单位还有角秒〔second (of arc)〕, 它的记号是 ″. 人们规定 $1^\circ=60'=3600''$. —— 译者注

立, 可得

$$\Delta(\sin\theta) \approx \cos\theta \cdot \Delta\theta\ .$$

由此, 比例常数, 即 $\dfrac{\Delta(\sin\theta)}{\Delta\theta}$, 就可以用余弦函数在 θ 处的取值逼近.

让我们回到前面讨论的问题, 即计算 37° 的正弦值. 但此时, 我们将角度或弧长转化为与半径相同的单位, 并将半径的长度取为 1. 此时

$$\Delta\theta = 1^\circ = 1^\circ \times \frac{2\pi}{360^\circ} \approx 0.017\ 453\ 3\ .$$

注意, $\sin 36^\circ$ 的取值已知, 故

$$\cos 36^\circ = \sqrt{1-\sin^2 36^\circ} \approx 0.809\ 017\ .$$

由此得到

$$\begin{aligned}\sin 37^\circ &= \sin 36^\circ + \Delta(\sin\theta)\\ &\approx \sin 36^\circ + \cos 36^\circ \cdot \Delta\theta\\ &\approx 0.587\ 785 + 0.809\ 017 \cdot 0.017\ 453\ 3 = 0.601\ 905\ .\end{aligned}$$

改进的效果并不显著. 使用简单的线性插值, 计算结果比 $\sin 37^\circ$ 的真实值小了 0.000 185; 若使用阿耶波多改进后的方法, 计算结果比真实值大了 0.000 090. 后一种做法可将计算误差减小一半 (图 2.3). 两种方法都使用正弦函数 $y = \sin\theta$ 在 36° 附近的取值, 但区别在于, 前者使用了正弦函数图像在 $\theta - 36^\circ$ 和 $\theta = 39^\circ$ 两点处的连线, 而后者使用了正弦函数在 $\theta = 36^\circ$ 处的切线.

在现代, 人们会将阿耶波多发现的关系式表述成

$$\lim_{\Delta\theta\to 0}\frac{\Delta(\sin\theta)}{\Delta\theta} = \cos\theta$$

的形式. 阿耶波多在其 499 年出版的天文学著作《阿耶波多文集》(*Aryabhatiya*) 中陈述了这个关系式. 时至今日, 人们会将这种表述理解为正弦函数的求导法则. 可以说, 正弦函数是人类历史上最早被求导的函数; 早在牛顿、莱布尼茨出生的一千多年以前, 古印度人就已经对它进行过研究.

通过这段历史, 我们可以总结出重要的两点. 第一点是使用相同单位表示弧长和正弦值的重要性. 直到 18 世纪, 莱昂哈德 • 欧拉才规范了利用半

径为 1 的圆定义三角函数的做法, 此时一个完整圆周的周长等于 2π, 这才有了我们今天衡量角度大小的弧度概念. 在这个意义下, 弧度制的存在相当短暂, 仅有不到 300 年的历史. 但若将弧度制理解为使用相同单位表示弧长和半径, 其存在的历史早已超过 1500 年.

第二点是隐藏在导数背后的核心思想, 即涉及两个关联变量的变化率, 不是以斜率, 更不是以单一变化率的形式出现的, 而是以插值的形式第一次出现在人类历史上. 它们使得我们能够理解自变量与因变量之间的变化率, 以及变化率的变化过程, 这也是我将它们称为多个变化率[①]的原因.

尽管古印度的天文学家们并未对导数本身展开研究, 但若 $\Delta\theta$ 非常小, 他们的确对将 $\dfrac{\Delta(\sin\theta)}{\Delta\theta}$ 替换为 $\cos\theta$ 的做法得心应手. 婆什迦罗 (Bhaskara II, 1114—1185) 还曾利用这种方法构造二次多项式, 试图对正弦函数和余弦函数给出逼近.

在 14 世纪和 15 世纪, 喀拉拉邦的马德哈瓦 (Madhava, 约 1350—1425) 及其追随者们综合了他们对变化率的见解、等比级数的知识, 以及整数方幂和的公式, 得到了正弦函数、余弦函数的无穷级数展开式, 并对 π 给出如下逼近[②]:

$$\pi \approx \frac{4}{1} - \frac{4}{3} + \frac{4}{5} - \cdots + (-1)^{n-1}\frac{4}{2n-1} + (-1)^n\frac{4}{(2n)^2+1}\,. \tag{2.2}$$

尽管没有证据表明印度人对于变化率和无穷级数的发现曾传播到欧洲, 但中国、阿拉伯地区, 以及后来欧洲地区的哲学家们都认真讨论过插值和逼近的问题. 在后来的岁月里, 他们继续探寻微积分的基本想法.

2.2 纳皮尔和他的自然对数表

通过前面的讨论, 我们已经看到, 尽管欧洲的哲学家们在 14 世纪就开始研究速度, 但并未把这种对象理解为变化率 (即位移与时间的比值). 人们将瞬时速度仅仅理解为一个表示大小的量, 而不是一个比值. 这种观点在 16 世纪末期得到了改变.

约翰 • 纳皮尔 (图 2.4) 曾经是默奇斯顿的领主, 拥有苏格兰地区的一块农场. 纳皮尔对天文学和数学都怀有一腔热情. 在 16 世纪末期, 进行复杂而

① 作者在这里明确区分了单数形式 "ratio of change" 和复数形式 "ratios of change", 用以表示随着自变量的变化, 变化率亦在变化. 在中文翻译中, 除非有必要, 我们不再进行区分. —— 译者注

② 关于公式 (2.2) 的详细推导过程, 读者可以参考 [54], pp. 481-493.

高精度的数字计算是天文学家们面临的一个巨大挑战. 通常, 人们会要求 8 位, 甚至是 10 位数字的精度. 仅仅是将两个 10 位数相乘, 就会让很多人望而却步, 因为很可能会算错. 纳皮尔产生了一个睿智的想法, 对这种计算困难进行了简化, 由此产生了今天所谓的对数函数. 但在讲述纳皮尔的这项杰作之前, 很有必要解释一下对数在简化乘法计算中所扮演的角色.

图 2.4 约翰 • 纳皮尔

我们首先列出 2 的方幂表, 即

$$2^1 = 2,\quad 2^2 = 4,\quad 2^3 = 8,\quad 2^4 = 16,\quad 2^5 = 32,\quad 2^6 = 64\ ,$$

$$2^7 = 128,\quad 2^8 = 256,\quad 2^9 = 512,\quad 2^{10} = 1024,\quad 2^{11} = 2048\ ,$$

现在如果要计算 8×128, 我们就将这两个数转化为 2 的幂: 即 $8 = 2^3$, 以及 $128 = 2^7$. 为计算二者的乘积, 只需将它们的指数相加, 因此

$$8 \times 128 = 2^3 \times 2^7 = 2^{3+7} = 2^{10}\ .$$

回到方幂表中, 注意到 $2^{10} = 1024$, 由此可立即得到答案. 在这个过程中, 我们并未进行任何乘法运算, 仅仅计算了加法, 这无疑是一个更简单的操作.

当然, 这里列出的表格具有较大的局限性, 因此, 很难在实际计算中提供太多帮助. 但试想一下, 如果我们手头有一张 10 的方幂表, 表格中列出的指数从 1.000 000 1 到 10.000 000 0, 增幅为 0.000 000 1. 现在我们来计算 3.670 59 与 7.209 54 的乘积.

首先通过查表确定适当的指数. 注意到

$$3.670\ 59 = 10^{0.564\ 735\ 88} \quad 和 \quad 7.209\ 54 = 10^{0.857\ 907\ 56}\ .$$

一旦配备了这种“武器”, 为计算二者的乘积, 我们只需将它们的指数相加, 再次查表, 即可确定最后的结果

$$
\begin{aligned}
3.670\ 59 \times 7.209\ 54 &= 10^{0.564\ 735\ 88} \times 10^{0.857\ 907\ 56} \\
&= 10^{0.564\ 735\ 88+0.857\ 907\ 56} \\
&= 10^{1.422\ 643\ 44} \\
&= 10 \times 10^{0.422\ 643\ 44} \\
&\approx 10 \times 2.646\ 326\ 6 \\
&= 26.463\ 266\ .
\end{aligned}
$$

这样的计算结果已经非常接近二者乘积的准确值 26.463 265 4 . . . , 可以看出, 结果已经精确到小数点后 5 位. 回顾整个过程, 我们需要做的仅仅是将两个 8 位数相加而已.

我们必须要在这里进行适当的补充. 事实上, 不管是纳皮尔, 还是与他同时代的学者们, 都不曾将数表述成 $10^{0.564\ 735\ 88}$ 的形式. 在那个年代, 只有一个数和它自己进行若干次相乘时, 才会被简写成指数的形式, 这意味着指数位置的数只能是正整数. 而分数指数和负指数的想法, 则要等到 1566 年才由约翰 • 沃利斯 (John Wallis) 提出. 人们在 18 世纪才定义了实指数函数, 此时指数的位置上可以是任意实数, 这样得到的结果是一个正实数. 尽管如此, 为了教学的方便, 我们依旧可以将这些实数称为指数.

纳皮尔发明了“logarithm”这个术语, 却从未对这个名称进行过任何说明. 对此术语,《牛津英语辞典》(*The Oxford English Dictionary*) 给出如下解释: 前半部分源自“logos”, 意思是“ratio”(比例), 后半部分源自“arithmos”, 意思是“number”(数), 因此“logarithm”的意思是比例数. 但这个解释的问题在于, 将“logos”理解为“ratio”似乎有一些过度延伸, 因为它的本意是“word”“speech”“discourse”或者“reason”. 我认为纳皮尔使用这个术语源自下面的事实: 古希腊哲学家们认为数学由两个不同的部分组成, 一部分是“logistiki”, 或曰计算的艺术 (这也是“logistics”一词的出处); 一部分是“arithmetiki”, 或曰算术. 纳皮尔使用这个术语, 是希望借助对数表的构造, 后者可以为前者提供便利.

纳皮尔的做法如下: 考虑两个数集间的关系, 一个集合中作商的运算转

换成另外一个集合中作差的运算. 若使用 NapLog 表示这种函数关系, 它必须满足

$$\frac{a}{b}=\frac{c}{d} \Leftrightarrow \text{NapLog } a-\text{NapLog } b=\text{NapLog } c-\text{NapLog } d\ . \tag{2.3}$$

现代使用的对数函数同样满足这种关系. 事实上, 它是我们可以将乘、除法运算转换成加、减法运算的关键. 以现代人的眼光来看, 纳皮尔给出的对数运算似乎有点奇怪, 因为他定义 $\text{NapLog } 10^7=0$. 更一般地, 对适当选取的比例 $0<r<1$, 纳皮尔定义①

$$\text{NapLog } 10^7 r^n=n\ . \tag{2.4}$$

在现代, 为了将乘法运算转换成加法运算, 人们普遍使用 $\log x$ 的记号②. 满足这种特征的函数会将求积转化成求和, 即

$$\log xy=\log x+\log y\ . \tag{2.5}$$

由此, 立即可以得到的结果是 $\log 1$ 必然为 0, 这是因为

$$\log x=\log(x\cdot 1)=\log x+\log 1\ ,\quad \text{即}\quad \log\ 1=0\ .$$

若使用对数在现代数学中的定义, 纳皮尔对数可由

$$\text{NapLog } x=\log_r(x\cdot 10^{-7})=\log_r x-7\log_r 10$$

给出, 这里的 r 来自表达式 (2.4), 它是对数函数的底. 在纳皮尔的定义中, 他总是需要选取某个 r.

为了使当代读者能够理解纳皮尔的做法, 我们将其转述为满足表达式 (2.5) 的对数语言③. 选取适当的底 $r^{-1}>1$, 使得对数函数的取值随着 x 的增大而增大. 正如我们在微积分中经常进行的操作, 纳皮尔讨论了对数变化在自变量 x 变化中所占比例的问题. 特别地, 纳皮尔同时考虑两条数轴 (图 2.5). 选定起点 $x=1$, 自变量 x 以固定的速度沿着下面的数轴向前移动. 按照这种规定, 在相同的单位时间里, 自变量 x 都具有相同的增量. 而因变量,

---

① 一个自然的问题是, 纳皮尔为什么会选择 10^7? 在当时, 尽管小数表示法已经存在, 但并不普遍. 为了将正弦值的精度计算到 7 位数字, 人们考虑一个半径为 10^7 的圆的半弦, 得到的结果就可以被表示为整数. 纳皮尔则计算了这些半弦值的对数.

② 在国外文献中, log 通常表示自然对数, 即以 e 为底数的对数函数, 对应于国内的 ln. ——译者注

③ 关于纳皮尔做法的详细讨论, 详见 [36], pp. 100f.

即 $y=\log x$, 将会以 $y=0=\log 1$ 为起点, 沿着上面的数轴同样向前移动; 但是, 随着自变量 x 增大, 因变量的增幅变缓.

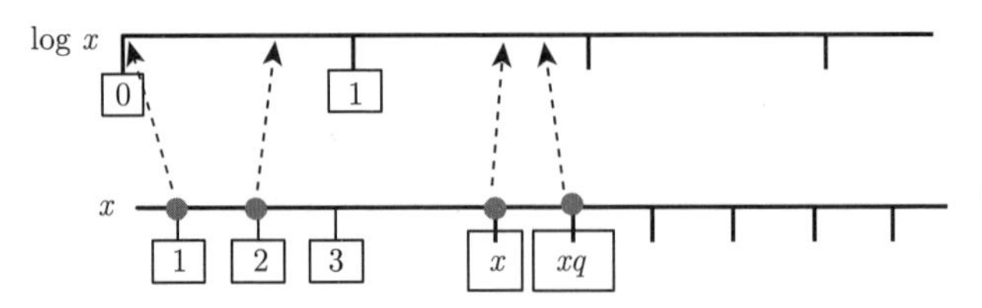

图 2.5　利用现代对数语言, 对纳皮尔理论中两条数轴的描述

时至今日, 借助两条平行线描述这个过程的方法早已被取代. 为此, 人们只需构造两条互相垂直的坐标轴, 描出点 x 和 $\log x$ 的轨迹, 就能得到人们熟知的 $y=\log x$ 的函数图像 (图 2.6). 尽管将这个函数图像视作静态对象并无不妥, 但为了认清微积分的实质, 我们必须以动态的观点理解这个过程. 变量 x 和 y 随着时间的变化而变化, 我们可将函数图像理解为形如 $(x(t),y(t))$ 的参数曲线. 任意一点处的切线表示 y 的变化在 x 的变化中所占比例的大小. 需要强调的是, 经过复杂、漫长的历史, 直到 17 世纪, 这个比例常数才被理解为切线.

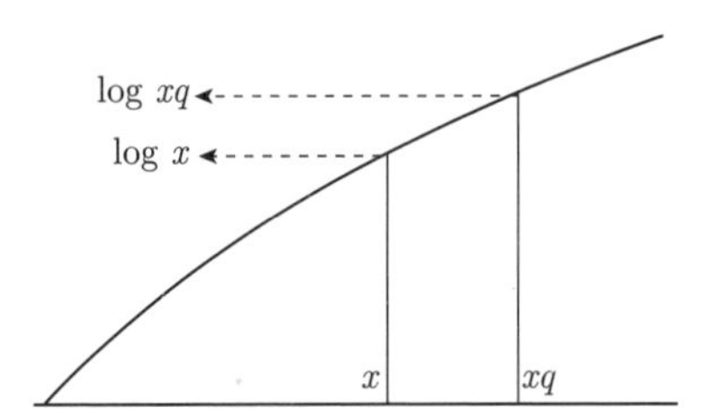

图 2.6　若图 2.5 中的两条直线垂直相交, 即可给出 $\log x$ 的标准函数图像

纳皮尔讨论了因变量 (即对数) 变化与自变量 x 变化的比例关系. 下面采用代数的语言. 为比较对数的变化, 纳皮尔用 x 和 xq 表示两个十分接近的自变量, 这里的 q 是比 1 稍大的数. 因为

$$\frac{xq}{x}=\frac{q}{1}\,,$$

关系式 (2.5) 表明: 对数的变化仅依赖于 q, 即

$$\log xq-\log x=\log q-\log 1=\log q\,.$$

实际上, 纳皮尔已经就对数函数的导数进行过讨论. 将对数的变化表示成关

于自变量 x 变化的分数, 此时有

$$\frac{\log xq - \log x}{xq - x} = \frac{\log q}{x(q-1)} = \frac{1}{x} \cdot \frac{\log q}{q-1} .$$

他还假定自变量和对数取值在起点处 (即 $x = 1$) 具有相同的速度. 函数在 $x = 1$ 处的瞬时速度为

$$\lim_{q \to 1} \frac{1}{1} \cdot \frac{\log q}{q-1} .$$

纳皮尔非常含蓄地选择了满足

$$\lim_{q \to 1} \frac{\log q}{q-1} = 1$$

的底, 尽管他并未算出这个底的取值究竟是多少. 给定两条数轴, 只要确定存在具有相同初始速度的两点, 纳皮尔就可以构造 NapLog 的函数值表①.

若 q 的取值十分接近 1, 则 $\log q/(q-1)$ 可以如我们所愿地任意接近一个常数, 这个常数仅依赖于对数的底. 对一些不同的底 r^{-1}, 表 2.1 计算并列举了这个比值的一些逼近.

表 2.1 对 $\lim\limits_{q\to 1}(\log_{r^{-1}} q)/(q-1)$ 的逼近

r^{-1}	$\left(\log_{r^{-1}}(1+10^{-4})\right)/10^{-4}$	$\left(\log_{r^{-1}}(1+10^{-7})\right)/10^{-7}$
2	1.442 620	1.442 695
3	0.910 194	0.910 239
4	0.721 311	0.721 247
5	0.621 304	0.621 355
6	0.558 083	0.558 111
7	0.513 873	0.513 898
8	0.480 874	0.480 898
9	0.455 097	0.455 120
10	0.434 273	0.434 294

若规定自变量和对数取值在起始点处具有相同的速度, 则存在唯一一个介于 2 和 3 之间的 r^{-1}. 它的近似值为 2.718 281 8 . . . . 直到 1731 年, 欧拉首次用 e 表示这个常数. 一方面, $\log_{r^{-1}} x = -\log_r x$; 另一方面, 人们通常将 $\log_{\mathrm{e}} x$ 简记为 $\ln x$. 根据纳皮尔的定义, 我们有

$$\text{NapLog } x = \log_{\frac{1}{\mathrm{e}}} x - 7\log_{\frac{1}{\mathrm{e}}} 10 = 7\ln 10 - \ln x .$$

① 构造这些表格的方法十分巧妙. 详见 [66], pp. 86f, 以及 [36], pp. 107f.

1614 年, 纳皮尔出版了《神奇的对数法则》(*Mirifici logarithmorum canonis constructio*) 一书. 供职于伦敦格雷沙姆大学的几何学教授亨利 • 布里格斯 (Henry Briggs, 1561—1630) 是这本书的第一批读者之一. 布里格斯教授在第一时间就意识到如何就书中的做法进行改进. 他启程前往苏格兰, 并与纳皮尔相处了一个月. 布里格斯意识到, 若对数的运算满足表达式 (2.5), 这显然意味着 $\log 1 = 0$; 如果再把 10 选作对数运算的底, 对数将会发挥更大的威力①. 正如布里格斯后来回忆的, 纳皮尔坦言:

> 在很长一段时间内, 他本人都对这件事情相当敏感, 并渴望将其尽快完成. 但直到他可以用更便捷的方式构造对数表之时, 他才将这些准备好的内容出版. ([36], p. 189)

纳皮尔在 1617 年去世. 构造更为便捷的对数表的任务, 只能交由布里格斯完成.

1649 年, 比利时哲学家格雷戈里 • 德 • 圣文森与其学生阿方斯 • 安东尼奥 • 德 • 萨拉萨 (Alphonse Antonio de Sarasa, 1617—1667) 一起计算了曲线 $y = \dfrac{1}{x}$ 下方从 1 到 a 区域的面积. 他们认识到这部分面积同样满足对数函数的性质, 即

$$\int_1^{ab} \frac{\mathrm{d}x}{x} = \int_1^{a} \frac{\mathrm{d}x}{x} + \int_1^{b} \frac{\mathrm{d}x}{x} .$$

1668 年, 尼古拉斯 • 墨卡托②(Nicholas Mercator, 1620—1687) 出版了《对数技术》(*Logarithmotechnia*). 在这本书中, 他将这种函数冠以自然对数的名称. 他将这种函数理解为面积, 得到形如

$$\ln(1+x) = x - \frac{x^2}{2} + \frac{x^3}{3} - \frac{x^4}{4} + \cdots ,$$

$$\ln(1-x) = -x - \frac{x^2}{2} - \frac{x^3}{3} - \frac{x^4}{4} - \cdots$$

的公式, 进而

$$\ln\frac{1+x}{1-x} = 2\left(x + \frac{x^3}{3} + \frac{x^5}{5} + \cdots\right) .$$

这些公式无疑对计算函数取值提供了便利.

① 在 2.2 节的例子中, 需要注意到: 选择 10 作为底将会简化对底的整数次幂的计算, 因为在这种情形下, 与 10 的整数次幂做乘法就变成了移动小数点位数的操作.

② 其原本的姓氏为考夫曼 (Kauffman), 但是他改成了墨卡托.

2.3 代数的出现

人们使用代数的语言描述微积分. 对很多学生而言, 这种说法或许仅仅意味着熟练地进行代数表达式的运算, 然而这种能力本身并无意义. 我们之所以强调微积分是一种卓越的计算工具, 原因在于: 这种易于记忆的操作过程会有助于解决深刻且富有挑战性的问题. 我们在前文中已经看到, 现在被人们称为微分学的对象, 最早以正弦函数和自然对数函数的导数的形式出现. 而多项式函数的导数, 只是因为实际用处并没有那么明显, 所以出现的时间很晚. 但是, 一旦进入 17 世纪, 我们就会发现代数扮演着至关重要的角色.

在一本讨论微积分历史的书中, 花费一整节的内容叙述代数的历史似乎有些奇怪. 微积分深深地依赖代数记号, 这种现象要等到 17 世纪才会完全显现. 尽管如此, 我们依旧相信有必要追溯此前的历史. 即便不考虑其他方面, 这种做法也将还原 17 世纪以前发生在西欧地区以外的真正微积分的进展.

代数具有悠久的历史. 大约四千年以前, 古巴比伦的抄写员就已经记载了今天被称为二次方程求解的方法①: 一个沟渠的长比宽多 $3\frac{1}{2}$ rods, 沟渠的面积是 $7\frac{1}{2}$ sar (square rods). 试问这个沟渠的长和宽是多少? 求解的方法等价于代数中的配方法, 尽管这种方法是通过几何的构造完成的, 即构造一个平方数, 并判断 $7\frac{1}{2}$ sar 比这个平方数还差了多少面积.

在《几何原本》的第二卷中, 欧几里得对这种问题给出了求解方法. 亚历山大 • 丢番图 (Diophantus of Alexandria, 约 200—284) 提出了用字母表示未知量的方法. 但是一直要等到巴格达的穆罕默德 • 阿尔–花拉子密 (Muhammad al-Khwarizmi, 约 780—850) 的工作出现, 代数学才真正成为一门单独的学科. 阿尔–花拉子密的代数学工作几乎局限在二次方程的求解上. 但是在随后的几个世纪里, 阿拉伯学者们就已经将代数学的工作推广到线性方程组的求解、一些特殊形式的高次方程求解, 以及对多项式方程逼近的一般办法.

阿尔–花拉子密是智慧宫的学者之一. 花拉子密促成了阿拉伯世界采用印

① 这里的 rod 和 sar(square rods) 均表示单位, 为避免翻译后出现词不达意的现象, 我们并未对这两个单位进行翻译. —— 译者注

度的计数方法, 这也就是我们今天使用的基于 0 到 9 这十个数字的进位制. 直到 18 世纪, 英语中都在采用花拉子密名字的一个变体, 即 "algorism", 来表示这种十进制计数方法. 而上述拼写的一个变形——"algorithm" 在 12 世纪被人们采用, 用以表示循序渐进的过程或步骤. 阿尔–花拉子密出版过一本名为《代数学》(*The Condensed Book on the Calculation of al-Jabr and al-Muqabala*) 的书, 人们将其视作代数学的开山之作. 这本书的标题中提出了两种保持等式平衡的方法①: 其一是 "al-Jabr", 这也是 "algebra" 一词的来源, 它的意思是 "重组", 表示如果要将等式一端某个被减去的量移项, 则需要在等式另一端加上这个量; 其二是 "al-Muqabala", 它的意思是 "化简", 表示在等式两端减去相同的量.

《代数学》系统地讨论了二次方程的处理方法, 这种做法在历史上还是首次. 为求解未知量, 在操作过程中, 尽管强调了借助平衡方程的重要性, 阿尔–花拉子密依旧采用文字叙述的方式给出方程, 并借助几何论证的方法完成求解. 鉴于他通过几何的方法考虑这些问题, 所以不管是方程的系数, 还是方程的解, 它们都必然为正数.

他给出的第一个二次方程为

> 一个数的平方, 再加上这个数的 10 倍, 结果是 39 个单位. ([2], p. 71.)

这个方程的意思是, 给定一个正方形, 以及一个长度等于 10、宽度等于正方形边长的长方形. 这两个图形的面积之和是 39 个单位. 若采用现代代数学的记号, 这等价于方程 $x^2 + 10x = 39$. 它的求解方法如下: 首先选取长方形长度的一半, 即 5; 接下来, 在等式两端同时加上这个长度的平方, 即 25. 在等式的一端, 我们可以得到 $x^2 + 10x + 25 = (x + 5)^2$. 在等式的另一端, 我们将得到 $39 + 25 = 64$ 个单位, 它是 8 的平方. 按照这种做法, 可以将等式变为 $(x + 5)^2 = 8^2$. 回到最初的正方形, 它的边长应该是 $8 - 5 = 3$.

借助图 2.7, 我们可以理解阿尔–花拉子密的计算方法. 取出长方形, 并从其中切出四个更细长的小长方形, 使得每个小长方形的长度等于正方形的边长, 宽度等于 $\dfrac{10}{4} = 2\dfrac{1}{2}$. 将它们与之前的正方形拼接. 此时, 为了拼出一个大正方形, 我们还需要在四角上再添加四个小正方形, 其中每个面积为

① 对于下述运算, 已有的译法是 "复原" 和 "化简", 详见《古今数学思想》(第一册), 张理京、张锦炎、江泽涵 等 (译). 上海科学技术出版社. pp. 155-156. —— 译者注

$2\frac{1}{2} \times 2\frac{1}{2} = 6\frac{1}{4}$, 所以四个小正方形的面积之和为 25. 将 25 与前面的 39 相加, 就可以得到一个面积为 64 的正方形. 但是与最初的小正方形相比, 二者的边长之差为 5.

按照现代代数的记法, 我们可以将这个过程表述为如下形式:

$$\begin{aligned} x^2 + 10x &= 39\ , \\ x^2 + 10x + 25 &= 39 + 25 = 64\ , \\ (x+5)^2 &= 8^2\ , \\ x + 5 &= 8, \end{aligned}$$

由此得到

$$x = 8 - 5 = 3\ . \tag{2.6}$$

这种记法的确可以显著地提升求解效率, 但若忽略它背后的几何图形, 那么我们无疑损失了一些东西.

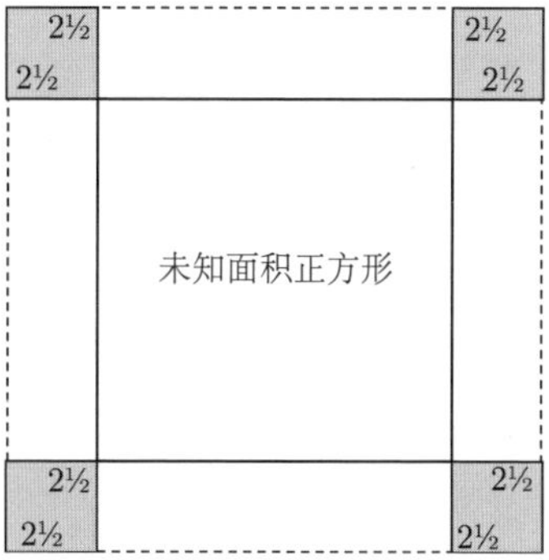

图 2.7 花拉子密利用几何的方法求解方程 $x^2 + 10x = 39$. 加上四个角上的灰色正方形, 所有面积之和为 $39 + 25 = 64$

另外, 若按照现代的计算方法, 我们还将得到方程的另外一个解, 它是 $-8-5=-13$. 这个结果在几何上并无意义可言, 因此阿尔–花拉子密将其忽略. 即便到了 17 世纪, 人们都极不情愿考虑方程的负数解. 笛卡儿将 3 称为方程 $x^2+10x=39$ 的“真实解”, 并将 -13 称为“非真实解”. 事实上, 除非迫不得已, 甚至是牛顿和莱布尼茨都在尽力避免讨论负数.

1145 年, 切斯特的罗伯特 (Robert of Chester) 首次将花拉子密的《代数学》翻译成拉丁文. 罗伯特是英国人, 曾在西班牙潘普洛纳市担任过副主教一职. 罗伯特因曾将阿拉伯文著作翻译成英文和拉丁文而为大众所熟知. 1202 年, 来自比萨城的莱昂纳多 (Leonardo) —— 后来的历史学家们更愿意将他称作斐波那契 (Fibonacci), 意为波那契家族的孩子—— 出版了开创性著作《计算之书》(*Liber abaci*), 这也是他的第一本著作. 作为一名商人, 莱昂纳多曾在北非广泛游历, 并借机学习数学. 在这本书中, 他主要介绍了阿拉伯数字, 并对商人需要用到的数学进行了解释, 其中 "Aljebra et almuchabala" (还原与对消) 一章, 主要讨论了阿尔–花拉子密以及其他阿拉伯数学家们的工作①.

遵照阿拉伯人将未知量表述为 "sha'i" (即 "对象") 的习惯, 使用拉丁文的作者们将未知量称为 "res" 或 "rebus", 这个名词到了意大利语中则变成 "cosa". 1557 年, 罗伯特 • 雷科德 (Robert Recorde, 1510—1558) 出版了第一部英文版的代数著作, 即《砺智石》(*The Whetstone of Witte*). 欧洲人从此开始将代数学家们称作 "cossists". 雷科德将代数称为 "磨砺数字的艺术" (the arte of cosslike numbers). 他在这里玩了一个文字游戏, 因为 "磨石" 在拉丁文中就是② "cos".

1545 年, 随着吉罗拉莫 • 卡尔达诺 (Girolamo Cardano, 1501—1576)《大术》(*Artis Magnae Sive de Regulis Algebraicis*) 一书的出版, 代数学逐渐开始盛行. 人们对于代数的讨论首次超越了二次方程、三次方程, 开始涉及一些特殊形式的高次方程. 基于西皮奥内 • 德尔 • 费罗 (Scipione del Ferro)、尼科洛 • 塔尔塔利亚和洛多维科 • 费拉里 (Lodovico Ferrari) 之前的工作, 卡尔达诺对二次方程、三次方程的求解采取了系统的处理方式, 还将费拉里关于四次方程的精确求解公式包含在内.

在这本书的第一章, 尽管卡尔达诺将方程的正数解称为 "真解", 将负数解称为 "假想解", 而且并未考虑到 0 同样有可能是解的情形③, 他依旧解释了负数解的重要性. 在当时, 最大的不便在于, 人们没有采用固定的常数或系数 a、b 和 N, 用以表示形如

$$x^3 + ax^2 + bx = N \tag{2.7}$$

的方程. 卡尔达诺将他的讨论对象仅仅局限于下述情形: 常数项位于等式左边或右边, 线性项位于等式左边或右边, 不存在线性项, 二次项位于等式左

① 可参考 [2], p. 34.

② 可参考 [2], p. 38.

③ 可参考 [12], p. 11.

边或右边, 不存在二次项. 忽略形如 $x^3 = N$ 的平凡方程以及没有正数解的方程 (例如方程 $x^3 + x^2 + 1 = 0$), 卡尔达诺只需要单独考虑 13 种情形. 卡尔达诺采用类似于阿尔–花拉子密的几何学方法, 对这些情形的方程都进行了求解.

在整本书的叙述中, 作者几乎没有采用任何数学符号或缩写. 例如, 卡尔达诺写道:

1 cubum p:8 rebus, aequalem 64,

这句话的意思是: 一个数的立方, 再加上这个数的 8 倍, 结果是 64. 按照现代的语言, 我们可将其表述为

$$x^3 + 8x = 64$$

的形式. 厄于施泰因 • 奥雷 (Oystein Ore) 曾在 1968 年翻译出版了卡尔达诺的《大术》. 他在前言中写道:

> 在处理形如高次方程的复杂问题之时, 显然, 卡尔达诺已经在竭尽全力地使用他所能掌握的代数工具. ([12], p. viii.)

情况慢慢出现了转机. 卡尔达诺的后继者们开始引入缩写记号, 并开始使用数学符号. 在这些方面, 弗朗索瓦 • 韦达 (François Viète, 1540—1603, 图 2.8) 无疑是最有影响力的代数学家之一.

图 2.8 弗朗索瓦 • 韦达

韦达是一名律师, 与巴黎宫廷有一定的联系. 在法国宗教战争期间, 韦达是新教教徒, 他曾分别作为天主教教徒亨利三世和新教教徒亨利四世的

私人顾问. 韦达的大部分数学工作是在相对和平的时期完成的, 在这段时间里, 官场的阴谋诡计迫使他远离核心集团. 1591 年, 韦达忙于《分析方法入门》(*Isagoge in Artem Analyticem*) 的出版. 用字母表示未知量和非特指的常数 (即系数) 是韦达最有影响力的革新之一.

在现代, 我们会不假思索地使用 $y = ax$ 的记法, 并默认 x 和 y 为变量, 而 a 为常系数, 却并未意识到, 这其实是一种可以追溯至勒内・笛卡儿的表示法. 给定字母表排序, 笛卡儿提出: 可以用靠后的字母表示变量, 并用靠前的字母表示常数. 采用不同类型的字母表示变量, 这种想法事实上来自韦达, 只不过后者提出的是, 利用元音表示变量, 并利用辅音表示常数. 按照韦达的这种说法, 本段最初提及的方程应被表述为 $E = BA$ 的形式, 这里的 E 和 A 均为变量, 而 B 为常数. 尽管这种将 "vowel" (元音) 与 "variable" (变量)、"consonant" (辅音) 与 "constant" (常数) 押头韵 (在法语中也有相同的情形) 的做法便于记忆, 但是笛卡儿的方式得到了更多的认可.

用字母表示变量的做法并非实质性的革新, 丢番图早已使用这种方法. 真正要紧之处在于用字母表示常数. 为了就某个方程的求根方法进行解释, 早期的代数学家们不得不选定某个特定的数集. 然而, 韦达却可以将这些讨论推广至完全一般的情形, 这就可以将卡尔达诺讨论的 13 种情形统一约化至方程 (2.7) 的形式. 引入未定常数后, 韦达可以开展第二个重要步骤. 为求解未知量, 他用一系列保持等式的操作取代了卡尔达诺的几何论证, 这种做法跟现代的做法没有太大区别.

尽管如此, 韦达使用的代数依旧存在严重的缺陷. 与卡尔达诺不同, 韦达不承认负数解的存在性. 此外, 韦达的讨论仅仅局限于次数一致的方程. 因此, 若给定形如

$$x^3 + ax = b$$

的方程, 表达式 x^3 表示一个三维立方体的体积. 为保持次数一致, a 则必须是一个平方数, 而 b 则必须是一个立方数. 在多数情形下, 这无疑是一种不必要的约束条件. 此外, 这种方法也有一定的局限性: 若按照这种陈述, 表达式 x^2 就只能表示面积, 而不能表示长度. 在韦达的叙述中, 从未出现过形如 $x^3 = x^2$ 的表述; 他会写成 $x^3 = 1 \cdot x^2$ 的形式, 这里的 1 用以表示额外需要的次数. 这种约束条件一直被保持到 17 世纪.

除此以外, 韦达依旧在使用陈旧的记号. 与卡尔达诺类似, 他并未使用过指数的记号. 因此, 他会将 A^4 表述为 A quadrato-quadratum 的形式, 或

将其简化为相对简单的 A quad-quad, 甚至是 A qq 的形式. 即便如此, 所有这些记号仍然显得笨重. 韦达同时代的学者们试图改进这种记号. 为了表述现代意义下的方程

$$x^6 + 8x^3 = 20\ ,$$

拉斐尔 • 邦贝利 (Rafael Bombelli, 1526—1572) 使用了

$$1^{\overset{6}{\smile}}\ \text{p. } 8^{\overset{3}{\smile}}\ \text{Eguale à } 20$$

的记法. 来自荷兰的工程师西蒙 • 斯泰芬则将其表述为[1]

$$1^{\textcircled{6}} + 8^{\textcircled{3}}\ \text{egales à } 20$$

的形式, 与邦贝利的方法一脉相承.

好了, 代数学的故事到此暂告一个段落. 要等到下一个时代, 即勒内 • 笛卡儿的时代, 代数才会披上我们可以识别的现代装束. 然而, 对于我们即将讨论的故事而言, 笛卡儿真正的贡献在于, 他引入了平面直角坐标系, 并由此实现了代数和几何的联姻.

2.4 解析几何

数学在 17 世纪最伟大的进展之一, 就是出现了被我们称为解析几何的数学领域. 当人们将一条几何曲线理解为代数方程之时, 解析几何就建立了代数和几何的联系. 透过尼科尔 • 奥雷姆的工作, 我们已经可以看出一些端倪. 但直到 1637 年, 勒内 • 笛卡儿 (图 2.9) 和皮埃尔 • 德 • 费马分别独立发现并推广了解析几何, 这才标志着解析几何的兴起.

图 2.9 勒内 • 笛卡儿

① 可参考 [58], vol. 2, p. 430.

不管是笛卡儿, 还是费马, 他们都受到了帕普斯所著《数学汇编》的启发. 17 世纪 20 年代, 他们都尝试解决帕普斯未能完成的定理. 这些定理都绝不平凡. 在这段时间里, 尽管考虑的问题有所不同, 但为了进行求解, 笛卡儿和费马却殊途同归: 他们都需要将几何问题转化为可以采用代数语言描述的问题. 他们都有办法对转化后的代数问题完成求解. 因此, 为了完成这种转化, 需要画出一条水平数轴. 对于水平数轴的每一点, 都在竖直方向上给定一个距离, 这些距离均用代数未知量进行表示.

笛卡儿对这些问题产生兴趣的时间应该是 1631 年或 1632 年. 通过一封他 1628 年寄给艾萨克 · 贝克曼的信件, 我们能够了解到, 在试图建立几何和代数之间的联系上, 笛卡儿已经花费了数年. 特别是, 笛卡儿发现, 一个给定二次方程的解可以与抛物线建立联系. 他成功地将这种观察应用于帕普斯留待解决的问题上, 并在论文《几何学》中发表了这些结果.

笛卡儿在 1637 年出版的《谈谈方法》(*Discourse de la Methode*) 中发表了这些几何学发现, 将其作为该书的三个附录之一. 我们或许可以将该书全名直译为《谈谈能够正确引导自身理性以及在各门学科中探求真理的方法》. 鉴于亚里士多德学派的哲学基础相对薄弱, 笛卡儿并未在先贤们的面前摆出过度谦逊的姿态, 他试图对科学探究建立一套新的理论基础. 就是在这部作品中, 笛卡儿宣称“我思故我在”(I think, therefore I am). 对其科学方法进行过解释后, 笛卡儿还给出了三个方面的应用作为附录, 分别是光学、气象学, 以及几何学.

在《几何学》的开篇, 笛卡儿就解释了他需要用到的代数记号. 事实上, 除了使用 ∝ 表示等式、使用双连字符 (即 −−) 表示减号外, 笛卡儿的记号看起来已经非常现代化. 笛卡儿在引入记号方面最重要的贡献之一是使用了指数的记号, 例如, 他用 x^3 替代了 xxx. 值得注意的是, 他这么做仅仅是为了排版方便. 考虑到 x^2 和 xx 都需要用两个符号表示, 而后者的排版无疑更为方便, 因此直到 18 世纪晚期, 人们才更愿意将 x 与自身相乘的记号表示为 x^2 的形式.

帕普斯本人提出的一个问题, 是笛卡儿考虑解析几何的出发点. 帕普斯叙述了阿波罗尼奥斯在《圆锥曲线论》(*Conics*) 中讨论的内容: 椭圆、抛物线和双曲线, 这是迄今为止谈及二次曲线现存最早的资料. 在书中, 帕普斯提及了一个在当时似乎众所周知的结果: 给定平面上 4 条直线和一个定点,计算定点到 4 条直线的距离[1], 并将它们记为 d_1、d_2、d_3、d_4. 试求平面上, 满足等式 $d_1d_2 = \lambda d_3d_4$ 的所有点集, 以及它们组成的轨迹 (其中 λ 为常数). 帕普斯并未给出任何证明, 就直接宣称满足条件的点组成一条二次曲线. 紧接着, 帕普斯考虑了由 6 条直线, 以及满足等式 $d_1d_2d_3 = \lambda d_4d_5d_6$ 的点组成的轨迹. 更进一步, 他甚至考虑了如下问题: 若添加更多的曲线, 将出现什么情况[2]?

为了证明满足等式 $d_1d_2 = \lambda d_3d_4$ 的点集组成一条二次曲线, 笛卡儿选取轨迹上一点, 并将其记为 C. 接下来, 他选取某条直线 AB, 其中 A 为直线上某定点, 而 B 为直线上距离 C 最近的点 (参考图 2.10), 并将线段 AB 和 BC 的长度分别记为 x 和 y. 由此, 笛卡儿注意到, 点 C 到其他直线的距离均可由 x 和 y 表示; 或采用现代的语言, 笛卡儿证明了, 点 C 到其他直线的距离均可由 x 和 y 的线性函数 (即形如 $ax + by + c$ 的表达式) 表示. 故所求轨迹上的点均满足形如

$$y(a_1x + b_1y + c_1) = \lambda(a_2x + b_2y + c_2)(a_3x + b_3y + c_3)$$

的二次方程. 为说明 4 条直线可以产生一条二次曲线, 笛卡儿证明了任意一个二次方程都将对应于椭圆、抛物线或者双曲线 (或者, 在退化的情形下, 它变成两条直线) 之一, 而任意一条二次曲线均可由一个二次方程表示. 更进一步, 笛卡儿还得到: 若直线条数为 6, 轨迹上的点 (x, y) 将满足一个三次方程, 若直线条数为 8, 轨迹上的点将满足一个四次方程, 以此类推[3].

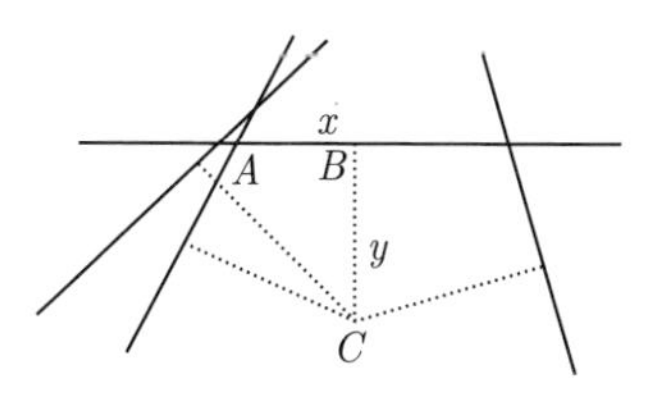

图 2.10 笛卡儿将帕普斯提出的问题转化成一个代数方程

《几何学》一书内容还未过半, 笛卡儿还讨论了如下问题: 对于给定一条由代数方程确定的曲线, 如何确定曲线上一点的法线 (即垂直于曲线切线的直线, 参考图 2.11). 笛卡儿考虑这个问题或许是出自他对光学的兴趣. 由

① 这个问题并没有要求这些距离是垂直距离, 因此它们可以是斜的. 但是, 为不失一般性, 我们在这里假设距离都是垂直距离.

② 可参考 [37], vol. 2, p. 402.

③ 可参考 [21].

于法线与切线垂直, 因此寻找法线的问题等价于确定切线斜率的问题, 这成为微分学发展进程中一个重要的分水岭.

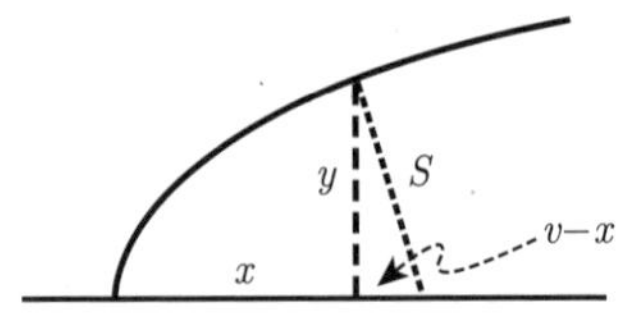

图 2.11 给定一条抛物线, 笛卡儿确定曲线在一点处的法线的方法

笛卡儿将法线与 x 轴的交点记为 $(v,0)$, 他还注意到, 若以 $(v,0)$ 为圆心作圆, 使得这个圆与曲线相切于 (x,y), 则连接切点与圆心的直线即为所求的法线. 此时 x、y 和 v 将满足方程

$$(v-x)^2+y^2=s^2\ ,$$

其中 s 为圆的半径. 下面利用 x 和 y 的关系, 尝试对方程进行简化. 例如 (参考图 2.11), 若考虑抛物线 $y^2=kx$, 则 x 和 v 将满足方程

$$(v-x)^2+kx=s^2, \quad \text{或等价地} \quad x^2+(k-2v)x+(v^2-s^2)=0\ .$$

这是一个关于 x 的二次方程. 若此方程有两个互异的根, 那么这个半径为 s、圆心为 $(v,0)$ 的圆将与曲线相交于两个点. 当且仅当这个方程有重根时, 我们才可以得到所求切线. 以 $x=r$ 为重根的二次多项式必然具有 $x^2-2rx+r^2$ 的形式. 因此, 当且仅当

$$x=\frac{2v-k}{2}, \quad \text{即} \quad v=x+\frac{k}{2}\ ,$$

方程才会出现重根. 综上, 经过点 $(x,\ \sqrt{kx})$ 的法线 —— 连接 $\left(x+\dfrac{k}{2},0\right)$ 与 $(x,\ \sqrt{kx})$ 的直线 —— 斜率为

$$\frac{\sqrt{kx}}{-\dfrac{k}{2}}=-2\sqrt{\frac{x}{k}}\ .$$

在现代, 若给定曲线 $y=k^{\frac{1}{2}}x^{\frac{1}{2}}$, 人们会按照取法线斜率的负倒数的方式来确定切线斜率, 于是切线斜率为

$$\frac{\mathrm{d}y}{\mathrm{d}x}=\frac{1}{2}\sqrt{\frac{k}{x}}\ .$$

笛卡儿对这种做法十分着迷, 他写道:

> 毫无疑问, 我非常确定这是我所了解的几何学中最重要、最一般的问题, 也是我最渴望了解的问题①.

按照这种方式, 我们还留有一个问题需要解决. 对于大部分曲线, 若其定义方程由 $y=f(x)$ 给出, 如何确定合适的 v, 使得方程

$$(v-x)^2+f(x)^2=s^2$$

有重根? 这绝非易事. 借助微积分的基本知识, 我们知道: 若等式左端的函数有重根, 其导函数在重根处的取值为 0, 换言之, 我们可将讨论局限于

$$-2(v-x)+2f(x)f'(x)=0 \quad 或等价地 \quad v=x+yf'(x)$$

的情形. 毫无疑问, 这一切都是在表明如下事实: 确定 v 取值的问题等价于确定切线斜率的问题.

2.5 皮埃尔・德・费马

与个人的洞察力相比, 数学进展更多依赖于对基础的准备. 在使得人们坚定这一信念的诸多巧合中, 1637 年绝对算得上一个神奇的年份. 同样是在这一年, 皮埃尔・德・费马在解析几何方面的工作成果开始显现.

与韦达一样, 费马的职业同样是律师. 他出生于法国南部–比利牛斯大区的博蒙特德洛马涅, 这是一个位于波尔多东南方向大约 160 千米的城镇. 在其职业生涯的大部分时间, 费马在距离图卢兹不远的议会厅工作. 我们对费马 30 岁之前的生活情况所知甚少. 1631 年, 费马从奥尔良大学获得法学学位. 此后, 他在波尔多停留了一段时间, 其间他了解到韦达在代数方面的工作. 自从在图卢兹定居后, 费马极少旅行, 从未去过像巴黎这么远的地方. 费马本人也从未公开发表过他的研究成果. 费马完全通过信件的方式与其他研究数学的哲学家们交流研究成果, 他的主要交流对象是马兰・梅森神父.

生活在巴黎的梅森是天主教方济各会②的成员之一. 他帮助欧洲地区研究数学的哲学家们进行交流: 凭借他本人的书信交际圈, 梅森可以收集、传

① 可参考 [21], p. 95.

② 方济各会 (the Order of the Minims) 是一个 15 世纪在意大利成立的天主教协会. 协会成立后, 迅速传播至法国、德国和西班牙, 并延续至今. —— 译者注

播新的数学成果, 安排哲学家们在巴黎碰面. 梅森是笛卡儿的密友之一, 他还担负着宣传伽利略工作的任务.

大约在 1628 年, 费马无意间得到了帕普斯所著《数学汇编》的拉丁文译本. 作者在这里援引了阿波罗尼奥斯《平面轨迹》中的定理, 而费马则开始尝试对这些定理给出证明. 就像笛卡儿在开创解析几何道路上遇到的问题一样, 费马需要解决的问题大都具有如下基本形式: 给定平面上满足一些几何条件的点, 试求这些点的轨迹. 我们以定理 II, 1 为例进行说明. 给定平面上两点 A 和 B, 考虑平面上点 D, 它到点 A 和点 B 距离的平方差为常数, 则所有满足条件的 D 将组成一条垂直于 AB 的直线 (图 2.12).

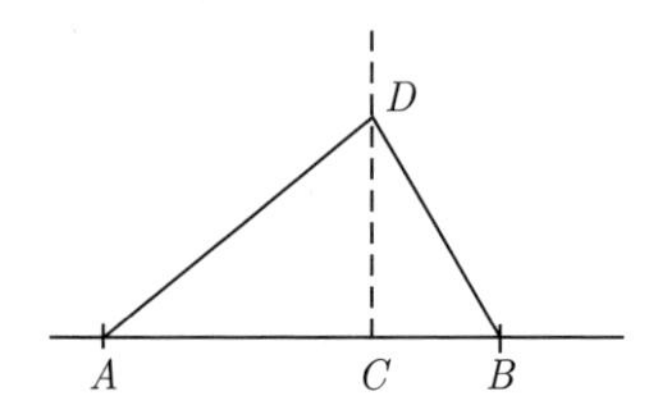

图 2.12 阿波罗尼奥斯的定理 II,1

为解决这一问题, 费马采取的路线是将其翻译为代数方程, 即 $AD^2 - BD^2$ 为给定常数. 首先在线段 AB 上确定点 C, 使得 $AC^2 - BC^2$ 为给定常数. 由此, 即可得到一个线性方程: 将给定常数, 即两段距离的平方差, 记为 c; 将点 A 和点 B 之间的距离记为 d; 将点 A 和点 C 之间的距离记为 x. 此时有 $c = x^2 - (d - x)^2 = 2dx - d^2$. 对于以点 C 为垂足的垂线, 考虑它上面一点 D(参考图 2.12), 根据勾股定理, 可知

$$AD^2 - BD^2 = (AC^2 + CD^2) - (BC^2 + CD^2) = AC^2 - BC^2 = c\ .$$

证毕.

阿波罗尼奥斯的定理 II, 5 给费马带来了不小的麻烦. 给定平面上若干个点, 试证: 到这些定点的距离平方之和为常数的点组成一个圆. 若采用解析几何的语言, 我们可以给出如下的叙述: 给定平面上若干个点, 并将它们记为 $\{(a_1,\ b_1), \cdots, (a_n, b_n)\}$, 则对于满足等式

$$\sum_{i=1}^{n} \left((x - a_i)^2 + (y - b_i)^2\right) = c$$

的点 (x, y), 试求它们组成的轨迹. 将上式去括号, 在等式两端同时除以 n, 并将不含 x 或 y 的单项式移至等式右端, 则有

$$x^2 - \frac{2x}{n}\sum_{i=1}^{n} a_i + y^2 - \frac{2y}{n}\sum_{i=1}^{n} b_i = \frac{c}{n} - \frac{1}{n}\sum_{i=1}^{n} a_i^2 - \frac{1}{n}\sum_{i=1}^{n} b_i^2 .$$

将等式左端配方, 可得

$$\begin{aligned}&\left(x - \frac{1}{n}\sum_{i=1}^{n} a_i\right)^2 + \left(y - \frac{1}{n}\sum_{i=1}^{n} b_i\right)^2\\ =&\frac{c}{n} + \frac{1}{n^2}\left(\sum_{i=1}^{n} a_i\right)^2 + \frac{1}{n^2}\left(\sum_{i=1}^{n} b_i\right)^2 - \frac{1}{n}\sum_{i=1}^{n} a_i^2 - \frac{1}{n}\sum_{i=1}^{n} b_i^2.\end{aligned}$$

若上式右端为正①, 则原方程将表示一个以点

$$\left(\frac{1}{n}\sum_{i=1}^{n} a_i, \frac{1}{n}\sum_{i=1}^{n} b_i\right)$$

为中心的圆.

费马在开展上述问题的讨论之时, 并无任何解析几何的知识储备. 他用了六七年, 直到 1635 年才给出一个证明. 费马首先对定理 II, 5 在两个点的情形给出证明. 在多个点的情形下, 若额外假定这些定点全部位于一条直线上, 我们可进一步假定这条直线就是水平轴. 经历诸多尝试, 费马同样给出证明; 此时圆心 x 同样位于水平轴上, 更准确地说, 位于 x 左侧的点到它的距离之和等于位于 x 右侧的点到它的距离之和②.

最后, 费马处理了一般情形, 此时给定的点未必位于同一条直线上. 费马首先将这些点投影到水平轴上 (或按照现代语言, 仅考虑 x 轴), 并在这种情形下确定圆心. 下面作一条经过此圆心的垂线, 将最初给定的点投影到这条垂线上 (或按照现代语言, 此时仅考虑 y 轴), 并在这种情形下确定相应的圆心. 通过代数的论证, 费马最终证明: 这个点满足定理条件, 它即为所求圆心.

等到这个问题最终被解决之时, 费马意识到, 为求解与几何轨迹相关的问题, 他已经找到了行之有效的一般方法: 首先将给定的点投影到水平轴上, 并将这些点的位置信息分解成这些投影后的点到水平轴左侧某定点的水平距离, 以及这些给定点到水平轴的竖直距离.

① 若其取值为负数, 则不存在满足阿波罗尼奥斯条件的点.

② 若采用现代的表述, 换言之, 将点的位置用坐标表示并考虑它们之间的距离, 则问题可被表述为 $\sum_{i=1}^{n}(x - a_i) = 0$.

值得注意的是, 不管是笛卡儿, 还是费马, 他们的工作都没有基于真正的解析几何之上. 博耶 (Boyer) 将这种做法称为“纵坐标几何”[①], 马奥尼 (Mahoney) 则干脆给出了“单轴几何”的说法[②]. 通过给出点在水平轴上的横坐标, 以及点到水平轴竖直距离的方式, 人们得以描述平面上的点. 而一个点的横坐标也是通过它到某一定点的距离给出的. 需要注意的是, 所有距离的取值只能为正, 我们实际上仅仅是在第一象限展开讨论. 整个 17 世纪, 人们对解析几何的研究工作都基于这种认知而展开, 莱布尼茨和牛顿也不例外.

恰好是在这段时间, 大约在 1636 年, 费马开始与梅森神父、吉勒 • 佩索纳 • 德 • 罗贝瓦尔通信, 罗贝瓦尔于 1628 年来到巴黎, 并且成为梅森核心交际圈的一分子. 此后不久, 费马就向梅森、罗贝瓦尔寄去了两份手稿, 其一是《平面和立体轨迹引论》(*Introduction to Plane and Solid Loci*), 在这份手稿里, 费马解释了他借助代数工具解决点集轨迹问题的方法; 其二是《求极大值和极小值的方法》(*Method for Determining Maxima and Minima and Tangents to Curved Lines*).

让我们回到 1629 年. 在波尔多停留期间, 费马了解到一个从梅森那里流传出来的问题: 通过切除圆的一个扇形部分构造圆锥, 若圆的面积为定值, 试求此圆锥的最大体积 (图 2.13). 按照费马对于类似问题的处理方式, 若使用现代的记号, 我们可以还原费马的求解方法. 如果从半径为 1 的圆上剪下一块角度为 θ 的扇形 (在这里, 角的单位是度[③]), 则剩下的部分可以折成一个半径为 $1-\dfrac{\theta}{360}$、高度为 $\sqrt{1-\left(1-\dfrac{\theta}{360}\right)^2}=\dfrac{1}{360}\sqrt{720\theta-\theta^2}$ 的圆锥. 直接计算可知, 圆锥的体积为

$$\frac{\pi}{3}\left(1-\frac{\theta}{360}\right)^2\frac{1}{360}\sqrt{720\theta-\theta^2}=\frac{\pi}{3\cdot 360^3}(360-\theta)^2\sqrt{720\theta-\theta^2}\ .$$

我们需要求解它在 $0<\theta<360$ 内的最大值, 这等价于求解

$$(360-\theta)^4(720\theta-\theta^2)=(360-\theta)^4\theta(720-\theta)$$

① 可参考 [8], p. 76.

② 可参考 [43], p. 34.

③ 作者在这里对自变量使用“度”作为单位的方法并不合适, 因为这将导致下面的计算表达式单位不统一. 而且, 在计算所求扇形最大面积之时, 仍需将角度换算成弧度表示. —— 译者注

的最大值. 若将 θ 代换为 $360-\phi$ (无疑, 这种处理方法十分巧妙), 我们只需讨论表达式

$$\phi^4(360-\phi)(360+\phi)=360^2\phi^4-\phi^6$$

的最大值.

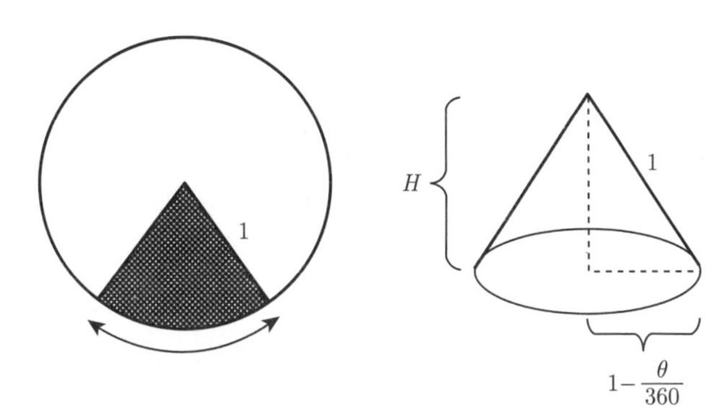

图 2.13 给定一个半径为 1 的圆, 可以构造出一个半径为 $1-\dfrac{\theta}{360}$、高度 $H=\sqrt{1-(1-\dfrac{\theta}{360})^2}$ 的圆锥

接下来, 费马的做法会让人或多或少地联想起笛卡儿寻找给定曲线的切线的做法. 若假定上述多项式的最大值为 c, 则方程 $360^2\phi^4-\phi^6=c$ 必然有一个二重根. 下面考虑 ϕ 和 ψ 两个值, 它们满足

$$360^2\phi^4-\phi^6=360^2\psi^4-\psi^6 .$$

将所有项移至等式左端, 则有

$$360^2(\phi^4-\psi^4)-(\phi^6-\psi^6)=0 .$$

若 $\phi\neq\psi$, 等式两端同时除以 $\phi-\psi$, 方程可化为

$$360^2(\phi^3+\phi^2\psi+\phi\psi^2+\psi^3)-(\phi^5+\phi^4\psi+\phi^3\psi^2+\phi^2\psi^3+\phi\psi^4+\psi^5)=0$$

的形式. 为求解此方程的重根, 令 $\psi=\phi$, 则有

$$4\times360^2\phi^3-6\phi^5=0 ,$$

求解可得

$$\phi=\frac{\sqrt{6}}{3}360 ,\quad 即\quad \theta=\left(1-\frac{\sqrt{6}}{3}\right)360 .$$

由此得到圆锥的最大体积为 $2\pi\dfrac{\sqrt{3}}{27}$. 为确定多项式的重根, 韦达采用了相同的步骤, 只不过韦达将这个过程称为*比较法*[1]. 这种方法是费马求解极大值和极小值的基础.

若令 $f(\phi)$ 表示以 ϕ 为自变量的多项式, 费马的做法事实上是对表达式

$$\frac{f(\phi)-f(\psi)}{\phi-\psi}=0$$

的左端进行简化. 对于简化后的表达式, 为了求解 ϕ, 我们只需令 $\psi=\phi$ 即可. 这种处理方式等价于: 令 f 的导函数为零, 完成求解 ϕ.

为了对其方法展开讨论, 费马借助第二个点与第一个点 x 之间的距离, 引入了第二个点 $x-h$, 此时有 $f(x)\approx f(x-h)$. 他本人将下述求解方法称作 “*类等式*” (adequality): 可将上式近似视作等式, 并对移项后的等式两端同时除以 h. 此时, 我们只需令 $h=0$ 完成求解 x. 若采用现代语言, 费马所做的事情等价于随着 h 趋近于 0, 求解表达式

$$\frac{f(x)-f(x-h)}{h}$$

的极限, 这个过程可以通过下述步骤完成: 首先对表达式进行化简, 接下来令 $h=0$, 进而求解 x. 然而, 在费马生活的时代里, 人们还不能给出极限的定义. 费马无法对这个过程给出证明, 与他同时代的学者们很容易察觉到这个明显的缺陷.

借助这种方法, 费马讨论了如何寻找曲线的切线的问题. 实际上, 无论是费马, 还是他同时代的学者们, 他们对于切线具有相同的认知: 曲线的切线均由曲线上一点和水平轴上一点完全决定. 此时的问题就是如何确定这段水平距离, 即切线和水平轴的交点与切点的垂足之间的距离, 人们通常称这段距离为*次切距*. 我们将采用现代的记号对这个过程进行说明. 令 $(a,f(a))$ 表示曲线上一点, 则 x 即为次切距. 假定函数在 a 点单调递增. 借助相似三角形的性质, 可知水平轴上坐标为 $a-h$ 的点到切线的这段竖直距离为 $f(a)\dfrac{x-h}{x}$. 若 h 趋近于 0, 这段距离将非常接近 $f(a-h)$, 但二者不会相等 (参考图 2.14).

---

① 可参考 [43], pp. 147-150.

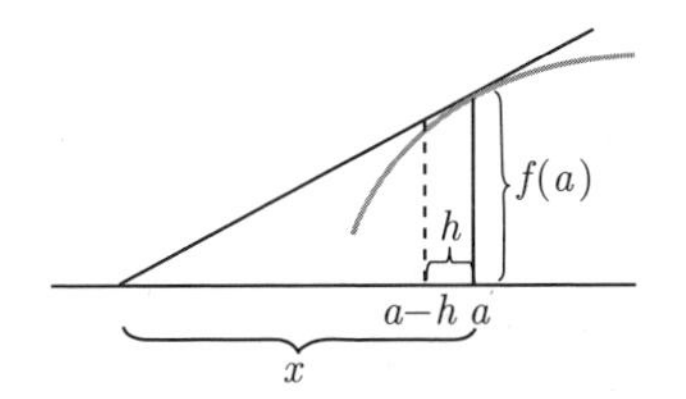

图 2.14 如何确定次切距 x

为求解次切距 x, 费马建立了 $f(a)\dfrac{x-h}{x}$ 和 $f(a-h)$ 之间的类等式. 若采用现代的观点, 费马需要确定的是: 满足等式

$$\lim_{h\to 0}\frac{f(a)\dfrac{x-h}{x}-f(a-h)}{h}=\frac{-f(a)}{x}+\lim_{h\to 0}\frac{f(a)-f(a-h)}{h}=0$$

的 x. 在实际操作中, 为了确定次切距, 费马的做法是将 $f(a)(x-h)-xf(a-h)$ 展开, 并对展开后的表达式除以 h. 最后令 $h=0$, 即可用 a 表示 x. 注意若 x 为次切距, 则上式左端的极限值 $-\dfrac{f(a)}{x}+f'(a)$ 必然为 0. 但费马关于求导的表述依旧十分晦涩. 正因为此, 他受到了笛卡儿的猛烈批评, 笛卡儿认为费马只是凭借"笨拙的摸索和运气" (à tatons et par hasard) 才得到这些结果①.

2.6 沃利斯和他的《无穷小算术》

17 世纪 50 年代, 很多学术团体都在为发展微积分的工具而努力: 卡瓦列里和托里拆利发展了一套理论基础, 他们引领着意大利学派; 法国的费马、梅森和罗贝瓦尔; 荷兰的笛卡儿; 比利时的格雷戈里 • 德 • 圣文森、德 • 萨拉萨. 新近入围的成员还包括布莱兹 • 帕斯卡 (Blaise Pascal, 1623—1662), 通过其父亲艾蒂安 (Étienne) 的介绍, 他得以进入法国巴黎的数学圈. 与惠更斯一道, 范 • 舒滕的两名学生约翰内斯 • 胡德 (Johannes Hudde, 1628—1704) 和亨德里克 • 范 • 赫拉特 (Hendrick van Heuraet, 1634—1660) 共同致力于深化笛卡儿关于几何学的见解. 他们均与勒内 • 得 • 斯吕塞 (René de Sluse, 1622—1685) 保持密切联系, 斯吕塞来自比利时, 主要研究积分和切线的问题. 让我们再把注意力转向英国, 约翰 • 沃利斯 (1616—1703, 图 2.15)、威廉 • 布朗克 (William Brouncker, 1620—1684)、克里斯托弗 • 雷

① 笛卡儿之所以对费马进行刻薄的攻击, 部分原因在于他们二者同时发现了坐标几何. 关于这种敌意产生、发展的一些精彩描述, 读者可以参考 [43], pp. 170-193.

恩 (1632—1723) 以及威廉 • 尼尔 (William Neile, 1637—1670) 都就计算给定曲线下方区域面积的公式和计算弧长的方法的优先权展开了激烈的斗争.

图 2.15 约翰 • 沃利斯

至此, 所有人都已经接受了笛卡儿建立代数方程和几何曲线联系的方法. 对于卡瓦列里的不可分量原理, 大多数人认同了托里拆利的解释. 即便它并非严格的数学基础, 至少也可以作为发现新工具的手段. 这个时代的竞争激烈而残酷. 在这些活动之中, 伴随着《无穷小算术》(*Arithmetica Infinitorum*) 在 1656 年出版, 约翰 • 沃利斯横空出世. 正如书名所提及的, 沃利斯的重点从几何转向了代数, 为这些研究的发展指明了新方向.

沃利斯似乎是无意中选择了数学. 他在自传里提到①: 直到 15 岁, 他才开始对算术有所了解, 他的弟弟向他解释了 "什么是加法、减法 (substraction[原文如此])②、乘法和除法, 正反比例方程的求解 (the Rule of Three), the Rule of Fellowship, 试位法 (the Rule of False-Position), 以及 the Rules of Practise[原文如此], Reduction of Coins③.

沃利斯学习了他能够接触到的数学, 他阅读了奥特雷德 (Oughtred) 所著的《数学之钥》(*Clavis mathematicae*), 这是沃利斯第一次了解到代数. 在剑桥大学期间, 沃利斯学习了天文学、地理学, 以及用他自己的话说: "其他形式的数学, 尽管在那段时间里, 我们并不将这些内容视作当时主流的学术研究." ④沃利斯在 1640 年被任命为神职人员. 英格兰内战期间, 他站在了

① 可参考 [57].

② 沃利斯并未对此处的术语进行解释. 就这些术语, 译者向本书作者发邮件进行过咨询, 将能够翻译的术语连同英文 (用小括号标出) 列在正文中, 将没查到的术语用英文表示在正文中. —— 译者注

③ 可参考 [57], p. 26.

④ 可参考 [57], pp. 29-30.

英国议会派的一方, 并且表现活跃. 1642 年, 也就是战争的第一年, 他成功地破解了一条被截获的保皇派密码. 这是一个简单的替换密码, 沃利斯仅用了一个晚上就完成了破译. 如此一来, 沃利斯声名鹊起; 此后, 他总是被要求破解更高难度的密码.

奥利弗 • 克伦威尔 (Oliver Cromwell) 解雇了牛津大学萨维尔几何学讲席教授[①]皮特 • 特纳 (Peter Turner), 他是一位保皇派人士, 并在 1649 年任命沃利斯担任这个职位. 用沃利斯自己的话来讲: "之前的数学于我而言仅仅是一种愉悦的消遣, 但是, 从此刻起, 数学却变成了一项严肃的研究任务[②]."

然而, 沃利斯成功地跳出了这种压力的束缚. 他认真阅读了笛卡儿的《几何学》和托里拆利的《几何学文集》. 因为对费马和罗贝瓦尔未发表的工作一无所知, 沃利斯必须重新发现这些工作. 1652 年, 沃利斯出版了《圆锥曲线论》(*De sectionibus conicis*). 他还将关于面积、体积等一般问题的研究成果发表在 1656 年出版的《无穷小算术》中. 同样是在这部作品中, 沃利斯为无穷引入了"慵懒的 8"这个记号, 使 ∞ 得以出现在大众面前.

沃利斯深受托里拆利的影响. 正如在他清楚表达了早期第一个结果一样: 三角形面积等于底的一半乘以高. 为此, 沃利斯首先说明

$$\frac{0+1+2+\cdots+l}{l+l+l+\cdots+l}=\frac{\frac{(l+1)l}{2}}{(l+1)l}=\frac{1}{2}\ .$$

其次, 他断言: 三角形由"无数条长度成等差数列的平行线"组成[③](1.6 节图 1.16); 若考虑具有相同底边和高的平行四边形, 这个平行四边形可由相同数量的平行线组成, 只不过这些平行线的长度全部都是底边长度. 最后可知, 所求三角形的面积为 $\frac{1}{2}$.

彼时, 卡瓦列里和托里拆利的方法依旧饱受争议. 沃利斯的研究成果同样引起了广泛的争论, 这主要是因为, 在沃利斯的讨论中, 他有时将讨论的对象分解成直线, 有时分解为无限小的平行四边形. 在这些争议声中, 来自托马斯 • 霍布斯 (Thomas Hobbes, 1588—1671) 的批评无疑最为强烈: 一方

---

① 萨维尔几何学讲席教授 (Savilian Chair of Geometry), 1619 年, 亨利 • 萨维尔爵士 (Sir Henry Savile) 在牛津大学设立的讲席教授职位. 与之一同设立的还有天文学讲席教授职位. —— 译者注

② 可参考 [57], p. 40.

③ 可参考 [69], p. 15.

面, 直线没有宽度, 因此这里的高将由"无限个宽度为 0 的直线"组成[1], 这将导致被分解的三角形毫无面积可言; 另一方面, 这些真实的平行四边形并不能组成三角形.

沃利斯本人已经注意到: 在将三角形考虑为无限多个无限细长的平行四边形时, 我们尤其要谨慎. 他在命题 13 的下面以评论的方式指出, 尽管这种方式可用于三角形面积的求解, 但若将此方法应用于周长求解, 则有可能导致错误[2]. 即便备受争议, 他依旧勇往直前. 沃利斯表明, 对任意正整数 k, 都将有

$$\frac{0^k+1^k+2^k+\cdots+l^k}{l^k+l^k+l^k+\cdots+l^k}=\frac{\frac{(l+1)l^k}{k}}{(l+1)l^k}+\text{ 余项 }=\frac{1}{k}+\text{ 余项}$$

的形式成立, 这里的余项将随着 l 的增大而趋近于 0 (命题 44)[3]. 随后, 他甚至将这个结果推广到 k 为任意非零有理数 (可正可负) 的情形. 从这个意义上看, 沃利斯是第一个使用有理数指数和负指数的人. 借助这种洞察力, 沃利斯对形如 $y=cx^k$ 的任意曲线都求出了曲线下方区域的面积, 他还将这种方法推广至一大类涉及面积、体积的问题上.

正如我们所看到的, 很多人发现了不同的积分公式. 在其著作中, 沃利斯最具原创性的贡献在于, 他推导出了 π 的无穷乘积公式[4]

$$\pi=4\cdot\frac{2}{3}\cdot\frac{4}{3}\cdot\frac{4}{5}\cdot\frac{6}{5}\cdot\frac{6}{7}\cdot\frac{8}{7}\cdots. \tag{2.8}$$

1664 年到 1665 年的冬天, 时值艾萨克·牛顿作为学生在剑桥大学的最后一年, 他读到了沃利斯所著的《无穷小算术》, 这深深地影响了牛顿对于微积分的发展. 此外, 正如在写给莱布尼茨的一封信 (1676 年 10 月 24 日) 中解释的那样, 牛顿读到了沃利斯关于 π 的乘积公式, 这直接导致他发现了一般的二项式定理, 即对任意有理数 k, 都将有

$$(1+x)^k=1+\frac{k}{1}x+\frac{k(k-1)}{2!}x^2+\frac{k(k-1)(k-2)}{3!}x^3+\cdots$$

成立.

---

① 可参考 [69], p. xxiii.

② 可参考 [69], p. 22.

③ 可参考 [69], p. 42.

④ 关于沃利斯得到这个公式的描述和讨论, 可参考 [9], pp. 271-277, 或者 [56], pp. 28-33.

1664 年, 苏格兰哲学家詹姆斯•格雷果里 (James Gregory, 1638—1675, 图 2.16) 前往帕多瓦, 与卡瓦列里的另外一名学生斯特凡诺•德利•安杰利 (Stefano degli Angeli, 1623—1697) 一起学习. 1668 年, 当他离开意大利, 准备回到苏格兰担任圣安德鲁斯大学数学系主任一职之时, 格雷果里出版了微积分的伟大著作《几何的通用部分》(*Geometriae Pars Universalis*). 这部著作取得的诸多成就之一, 就是对积分学基本定理①的第一个完整叙述. 我们即将在下一段中谈到, 这本书通篇都在讨论如何求解曲线弧长; 然而, 没有任何迹象表明, 格雷果里意识到这件事情的重要性.

图 2.16 詹姆斯•格雷果里

1657 年, 牛津的威廉•尼尔、荷兰的范•赫拉特分别独立发现了如何求解半立方抛物线 $y = x^{\frac{3}{2}}$ 的曲线弧长, 这引发了惠更斯和沃利斯之间旷日持久的优先权之争②. 尽管他们二位的工作中都提及了如何处理一般情形下"纠正曲线"的问题, 但实际上, 格雷果里才是真正解决一般问题的第一人. 这个问题的答案如下: 曲线 $y = f(x)$ 从直线 $x = a$ 到 $x = b$ 的弧长, 等于曲线 $y = \sqrt{1 + (f'(x))^2}$ 在相同区间上围成的面积. 格雷果里更进一步, 提出了如下的问题: 已知 $y = f(x)$ 的曲线弧长可由位于曲线 $y = g(x)$ 下方的面积表示. 若假定已知函数 g 的表达式, 如何确定函数 f ? 采用现代的记号, 这等价于求解形如

$$g(x) = \sqrt{1 + (f'(x))^2} \quad \text{或} \quad f'(x) = \sqrt{(g(x))^2 - 1}$$

的微分方程. 尽管我们可以像处理普通的代数方程一样, 顺理成章地进行这

① 尽管当代普遍使用的是微积分基本定理的术语, 但我还是坚持使用积分学基本定理 (fundamental theorem of integral calculus) 的说法. 对此, 我将在 2.7 节给出解释.

② 在远离主流的数学工作两年以后, 费马也重新发现了上述公式. 可参考 [60], p. 102.

种操作, 这种等价性也比较简单, 然而, 在格雷果里的时代, 它们是两种完全不同的几何命题. 为建立这种等价性, 格雷果里必须证明: 给定某积分函数, 则它的变化率就是被积函数; 换言之, 他必须以几何的方式证明

$$\frac{\mathrm{d}}{\mathrm{d}x}\int_a^x f(t)\mathrm{d}t = f(x) .$$

发现泰勒级数是格雷果里取得的另外一项重要成就, 这项荣誉他原本应与牛顿一起分享. 1671 年, 格雷果里给约翰 • 柯林斯 (John Collins) 写信, 告知他发现这些级数的方法; 就形如 $\tan x$、$\arctan x$、$\sec x$ 和 $\ln(\sec x)$ 的函数, 格雷果里还给出了它们的泰勒展开式. 格雷果里后来得知, 早在两年前, 也就是 1669 年, 艾萨克 • 牛顿就已经传播过一篇名为《运用无穷多项方程的分析学》(“On analysis by equations with an infinite number of terms”) 的论文. 在这篇论文中, 牛顿早已对这类级数进行过分析. 格雷果里以为这个结果已经被抢先发现, 所以并未发表他自己的成果. 四年后, 因为一次中风, 年仅 36 岁、位高权重的格雷果里猝然离世. 设想他当时仍然健在, 其伟大地位或许可以比肩牛顿和莱布尼茨.

令人遗憾的是, 牛顿从未发表过他关于无穷级数的发现. 与这个主题相关的知识, 也只是以信件、私人会谈的形式出现在研究微积分的学者们之间. 直到 1715 年, 布鲁克 • 泰勒 (Brook Taylor, 1685—1731) 在论文《计算增量的直接和间接方法》(“Methodus incrementorum directa et inversa”) 中解释了相关的成果. 在 3.2 节, 我们将会讨论格雷果里和牛顿发现泰勒级数的过程.

作为本节的结束, 我们再简明扼要地介绍一下艾萨克 • 巴罗 (Isaac Barrow, 1630—1677). 牛顿在剑桥大学学习数学期间 (1660 ~ 1664), 巴罗是剑桥大学的卢卡斯数学教授①. 他还是《几何学讲义》(*Lessons in Geometry*) 的作者, 这是一部出版于 1669 年、在牛顿协助下完成的著作. 这本书总结了此前的半个世纪里涉及切线、面积和体积的数学工作.

如何就巴罗对牛顿的影响力给出合理的评价, 历史上同样经历了阴晴圆缺. 在 20 世纪伊始, J. M. 蔡尔德 (J. M. Child) 曾将巴罗视作微积分的

① 卢卡斯教授, 全称为卢卡斯数学教授席位 (Lucasian Chair of Mathematics), 1663 年由亨利 • 卢卡斯 (Henry Lucas) 在英国剑桥大学设立的一个荣誉职位. 巴罗是这个职位的第一任教授.《每日电讯报》曾将这个职位评选为世界最有威望的学术头衔之一. 艾萨克 • 牛顿、保罗 • 狄拉克和斯蒂芬 • 霍金都曾担任过此职位. ——译者注

真正鼻祖. 然而在今天, 人们认为他对牛顿产生的影响微乎其微. 诚然, 巴罗的《几何学讲义》对积分学基本定理给出了一个陈述, 但这个结果并未引起他本人的足够重视. 在牛顿还是学生之时, 尽管巴罗是剑桥大学唯一的数学教授, 但他从未给牛顿上过课, 也并非牛顿的指导老师. 牛顿学习数学, 更多的是通过阅读当时的经典之作, 尤其是奥特雷德的代数、笛卡儿的几何、沃利斯的无穷小分析. 巴罗之所以邀请牛顿协助其出版《几何学讲义》, 主要是出于后者在数学方面的优异表现. 恰好是在这一年, 巴罗辞去了剑桥大学的席位, 开始担任查尔斯二世 (Charles II) 的皇家牧师.

至此, 我们可以将《几何学讲义》束之高阁了. 时间来到 1669 年, 牛顿已经准备登场.

2.7 牛顿和基本定理

早在牛顿和莱布尼茨登上历史舞台之前, 人们对于累积问题已经进行过深入讨论, 而且探究了积分学、微分学的绝大部分工具. 尽管如此, 这套理论依旧很不完善. 人们将牛顿和莱布尼茨称为天才, 并将他们二人冠以微积分奠基人的称号, 其原因在于, 牛顿和莱布尼茨是历史上最早认识到积分运算与微分运算为互逆过程的人, 他们也能够完全理解这种工具的强大威力①. 这才是积分学基本定理 (或现代的简称—— 微积分基本定理) 的关键所在②.

从剑桥大学毕业回到林肯郡后的两年里, 牛顿一直在梳理他对于微积分的认知. 1666 年 10 月, 牛顿将其发现汇总成一部手稿, 并打算与约翰·柯林斯分享③. 这部手稿就是我们今日所知的《流数术》(*Tract on Fluxions*). 牛顿将流数视作随时间改变的变化率. 在其所有的数学工作中, 牛顿都将变

① 在 [72] 中, 作者将其视作微积分任何行之有效定义的两个必要条件之一: “首先, 微分和积分是互逆的过程; 其次, 二者都需要通过适当的算法完成定义.” 可参考 [72], p. 365.

② 尽管在 14 世纪, 奥雷姆的工作中隐含着“给定速度函数的曲线, 则它所围成的面积表示位移”的结论, 尽管牛顿和莱布尼茨已经知晓这个定理的核心关系, 但这个结果的现代陈述, 最早却是由柯西在 19 世纪 20 年代给出的. 根据柯西的表述, 他仅仅将这个结果视作可以将定积分定义为求和极限的充分理由, 换言之, 他并未将这个结果视作定理. 在我能够查阅的相关文献里, 最早将这个结果视作定理的记录来自保罗·杜波依斯–雷蒙德: 在一篇发表于 1876 年的关于傅里叶级数的论文中, 作者在附录里提及有必要对这个定理给出证明, 并将这个结果称作积分学基本定理. 此后, 这个名字一直沿用下来, 直到 20 世纪 60 年代, 微积分的教科书将这个定理的名字简化为微积分基本定理.

③ 牛顿似乎将手稿送给了他的大学舍友威金斯 (Wickins), 并通过其转交给科林斯. 我们不确定科林斯是否收到了这份手稿. 可以确定的是, 在 18 世纪的某个时候, 这份手稿又回到了剑桥大学图书馆.

量视作关于时间的函数. 了解这一点非常重要. 若求解曲线 $y = x^3$ 在一点处的切线斜率, 牛顿总是将其视作隐函数求导, 此时有 $\frac{\mathrm{d}y}{\mathrm{d}t} = 3x^2\frac{\mathrm{d}x}{\mathrm{d}t}$. 由此, 切线斜率即为变量 y 关于变量 x 的变化率, 即

$$\frac{\mathrm{d}y}{\mathrm{d}x} = \frac{\frac{\mathrm{d}y}{\mathrm{d}t}}{\frac{\mathrm{d}x}{\mathrm{d}t}} = \frac{3x^2\frac{\mathrm{d}x}{\mathrm{d}t}}{\frac{\mathrm{d}x}{\mathrm{d}t}} = 3x^2 \ .$$

这种做法看起来或许有些笨拙, 但它的确向我们传达了非常重要的一点: 导数不仅是切线的斜率, 它还将反映两个变量之间的变化率关系. 学生在微积分的学习中常常忽略这一点.

我们从 1666 年的《流数术》中摘录了第 5 题和第 7 题, 叙述如下.

问题 5: 若已知某曲线所围成的面积函数, 试求曲线的函数, 或等价地, 试确定某函数曲线的表达式, 使得该曲线所围面积为已知函数. ([47], p. 427.)

问题 7: 给定某曲线的函数表达式, 试求该曲线所围成的面积函数. ([47], p. 430.)

作为解释, 图 2.17 与上述两个问题一同列出. 下面我们向读者分别进行说明. 直线 ab 为水平轴. 在它的上方, 曲线 ac 为函数图像. 在问题 5 中, 牛顿假定: 已知曲线 ac 下方的面积 y 可以表示成横坐标 b 的函数. 试给出描述曲线的函数关系式. 为解答此题, 牛顿观察到, 曲线的纵坐标 q 等于递增的面积函数在这一点的变化率. 采用现代的语言, 这个观察等同于积分学基本定理中积分上限函数性质的部分, 即

$$q = f(b) = \frac{\mathrm{d}y}{\mathrm{d}b} = \frac{\mathrm{d}}{\mathrm{d}b}\int_a^b f(x)\mathrm{d}x \ .$$

问题 7 涉及微积分基本定理的求值. 假设已知描述曲线的函数关系式, 即 $q = f(b)$. 如何确定以 b 为自变量的累积函数, 即位于曲线下方、直至点 b 的面积函数? 牛顿从问题 5 的求解中寻找答案: 若某函数 $y(b)$ 的导函数为 $f(b)$, 则所求面积应为 $y(b)$, 它等于 $y(b) - y(a)$, 因为牛顿还假定了 $y(a) = 0$. 不仅如此, 牛顿还热情洋溢地列出了两条他本人可以计算面积的曲线, 它们分别是

$$y=\frac{ax}{\sqrt{a^2-x^2}} \quad 和 \quad y=\sqrt{\frac{x^3}{a}}-\frac{e^2b}{x\sqrt{ax-x^2}}\ .$$

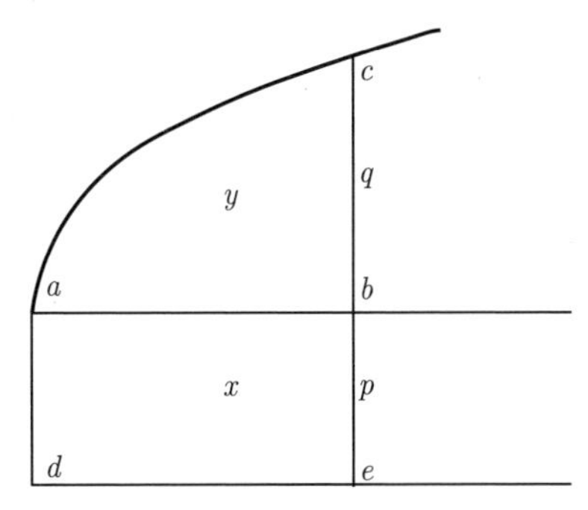

图 2.17 牛顿对问题 5、问题 7 的说明

就牛顿的图示说明, 我们有必要就水平轴下方的 x、d、e 和 p 进行一些解释, 这将为解决一些概念性问题提供线索: 一方面, 我们可以看到牛顿及其同时代的学者们是如何解决这种问题的; 另一方面, 现代的学生也同样对这种问题感到困惑. 问题在于对比例的使用.

对希腊以及受希腊文化影响的哲学家们, 甚至拓宽至 17 世纪的哲学家们而言, 比例仅仅被用在具有相同单位的量上, 例如, 长度比长度、面积比面积、体积比体积. 认识到这一点, 将有助于我们理解那个年代的人如何理解速度. 人们不能将速度看作比例, 因为这会导致位移与时间的比例毫无公度可言. 若采用现代的记号, 为解答牛顿的问题 5, 我们必须要考虑 y 对 b 的变化率, 即 $\dfrac{\Delta y}{\Delta b}$ 的极限. 然而 Δy 表示面积, Δb 表示长度. 当时的人无法直接进行这种运算. 为了解决这个问题, 人们的做法是画出第二条曲线, 在水平轴下方竖直距离为 p 的位置作直线 de, 并且令 $x=x(b)$ 表示累积的面积.

牛顿、莱布尼茨都从未考虑过坐标为负数的情形. 点 c 和点 e 的坐标均为正数. 在今天, 我们自然可以将直线 de 画在水平轴上方. 但是, 这无疑会让图形变得复杂.

按照这种方式, 我们就可以将比例视作可公度的对象, 因为

$$\frac{\Delta y}{\Delta x}\approx\frac{q\cdot\Delta b}{p\cdot\Delta b}=\frac{q}{p}\ .$$

随着 Δb 趋近于 0, 上式的约等号将趋近于等号. 量 p 可以为任意常数. 在

现代, 我们可能更倾向于令 $p=1$, 这意味着 $x=b$, 由此可知 $\frac{\mathrm{d}y}{\mathrm{d}b}=q$. 若谨慎地使用单位, 我们就可以免去对这些细节的讨论. 对于变量 y, 其变化率的单位是每个单位时间的面积; 对于变量 b, 其变化率的单位是每个单位时间内的长度. 此时, 我们只需注意到

$$\frac{\text{面积}}{\text{时间}} \div \frac{\text{长度}}{\text{时间}} = \text{长度} .$$

等到 18 世纪, 科学家们逐渐意识到: 只要小心谨慎地处理单位, 人们就可以像可公度的量一样使用比例. 然而, 当学生们开始使用形如 $\frac{\mathrm{d}y}{\mathrm{d}b}=q$ 的表达式, 并且忽略这些表示对象的单位之时, 这会给教学带来困难. 牛顿、莱布尼茨的确是过度谨慎了. 讲到这里, 我们或许已经偏题太远.

2.8 莱布尼茨和伯努利家族

戈特弗里德 • 莱布尼茨 (Gottfried Leibniz, 1646—1716, 图 2.18) 学的是法律专业, 职业是律师. 他曾担任过冯 • 伯恩堡男爵 (Baron von Boyneburg) 的私人秘书. 出于外交的需要, 这是一个经常在各地往返的职位. 1672 年, 他与克里斯蒂安 • 惠更斯在巴黎见过面, 后者或许是那个年代微积分领域最重要的欧洲大陆学派专家. 抵达巴黎后, 莱布尼茨高估了自己的数学水平, 解决惠更斯向他提出的一个问题以后, 这种感觉变得更加强烈. 惠更斯的问题是对三角数的倒数求和, 即计算

$$1+\frac{1}{3}+\frac{1}{6}+\frac{1}{10}+\frac{1}{15}+\frac{1}{21}+\cdots=\sum_{n=1}^{\infty}\frac{2}{n(n+1)}. \tag{2.9}$$

若利用部分分式展开, 莱布尼茨注意到

$$\frac{2}{n(n+1)}=\frac{2}{n}-\frac{2}{n+1} .$$

抵消中间项, 此时

$$\frac{2}{1}-\frac{2}{2}+\frac{2}{2}-\frac{2}{3}+\frac{2}{3}-\frac{2}{4}+\cdots=2 .$$

次年, 莱布尼茨到英国旅行. 其间, 他试图提醒英国的哲学家们关注上述结果, 但最终却发现, 早在二十几年前, 彼得罗 • 门戈利 (Pietro Mengoli,

1626—1686) 就已经对此结果进行过说明. 此时的莱布尼茨才意识到, 他对于微积分最新的进展是多么无知. 离开英国之时, 莱布尼茨还带上了巴罗的一本《几何学讲义》.

图 2.18 戈特弗里德 • 莱布尼茨

在接下来的几年里, 莱布尼茨在巴黎生活, 并在惠更斯的指导下开展严肃的数学研究工作. 等到 1673 年秋天, 他已经重新发现了积分学基本定理. 在 1673 年到 1676 年, 莱布尼茨发展了使用积分法则的工具, 甚至包括对换元积分法和分部积分法的深刻理解. 他的做法依赖于无穷小的语言. 他发明的记号让我们受用至今: 莱布尼茨用 $\frac{\mathrm{d}y}{\mathrm{d}x}$ 的记号表示导数, 将其理解为无穷小的比, 并用 $\int y\mathrm{d}x$ 的记号表示对乘积形式 $y\mathrm{d}x$ 进行求和.

莱布尼茨将微分视作无穷小量, 但他十分清楚, 它们是虚构出来的数学对象, 仅仅用来简记一个量可以按照我们需要的方式任意小. 通过一封写给伯纳德 • 纽汶蒂 (Bernard Nieuwentijdt) 的信, 莱布尼茨解释了他的想法:

> 当谈及无限大量 (或者更严格的说法, 无穷大量)、无限小量 (或我们认知里最小的量) 之时, 我们指的是, 这些量可以任意大、任意小, 换言之, **它们可以以我们需要的方式变得任意大、任意小, 即对于任意的量, 我们都可以使得误差比这个给定的量小**. ……若试图将它们 [包括无限大量和无限小量] 理解为终极对象, 或真实的无限, 或许你会认为这完全不可能, 但我们的确可以做到这一点, 是的, 不仅如此, 这种做法也不会退回到对于扩张、无限连续统, 以及无限小真实性方面的争论. 正如代数学家们使用虚根可以获得巨大的收获, 人们只需要将无限大量和无限小量视作微积分的一种简单工具即可. ([16], p. 150; 楷体为添加文字.)

引用文字中的楷体部分表明, 莱布尼茨坚持认为: 无穷小量的差可以任意接近于 0.

一定程度上而言, 莱布尼茨最伟大的贡献在于, 他清楚应该将这些知识送往何处, 才能得到有效的反馈. 莱布尼茨在 1682 年协助设立了《教师学报》(*Acta Eruditorum*①), 这是 (德意志民族) 神圣罗马帝国②的第一份科学期刊, 同时也是整个欧洲地区最早的期刊之一③. 1684 年, 莱布尼茨将他自己在微积分领域的第一份论文发表在此处④. 这篇论文成功地引起了一对喜好数学的瑞士兄弟 —— 雅克布 • 伯努利 (Jacob Bernoulli, 1654—1705) 和约翰 • 伯努利 (Johann Bernoulli, 1667—1748) 的注意.

得到莱布尼茨的保证后, 伯努利兄弟更倾向于将无穷视作具体的量, 因为莱布尼茨告知他们这是一种安全的处理方式. 按照这种理解方式, 伯努利兄弟取得了巨大的成功. 1690 年到 1697 年, 凭借对微积分中微分工具的熟练掌握, 他们发现了很多带有特殊性质的曲线.

- 等速曲线. 求解一条曲线, 使得小球在重力作用下能够以恒定的竖直速度沿曲线下降.
- 等时曲线. 求解一条曲线, 使得无论小球的初始位置处于曲线的哪一点, 它都将经历相同的时间到达曲线底端.
- 最速降线. 给定 A、B 两点 (其中点 B 比点 A 略低). 试求连接 A、B 的所有曲线中, 能够使得小球从点 A 滚动到点 B 耗时最短的曲线.
- 悬链曲线. 用以描述重绳索、重链条悬挂的曲线.

在上述每一个问题中, 均已知曲线在每一点的切线斜率. 为了对解给出描述, 伯努利兄弟在每一种情形均构造了相应的微分方程.

---

① 《教师学报》是一份由奥托 • 门克 (Otto Mencke) 创刊、在 1682 ~ 1782 年出版的科学月刊, 期刊全文使用拉丁文. Acta Eruditorum 是拉丁文, 直译为英文的意思是 Acts of the Erudite. 在这份期刊出版的前四年里, 莱布尼茨贡献了 13 篇论文. 雅克布 • 伯努利、莱昂哈德 • 欧拉和皮埃尔–西蒙 • 拉普拉斯都曾在这里发表过文章. 牛顿和莱布尼茨就微积分优先权的论战期间, 正如英国《皇家学会哲学会刊》成为声援牛顿的战场,《教师学报》扮演着莱布尼茨阵营喉舌的角色. —— 译者注

② 英文版在此处的叙述为 today Germany. 根据德国历史, 这是公元 800 ~ 1806 年的帝国时期, 全称是 the Holy Roman Empire of the German Nation, 也简称为 the first Reich(第一帝国). —— 译者注

③ 在此之前, 还有英国的《皇家学会哲学会刊》和法国的《学者报》(*Journal des sçavans*), 创刊于 1665 年, 以及意大利的《作家报》(*Giornale de'letterati*).

④ 这篇论文是《一种适用于分式和无理式, 求解极大值、极小值和切线的非凡的新方法》(“A new method for maxima and minima as well as tangents which is neither impeded by fractional nor irrational quantities, and a remarkable type of calculus for them”), 可参考 [61], pp. 271-280.

兄弟二人中的哥哥——雅克布, 牢牢地占据着他们家乡巴塞尔大学数学系唯一的教授职位. 而他的弟弟约翰不得不去其他地方另谋出路. 这并不容易.

1691 年旅行至巴黎之时, 约翰结识了弗朗索瓦 • 安东尼 • 德 • 洛必达侯爵 (Marquis Guillaume François Antoine de l'Hospital, 1661—1701). 侯爵是一位野心勃勃的数学家, 一心渴望学习最新的微积分知识. 1694 年, 他向伯努利发起了一个有趣的提议: 用 300 镑 (在当时, 这相当于一个非熟练劳动力年薪的 30 倍) 换取伯努利对于数学发现的出版署名权. 最后的结果是, 洛必达以自己的名义出版了《阐明曲线的无穷小分析》(*Analyze des Infiniments Petits*) 一书. 这是第一本全面地介绍莱布尼茨在微积分方面工作的著作. 此外, 该书还包含了对形如 $\dfrac{0}{0}$ 的问题求解极限的方法, 这也就是我们熟知的洛必达法则[①].

我们至今仍不清楚 $\dfrac{\infty}{\infty}$ 形式的洛必达法则究竟是在什么时间被发现的. 毫无疑问的是, 它已经出现在 19 世纪 20 年代柯西的分析课程中. 这或许是其最早被刊印的时间.

2.9 函数、微分方程

接近现代数学意义的“函数”一词, 最早出现在 17 世纪 90 年代莱布尼茨和约翰 • 伯努利的书信往来中. 尽管在当时, 它仅仅表示需要被计算的非特定量, 而并非需要计算的对应法则. 到了 1718 年, 伯努利将函数理解为计算某一个量的法则. 作为伯努利的学生, 莱昂哈德 • 欧拉 (Leonhard Euler, 1707—1783, 图 2.19) 热烈地回应了这一观点. 1748 年, 在《无穷分析引论》(*Introduction to Analysis of the Infinite*) 的开篇中, 欧拉给出了如下的定义:

> 单变量函数是指该变量和常量 (即常数) 以任意方式组成的解析表达式. ([27], p. 3.)

七年后, 在《微分学基础》(*Foundations of Differential Calculus*) 一书中, 欧拉就之前的定义进行了拓展, 并阐明了函数的意义, 此时, 函数建立了两个变量之间的联系.

---

① hospital 一词的现代法语拼写是 hôpital, 老式的拼写与英文拼写一致, 这种老式拼写也是侯爵在签名的时候使用的方式, 拼读的时候, “s” 不发音.

> 我们将依赖于某种变量的量, 即, 可以通过某种变换, 因某种变量改变而变化的量, 称为这种变量的函数. 上述定义的适用范围相当之宽, 它包含了所有以各种方式可由某变量决定的量; 换言之, 若令 x 表示变量, 我们会将所有以任意方式依赖于 x 或者由 x 决定的量都称为函数. ([28], p. 6.)

图 2.19　莱昂哈德 • 欧拉

恰恰是在这个简洁的定义中, 欧拉为我们指明了微积分发展的一个重要转变: 从几何的观点转向了函数的观点. 此时, 函数关系摆脱了它必须来自几何的束缚, 人们可将函数关系应用在更为广阔的情形, 只要这种情形可以被建模. 这就为人们认知微分方程提供了所有的可能性.

莱昂哈德 • 欧拉在瑞士巴塞尔成长. 进入大学之时, 欧拉原本打算成为一名牧师. 1705 年, 在欧拉出生的两年前, 雅克布 • 伯努利去世. 他的弟弟约翰接任了他的职位. 欧拉进入巴塞尔大学不久, 约翰 • 伯努利很快就发现并盛赞了欧拉的数学天分. 1727 年, 欧拉与密友丹尼尔 (Daniel, 1700—1782) —— 约翰的儿子, 同样是一位富有天分的数学家 —— 一道前往俄国的圣彼得堡, 在新近成立的圣彼得堡科学院中任职. 直到 1741 年, 腓特烈二世 (King Frederick II), 也就是人们熟知的腓特烈大帝 (Frederick the Great), 任命欧拉为德国国家天文台台长, 欧拉才离开俄国, 前往柏林.

腓特烈大帝将那个时代一些最伟大的哲学家招致麾下, 包括伏尔泰 (Voltaire)、莫佩尔蒂 (Maupertuis)、德尼 • 狄德罗 (Denis Diderot, 1713—1784) 和孟德斯鸠 (Montesquieu). 腓特烈很享受与这些哲学家们进行睿智对话的过程, 但他对缺少这种天资的欧拉感到失望不已. 而欧拉同样为一些费时费力的任务而沮丧. 1766 年, 欧拉接受凯瑟琳二世 (Catherine

II), 即凯瑟琳大帝 (Catherine the Great) 的任命, 再次回到圣彼得堡. 在这里, 欧拉得以全身心投入他感兴趣的研究中. 将近 30 岁的时候, 欧拉患了眼疾, 这使得他一只眼睛失明. 此后, 欧拉另外一只眼睛的视力逐渐退化, 并在其人生的最后 12 年里完全失明. 令人震惊的是, 这几乎并未影响欧拉在科研方面的高产.

没有人比欧拉更有能力去概括微积分在 18 世纪的黄金年代. 同样没有人能够像他一样高产: 欧拉的论文集共有 84 卷, 每一卷都在 300 页与 600 页之间; 这还不算 4 卷未发表的研究工作. 欧拉的研究兴趣十分广泛, 他认为清晰的表述与原创的发现同样重要.

欧拉为数学文章的发表设立了标准, 这种标准非常符合现代的风格: 慎重地选择数学符号, 以在行文中插入居中公式的形式展开论证. 欧拉推广了用字母 π 表示圆的周长与直径的比值, 他还是第一个用字母 e 表示自然对数的底数的人. 尽管在笛卡儿的时代就已经出现了指数的记号, 但欧拉才是引入指数函数 a^x(给定底数 a, 对数函数的反函数) 之人. 接下来, 他还开创了将对数函数视作指数函数的反函数的先例.

欧拉向科学界展示了微积分的强大威力: 一方面, 他系统且成功地解决了力学、流体力学和天文学等方面的问题; 另一方面, 他还为后来的科学家们展开研究工作奠定了坚实的数学基础. 时至今日, 人们依旧从这种基础中受益.

欧拉精通微分方程: 他不仅可以利用微分方程描述物理现象, 而且可以完成求解这些方程. 这一点在其关于流体力学的研究中最为明显. 1752 年, 他发表了名为《流体的运动原理》(“Principia motus fluidorum”) 的论文[1]. 在这里, 欧拉的研究对象从二维流体发展到三维流体. 将时间添加为自变量后, 欧拉得到了从 4 个自变量 (即 x, y, z, t, 其中 3 个变量表示位置信息, 另外 1 个变量表示时间) 变为 3 个分量的函数 (流体在某一位置、某一时刻的速度体现在 3 个分量 u, v, w 上). 在常量流体, 也就是现在人们提及的不可压缩流体 (流入每个部分的流体的量等于流出的量) 的情形下, 若采用现代偏导数的记号[2], 欧拉证明了

$$\frac{\partial u}{\partial x}+\frac{\partial v}{\partial y}+\frac{\partial w}{\partial z}=0\ .$$

① 可参考 [29].

② 给定一个多变量函数, 例如 $u(x, y, a, t)$, 人们通常将 u 对于 x 的偏导数记作 $\frac{\partial u}{\partial x}$, 它表示仅当 x 变化的时候, 函数 u 对于 x 的变化率.

人们现在将这个结果称为散度定理. 这个结果是现代诸多物理学分支的基础, 不仅包括流体力学、空气动力学, 还包括热传导方程和电磁方程.

尽管欧拉的论证稍显复杂, 但是, 鉴于它能够体现函数的语言是如何为欧拉的分析提供便利的, 我们依旧有必要对二维流体这个特殊情形展开叙述. 为方便读者, 我们将采用偏导数的现代记号. 欧拉将微分视作无穷小量, 并借助微分的语言展开讨论. 尽管他意识到, 直接将具有良好定义的比例视作 0 会产生问题, 但他也的确看到了这种工具提供的强大威力.

选定流体上由 (x,y)、$(x+\mathrm{d}x,y)$ 和 $(x,y+\mathrm{d}y)$ 组成的小三角形片, 以及依赖于坐标信息的速度向量 $\langle u(x,y),v(x,y)\rangle$. 欧拉首先对它的运动情况进行分析. 若考察流体在某一点的运动, 则速度在分量上的变化为 (图 2.20)

$$\begin{aligned}\mathrm{d}u &= \frac{\partial u}{\partial x}\mathrm{d}x+\frac{\partial u}{\partial y}\mathrm{d}y\ ,\\ \mathrm{d}v &= \frac{\partial v}{\partial x}\mathrm{d}x+\frac{\partial v}{\partial y}\mathrm{d}y\ .\end{aligned}$$

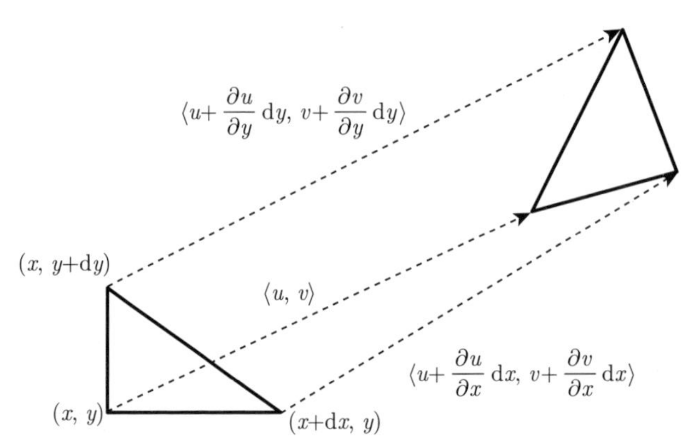

图 2.20 流体中一个小三角片的二维运动: 实线三角形表示其最初和最终的位置, 带箭头的虚线表示方向流

因此, 若流体在 (x,y) 的速度由 $\langle u,v\rangle$ 给出, 则流体在 $(x+\mathrm{d}x,y)$ 的速度可由

$$\left\langle u+\frac{\partial u}{\partial x}\mathrm{d}x,\ v+\frac{\partial v}{\partial x}\mathrm{d}x\right\rangle$$

表示; 流体在 $(x,y+\mathrm{d}y)$ 的速度可由

$$\left\langle u+\frac{\partial u}{\partial y}\mathrm{d}y,\ v+\frac{\partial v}{\partial y}\mathrm{d}y\right\rangle$$

表示.

经过一段时间 $\mathrm{d}t$ 后, 标记之前三角形的点将分别变为

$$
\begin{aligned}
(x, y) &\to (x + u\mathrm{d}t, y + v\mathrm{d}t)\ , \\
(x + \mathrm{d}x, y) &\to \left(x + \mathrm{d}x + \left(u + \frac{\partial u}{\partial x}\mathrm{d}x\right)\mathrm{d}t,\ y + \left(v + \frac{\partial v}{\partial x}\mathrm{d}x\right)\mathrm{d}t\right)\ , \\
(x, y + \mathrm{d}y) &\to \left(x + \left(u + \frac{\partial u}{\partial y}\mathrm{d}y\right)\mathrm{d}t,\ y + \mathrm{d}y + \left(v + \frac{\partial v}{\partial y}\mathrm{d}y\right)\mathrm{d}t\right)\ .
\end{aligned}
$$

欧拉认为, 因为时间长度为无穷小, 故流体上最初的三角形面积应等于由 3 个新顶点组成的三角形面积.

最初的三角形面积为 $\frac{1}{2}\mathrm{d}x\mathrm{d}y$. 直接计算可知, 平移后的三角形可以由向量

$$
\left\langle \mathrm{d}x + \frac{\partial u}{\partial x}\mathrm{d}x\mathrm{d}t,\ \frac{\partial v}{\partial x}\mathrm{d}x\mathrm{d}t \right\rangle \text{ 和 } \left\langle \frac{\partial u}{\partial y}\mathrm{d}y\mathrm{d}t,\ \mathrm{d}y + \frac{\partial v}{\partial y}\mathrm{d}y\mathrm{d}t \right\rangle
$$

张成. 因此, 它的面积为

$$
\begin{aligned}
&\frac{1}{2}\left[\left(\mathrm{d}x + \frac{\partial u}{\partial x}\mathrm{d}x\mathrm{d}t\right)\left(\mathrm{d}y + \frac{\partial v}{\partial y}\mathrm{d}y\mathrm{d}t\right) - \left(\frac{\partial v}{\partial x}\mathrm{d}x\mathrm{d}t\right)\left(\frac{\partial u}{\partial y}\mathrm{d}y\mathrm{d}t\right)\right] \\
&= \frac{1}{2}\left[\mathrm{d}x\mathrm{d}y + \frac{\partial u}{\partial x}\mathrm{d}x\mathrm{d}y\mathrm{d}t + \frac{\partial v}{\partial y}\mathrm{d}x\mathrm{d}y\mathrm{d}t + \frac{\partial u}{\partial x}\frac{\partial v}{\partial y}\mathrm{d}x\mathrm{d}y\mathrm{d}t^2 - \frac{\partial v}{\partial x}\frac{\partial u}{\partial y}\mathrm{d}x\mathrm{d}y\mathrm{d}t^2\right] \\
&= \frac{1}{2}\mathrm{d}x\mathrm{d}y + \frac{1}{2}\left(\frac{\partial u}{\partial x} + \frac{\partial v}{\partial y} + \frac{\partial u}{\partial x}\frac{\partial v}{\partial y}\mathrm{d}t - \frac{\partial v}{\partial x}\frac{\partial u}{\partial y}\mathrm{d}t\right)\mathrm{d}x\mathrm{d}y\mathrm{d}t.
\end{aligned}
$$

注意, 我们最初假定流体不可压缩, 这必然意味着初始的面积等于最后的面积, 由此可知

$$
\frac{\partial u}{\partial x} + \frac{\partial v}{\partial y} + \frac{\partial u}{\partial x}\frac{\partial v}{\partial y}\mathrm{d}t - \frac{\partial v}{\partial x}\frac{\partial u}{\partial y}\mathrm{d}t = 0\ .
$$

此时, 欧拉令 $\mathrm{d}t = 0$, 这就得到了二维流体的散度定理

$$
\frac{\partial u}{\partial x} + \frac{\partial v}{\partial y} = 0\ . \tag{2.10}
$$

按照类似的方式, 欧拉进一步考虑了三维情形: 用 4 个点组成四面体, 并假定流体的速度向量由 $\langle u, v, w\rangle$ 给出. 此时有

$$
\frac{\partial u}{\partial x} + \frac{\partial v}{\partial y} + \frac{\partial w}{\partial z} = 0 \tag{2.11}
$$

成立.

随着流体沿竖直方向移动, 并且随着时间的变化而改变, 欧拉推广了他的研究. 他表明压强函数 $p=p(x,y,z,t)$ 将满足若干条件. 若将它们翻译成现代的语言, 则这些条件是

$$\begin{aligned}
\frac{\partial p}{\partial x} &= -2\left(\frac{\partial u}{\partial x}u+\frac{\partial u}{\partial y}v+\frac{\partial u}{\partial z}w+\frac{\partial u}{\partial t}\right) ,\\
\frac{\partial p}{\partial y} &= -2\left(\frac{\partial v}{\partial x}u+\frac{\partial v}{\partial y}v+\frac{\partial v}{\partial z}w+\frac{\partial v}{\partial t}\right) ,\\
\frac{\partial p}{\partial z} &= -1-2\left(\frac{\partial w}{\partial x}u+\frac{\partial w}{\partial y}v+\frac{\partial w}{\partial z}w+\frac{\partial w}{\partial t}\right) .
\end{aligned}$$

在整个职业生涯期间, 欧拉曾多次将讨论的注意力转移回到流体动力学的问题上来. 只不过多数时间, 他通常需要将这些研究应用于诸如确定船壳的最有效形状等实际问题上. 欧拉对这些偏微分方程的讨论, 构成了 19 世纪人们得到纳维斯托克斯方程的重要一步, 后者是用来描述黏性流体运动的方程, 由克劳德–路易 • 纳维 (Claude-Louis Navier, 1785—1836) 和乔治 • 加布里埃尔 • 斯托克斯 (George Gabriel Stokes, 1819—1903) 共同提出. 欧拉的这些研究为流体动力学的发展奠定了基础.

2.10 弦振动问题

正如欧拉在流体动力学领域中的设计, 为物理现象建立一个好的数学模型, 不仅可以对目前观察的现象提供解释, 而且有助于为得到预期结果营造环境. 建立于 18 世纪上半叶的弦振动模型无疑是一个设计精致的数学模型. 相较于其他所有数学模型, 弦振动模型或许更有助于人们认知物理的世界.

我们之所以对这个故事进行展开, 是因为它将帮助我们理解像小提琴、吉他一类的弦乐器如何工作. 这部分内容同样可以作为人类发现无线电波的开篇章节. 在现实世界中, 从手机到车库开门器, 只要是以无线连接的方式、使用多重频率、借助恒定的速度传送的波, 都建立在詹姆斯 • 克拉克 • 麦克斯韦 (James Clerk Maxwell, 1831—1879) 发现电磁现象的数学模型的基础上. 这类偏微分方程如此重要, 以至于理查德 • 费曼 (Richard Feynman) 曾发表过这样的名言:

> 在人类漫长的历史中, 例如, 我们不妨从 10 000 年后的今天回头看, 几乎可以确定, 19 世纪最重要的事件是麦克斯韦发现了电动力学定律. 与这样重大的科学发现相比较而言, 发生在同一年代的美国内战将变得无足轻重. ([31], vol. 2, 1-6 节)

1713 年, 布鲁克 • 泰勒 (泰勒级数的命名者) 首先意识到: 弹性弦在任意一点的恢复力是由描述发生形变之弦的曲线在该点的二阶导数决定的 (图 2.21). 尽管他并未给出证明, 人们也容易接受这个结论. 若假定弦局部为线性函数 (即二阶导数为 0), 因为合力为 0, 可知弦在该点受到向上和向下的拉力相同. 若弦局部为凹函数, 则弦在该点将受向下的拉力, 且弦的凹度越大 (弯曲程度越大), 可以想象, 向下的拉力也将越大.

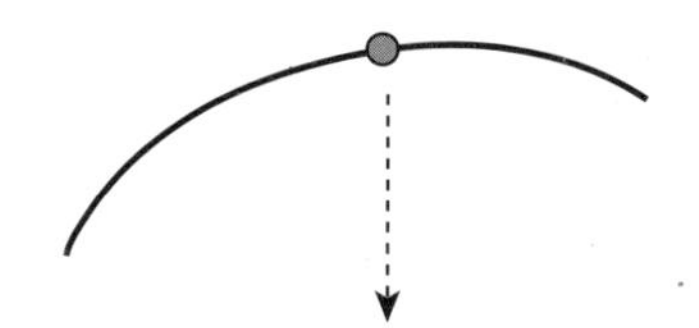

图 2.21 弹性弦在一点的恢复力正比于曲线在该点的二阶导数

34 年后, 让 • 勒朗 • 达朗贝尔 (Jean le Rond d'Alembert, 1717—1783) 将这一现象与弦在该点的加速度建立了联系. 牛顿早已注意到: 加速度, 也就是位移对时间的二阶导数, 与力的大小成正比. 若令 $h(x,t)$ 表示弦上某点 x 在 t 时刻的竖直位移, 达朗贝尔意识到的事情等同于

$$\frac{\partial^2 h}{\partial x^2} = \frac{1}{c^2}\frac{\partial^2 h}{\partial t^2} . \tag{2.12}$$

为了实现上述方程的求解, 我们首先从如下的特殊情形开始考虑: 位移函数 h 是关于 x 的函数与关于 t 的函数的乘积, 即

$$h(x,t) = f(x)g(t) .$$

代入方程 (2.12), 则有

$$f''(x)g(t) = \frac{1}{c^2}f(x)g''(t) .$$

若假定在这个时刻 f 和 g 均非零, 上式可被重新表示为

$$\frac{f''(x)}{f(x)} = \frac{1}{c^2}\frac{g''(t)}{g(t)} .$$

注意等式左端仅与 x 有关, 而等式右端仅与 t 有关, 故上式只能为常数, 不妨将这个常数记为 k^2, 此时有

$$f''(x) = k^2 f(x) \quad , \quad g''(t) = k^2 c^2 g(t) \ .$$

这就将原问题约化成两个简单的微分方程. 在相差一个标量乘的意义下, 这两个微分方程的解分别是正弦函数或余弦函数, 即

$$f(x) = \sin\ kx \quad \text{或} \quad \cos\ kx\ ,$$
$$g(t) = \sin\ kct \quad \text{或} \quad \cos\ kct\ .$$

在上述求解过程中, 尽管我们假定 f 和 g 均非零, 但若 f 或 g 为零函数, 它们同样满足最初的方程.

接下来做两个假设. 第一, 弦在 $x = 0$ 和 $x = 1$ 两点被固定, 这意味着函数 f 只能为正弦函数, 而 k 只能是 π 的整数倍, 即

$$f(x) = \sin(m\pi x)\ .$$

第二, 在 $t = 0$ 时刻, 弦被拉伸到最长, 这意味着函数 g 只能是余弦函数, 即

$$g(t) = \cos(m\pi ct)\ .$$

常数 c 依赖于弦的成分和张力. 令 $m = 1$, 我们就可以按照下面的讨论得到基频[①]: 我们取秒作为时间单位, 则弦将需要 $\frac{2}{c}$ 秒完成一个周期, 所以弦的基频为 $\frac{c}{2}$ 次 / 秒. 而 m 的其他取值将给出大小为 $\frac{mc}{2}$ 的泛频, 它们都是基频的整数倍.

方程 (2.12) 的解不仅包含 $f(x)g(t) = \sin(m\pi x)\cos(m\pi ct)$, 还包含这类方程的任意线性组合, 例如

$$\begin{aligned} h(x,t) =& 3\sin(\pi x)\cos(\pi ct) + 0.5\sin(2\pi x)\cos(2\pi ct) \\ & - 0.3\sin(5\pi x)\cos(5\pi ct). \end{aligned}$$

图 2.22 表示满足上述函数的弦在振动初始位置 (即 $t = 0$) 的函数图像. 它有两个泛频, 其中一个是 $m = 2$, 比基频高八度 (octave), 另外一个比基频

① 基频, 也称作基音, 全称是基本频率 (fundamental frequency), 单位是赫兹 (Hz, 1Hz=1/s, 即 1 赫兹 = 1 次 / 秒). 为了与下文中的泛频 (泛音) 相对应, 此处采用了简称. —— 译者注

高两个八度加一个三度 (a third)[①]. 通过改变拨弦位置的方式, 我们可以得到其他泛频.

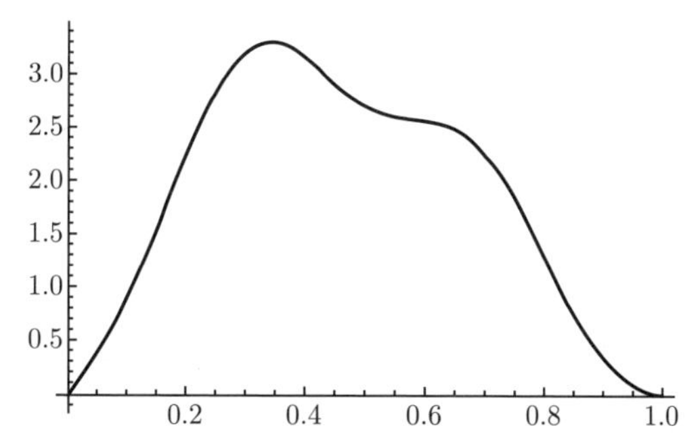

图 2.22 函数 $h(x,t)=3\sin(\pi x)+0.5\sin(2\pi x)-0.3\sin(5\pi x)$ 的图像

若弦没有被固定, 换言之, 考虑一条无限长的绷紧的弦. 如果它的一小段发生了形变, 接下来, 弦将产生怎样的变化? 按照这种假设, 我们可以借助三角函数 $h(x,t)=\cos(x-ct)$ 完成求解, 因为后者可以描述以速度 c 沿直线传播的过程. 在二维波的情形中, 例如, 向平静的水塘投掷小石头, 水平面受到干扰, 将会形成水波. 水波函数 $h(x,y,t)$ 就是一个依赖于两个坐标以及时间的函数, 描述这个过程的方程是

$$\frac{\partial^2 h}{\partial x^2}+\frac{\partial^2 h}{\partial y^2}=\frac{1}{c^2}\frac{\partial^2 h}{\partial t^2}\ . \tag{2.13}$$

此时, 我们就可以得到以圆的形式向外传播且速度为 c 的水波.

2.11 势 能

皮埃尔–西蒙 • 拉普拉斯 (Pierre-Simon Laplace, 1749—1827), 作为达朗贝尔的学生, 是 18 世纪末至 19 世纪初欧洲地区最顶尖的科学家之一. 拉普拉斯最杰出的贡献之一, 是他对包括行星运动、月球运动和彗星运动在内的天体力学给出了详尽的解释. 所有这些内容都包含在共计五卷的《天体力学》(*Traité de mécanique céleste*) 中, 该书是一套出版于 1799 年至 1825 年的名著. 拉普拉斯基于牛顿的《原理》, 并借助重力势, 而非万有引力向量, 对诸多的论证进行了简化.

① 若频率加倍, 音高将提升八度; 若频率增加 50%, 音高将增加一个大五度 (a major fifth); 若频率增加 25%, 音高将增加一个大三度 (a major third). 因此, 为了让音高变为之前的 5 倍, 只需要让频率加倍两次, 并将此时的频率再增加 25%.

拉普拉斯的想法与势能有关. 与低处的物体相比, 高处的物体具有更多的势能. 将物体提到高处需要更多的能量, 高处的物体在降落的过程中也将释放更多的能量. 势能的优势在于, 它是一个标量, 一个只有大小的数字. 与之前将万有引力视作向量并标明其大小和方向的方法相比, 人们可以将万有引力视作一个势函数, 这种做法类似于考虑山上某一点处的高度函数. 正如高处的水总是沿着坡度最陡的地方流淌, 流淌的速度正比于斜坡的陡峭程度. 万有引力也总是指向它变化最大的方向, 而它的大小将正比于这个方向上的变化率.

人们通常将一个势函数 $P(x,y,z)$ 称为*势场*. 而*梯度*, 这个表示函数变化最大方向和大小的向量通常用记号 grad P 或 ∇P 表示. 它的定义为

$$\nabla P = \left\langle \frac{\partial P}{\partial x}, \frac{\partial P}{\partial y}, \frac{\partial P}{\partial z} \right\rangle .$$

如果某点没有物质, 则该点的万有引力不会凭空产生或被破坏, 此时的引力线将不可压缩. 将梯度的表达式与欧拉给出的方程 (2.11) 相结合, 我们就可以得到所谓的拉普拉斯方程

$$\frac{\partial^2 P}{\partial x^2} + \frac{\partial^2 P}{\partial y^2} + \frac{\partial^2 P}{\partial z^2} = 0 . \tag{2.14}$$

人们将表达式左端的运算称作*拉普拉斯变换*, 或将其简记为 $\nabla^2 P$.

如果在某点有物质, 它将对任何其他有质量的物体产生万有引力. 若将重力线理解成从具有质量的某物体发出的流, 则此流在有质量的点并非不可压缩, 因为流就是从这里产生的. 在这种情形下, 拉普拉斯算子将不再是零, 它等于物质在这一点的密度 $\rho(x,y,z)$, 此时有

$$\nabla^2 P = \rho .$$

2.12 电磁学中的数学

在前面的讨论中, 我们从可以应用于流体的方程和算子入手, 并进一步表明, 通过适当的解释, 它们同样可以应用于解释万有引力. 19 世纪的一些科学家逐渐意识到, 这类方程可用于揭开电学和磁学的神秘面纱. 他们惊叹于偏微分方程的适用范围如此之广.

“electricity”(电) 一词来源于拉丁文“electrum”, 后者的意思是琥珀. 19 世纪以前, 电荷指的是静电, 用一块琥珀在丝绸上摩擦, 人们就可以得到静电. 这种神秘的自然现象引起了 18 世纪最伟大的科学家们极大的研究兴趣. 其中最有名的人物莫过于来自美国费城的本杰明・富兰克林 (Benjamin Franklin). 凭借着雷电、莱顿瓶 (或采用现代的说法——电容器) 和电动轮[①](原始的电动机) 等诸多实验, 富兰克林获得了享誉世界的名声, 并得以进入法国社会 [②]. 美国独立战争期间, 富兰克林凭借其外交影响力, 使美国获得了法国的支持.

富兰克林率先意识到, 静电是带电粒子在某种力的作用下发生的流动; 这种力类似于重力, 但不同的是, 它将对粒子产生排斥力, 而非吸引力. 等到 19 世纪, 在丹尼尔・伯努利、亨利・卡文迪什 (Henry Cavendish)、查尔斯・奥古斯丁・库仑 (Charles Augustin Coulomb), 以及卡尔・弗里德里希・高斯 (Carl Friedrich Gauss, 1777—1855) 的努力下, 人们逐渐认识到静电力可由静电势解释, 后者满足与万有引力完全相同的偏微分方程, 只是这里的 ρ 表示电荷密度 (并随着符号的改变而改变).

人们在 19 世纪早期同样见证了电流的发现: 闭合的电路上产生稳定的电子流. 1820 年, 丹麦科学家汉斯・克利斯蒂安・奥斯特 (Hans Christian Oersted, 1777—1851) 注意到: 若将带电的闭合电路靠近指南针, 将会影响指针的方向. 电与磁之间存在联系的只言片语迅速在欧洲传播开来. 同年晚些时候, 法国科学家让–巴普蒂斯特・毕奥 (Jean-Baptiste Biot, 1774—1862) 与菲力克斯・萨伐尔 (Félix Savart, 1791—1841) 一同发现了被称作安培定律的偏微分方程, 由此建立了磁场和产生该磁场的电流之间的联系[③].

电流将产生磁场. 1831 年, 迈克尔・法拉第 (Michael Faraday, 1791—1867) 同样注意到, 移动的磁铁可以产生电流. 事实上, 这也是我们今天使用快速旋转的大型磁铁 —— 发电机 —— 进行发电的工作原理. 控制这种相

---

① 关于电动轮的图文简介, 可参考 ETHW 网站“Benjamin Franklin's Electric Motor”一文.

—— 译者注

② 在当时的巴黎人看来, 北美地区就是广阔原野的代名词, 富兰克林就是在这样的环境中成长起来的, 他是“大自然的孩子”, 没有受到现代社会的污染. 但是富兰克林戴着浣熊皮帽的形象, 却是在借题发挥了.

③ 更详细的解释如下: 如果令 $\langle j_1, j_2, j_3\rangle$ 表示电流, 并且令 $\langle B_1, B_2, B_3\rangle$ 表示相应的磁场. 毕奥和萨伐尔发现

$$\langle\frac{\partial B_3}{\partial y}-\frac{\partial B_2}{\partial z},\frac{\partial B_1}{\partial z}-\frac{\partial B_3}{\partial x},\frac{\partial B_2}{\partial x}-\frac{\partial B_1}{\partial y}\rangle=\mu(j_1,j_2,j_3)\ ,$$

其中 μ 是表示磁导率的常数. 人们将这个结果称为安培定律.

互作用的偏微分方程引入了第四个变量——时间[①].

詹姆斯・克拉克・麦克斯韦 (图 2.23) 将安培定律推广至随时间变化的电场情形, 并实现了这些方程的统一. 1865 年, 麦克斯韦在《皇家学会哲学会刊》[②] (*Philosophical Transactions of the Royal Society*) 上发表了《电磁场的动力学原理》(“A Dynamical Theory of the Electro-Magnetic Field”), 这是其发表的最重要的科研论文之一. 在这篇论文中, 针对不断变化的电场和磁场, 麦克斯韦提出了可用于控制二者相互作用的方程; 他还意识到, 若采用电磁势能的语言表述, 所有的讨论都可被简化.

图 2.23 詹姆斯・克拉克・麦克斯韦

与相对简单的重力势相比较, 电磁势称得上是一个奇怪的想法. 重力势是 3 个自变量到 1 个取值的函数, 其中 3 个自变量用以确定某点的位置, 而 1 个取值将给出这一位置的重力势. 电磁势是 4 个自变量的函数, 其中 3 个自变量用以确定位置, 另外 1 个自变量为时间; 电磁势将有 4 个相互独立、无具体意义的函数值, 每个函数值都依赖于前面的 4 个自变量. 势能是一个难以捉摸的概念, 我们既不能看到也不能触摸到它, 同样也不能产生直接的体验, 它仅仅是一个便于计算的虚构数学概念. 在这些方面, 电磁势则有过之无不及: 它的 4 个分量仅仅是为数学计算提供便利的中转站. 在这个意义下, 电磁势与复数有相近之处. 人们在很长一段时间内都将复数视作假想的数, 它们的存在, 仅仅是为求解 3 次、4 次多项式方程提供便利.

① 此时, 用于刻画这种作用的偏微分方程为

$$\langle \frac{\partial E_3}{\partial y} - \frac{\partial E_2}{\partial z}, \frac{\partial E_1}{\partial z} - \frac{\partial E_3}{\partial x}, \frac{\partial E_2}{\partial x} - \frac{\partial E_1}{\partial y} \rangle + \langle \frac{\partial B_1}{\partial t}, \frac{\partial B_2}{\partial t}, \frac{\partial B_3}{\partial t} \rangle = 0 ,$$

其中 $\langle E_1, E_2, E_3 \rangle$ 是促使电子在电路中运动的静电力.

② 通常简称为《哲学会刊》(*Philosophical Transactions*, 或直接简写为 *Phil. Trans.*), 创刊于 1665 年并发表至今, 也是世界范围内运行时间最长的期刊. 期刊名称中的 philosophical 一词, 在当时指的是自然哲学 (natural philosophy), 这种说法等价于人们现在提及的科学. —— 译者注

尽管如此, 麦克斯韦依旧发现了一些不一样的内容. 如果将电磁势函数值的四个分量分别表示成 $\langle A_1, A_2, A_3, A_4\rangle$, 它们将满足如下的偏微分方程

$$\frac{\partial^2 A_i}{\partial x^2} + \frac{\partial^2 A_i}{\partial y^2} + \frac{\partial^2 A_i}{\partial z^2} = \frac{1}{c^2}\frac{\partial^2 A_i}{\partial t^2}, \tag{2.15}$$

考虑电场和磁场相互作用的介质, 上式中的常数 c 可由该介质的电学、磁学性质决定.

令人惊奇的是, 方程 (2.15) 是一个波动方程, 这是达朗贝尔方程, 即决定弦振动方程的等式 (2.13), 在三维情形的推广. 这个证据足以强有力地表明: 电磁势的每一个分量都在振动; 在三维空间中, 它以速度 c 向各个方向传播.

测定了空气的电学、磁学性质后, 麦克斯韦发现这种波传播的速度为光速, 实验误差在可容许的范围内. 据此, 麦克斯韦得出了一个著名的结论: 电磁势是一种客观存在, 它产生于变化的电磁场, 并在三维空间以光速向外传播.

对于麦克斯韦的断言, 人们似乎并不认同; 然而, 一些科学家认为, 这或许就是四维势场的真实面目. 这的确是一个有趣的想法. 如果它确实存在, 人们可以设计不存在物理连接的发射器和接收器: 让发射器在电磁势场中产生一个干扰, 这个干扰将以光速传播, 并被远处的接收器监测到. 1887 年, 海因里希 • 鲁道夫 • 赫兹 (Heinrich Rudolf Hertz, 1857—1894) 成功地监测到电磁势的变化. 不出 10 年, 古列尔莫 • 马可尼 (Guglielmo Marconi, 1874—1937) 与亚历山大 • 斯捷潘诺维奇 • 波波夫 (Alexander S. Popov, 1859—1906) 都成功地将莫尔斯码转换成电磁势, 并在几千米之外完成了信息的接收和翻译.

时至今日, 人们将电磁势场中的波称为电磁波. 基于它们, 无线传输才得以实现. 电磁波是无形的, 若不是借助数学模型预言了它们的存在, 人们不可能发现电磁波, 更谈不上利用它们.

在 20 世纪, 人们见识了偏微分方程在建模方面的强大威力, 并由此预言了一些难以想象的现象, 包括黑洞、引力波, 以及质量和能量可以通过关系式 $E = mc^2$ 相互转化, 等等. 这些借助微分方程建立的模型几乎构成了全部现代科技的基础.

若仅仅借助标准函数, 人们很难完成这类微分方程的求解. 始于牛顿, 加速于 $18 \sim 19$ 世纪, 科学家们逐渐认识到, 若试图求解这类方程, 人们需要借助复杂的无穷级数. 到 19 世纪, 理解这种复杂的求和在大部分数学活动中占据了上风. 在下一章, 我们将尝试揭开它们的神秘面纱.

第三章　部分和序列

1669 年, 牛顿开始传播名为《运用无穷多项方程的分析学》的手稿, 这无疑是微积分发展历史中一个重要的里程碑. 当对无穷求和、积分学基本定理的理解逐渐清晰以后, 人们开始将研究重点从几何学转向动力系统; 再加上莱布尼茨引入的精巧记号, 微积分正在迅速发展. 对基础的清晰理解、对符号和论证的一致使用, 使得 18 世纪浩浩荡荡的科学家大军在微积分的发展历程中大获成功.

我们必须小心谨慎地处理无穷级数. 在古希腊人的认知里, 无穷求和的运算就是子虚乌有. 正如我们在序言中提到的, 术语无穷求和是一个自相矛盾的组合, “无穷”意味着没有终结, “求和”意味着引出一个结论. 用什么办法, 才能够对没有终结的对象得出一个结论呢?

在欧洲, 直到 17 世纪才出现与无穷求和相关的重要工作. 被现代称为泰勒级数的内容是这个时期的巅峰之作, 它源自多项式插值的问题. 我们还将展示欧拉对这类级数的热烈态度, 叙述人们对收敛性的日益关心. 在本章的结尾, 我们还将简要介绍涉及三角函数无穷求和的傅里叶级数, 它们可用于许多棘手的数学问题, 同时也对 19 世纪分析学的发展起到了促进作用.

几何级数是人们最早认知的无穷求和, 也是人们研究无穷级数的基础. 所谓几何级数, 是指首项为 1、公比为 x 的无穷求和. 即便对于几何级数, 无穷级数问题的本质也是显而易见的: 在某些情形下, 这个和等于 $\dfrac{1}{1-x}$, 例如,

$$1+\frac{2}{3}+\frac{4}{9}+\frac{8}{27}+\cdots+\frac{2^n}{3^n}+\cdots=\frac{1}{1-\dfrac{2}{3}}=3\ . \tag{3.1}$$

但同样存在例外情形:

$$1+\frac{3}{2}+\frac{9}{4}+\frac{27}{8}+\cdots+\frac{3^n}{2^n}+\cdots\neq\frac{1}{1-\dfrac{3}{2}}=-2\ . \tag{3.2}$$

给定一个抛物区域 (直线与抛物线相交于两点, 所围成的区域), 阿基米

德证明了: 这个抛物区域的面积是其最大内接三角形面积的 $\frac{4}{3}$ 倍. 他给出了如下的做法: 在抛物区域和内接三角形之间的两个区域内, 增加两个新的小三角形. 新增加的面积是最初三角形面积的 $\frac{1}{4}$. 经历过 k 次迭代, 得到的面积应为

$$\left(1+\frac{1}{4}+\frac{1}{4^2}+\cdots+\frac{1}{4^k}\right) \times \text{三角形面积}\ .$$

正如他证明了圆的面积公式, 阿基米德发现: 当插入新的三角形时, 得到的面积超过剩余面积的一半. 此时注意到

$$\frac{4}{3}-\left(1+\frac{1}{4}+\frac{1}{4^2}+\cdots+\frac{1}{4^k}\right)=\frac{1}{3\times 4^{k+1}}\ .$$

阿基米德进一步证明: 所求面积既不会小于也不会大于最初的三角形面积的 $\frac{4}{3}$ 倍.

若采用现代记号, 阿基米德证明了无穷级数

$$1+\frac{1}{4}+\frac{1}{4^2}+\cdots+\frac{1}{4^k}+\cdots$$

的结果为 $\frac{4}{3}$. 现代数学对于这句话的解读必然能够得到阿基米德的认同: 若给定任意小于 $\frac{4}{3}$ 的数, 部分和序列总会在某一时刻恒定地大于这个数; 若给定任意大于 $\frac{4}{3}$ 的数, 部分和序列总会在某一时刻 (这种情形下是永远) 恒定地小于这个数.

奥古斯丁–路易斯 • 柯西 (Augustin-Louis Cauchy, 1789—1857) 将上述解释充分严格化. 若计算等式 (3.1) 和表达式 (3.2) 的有限和, 二者的区别很明显, 因为

$$1+\frac{2}{3}+\frac{4}{9}+\frac{8}{27}+\cdots+\frac{2^n}{3^n}=\frac{1-\dfrac{2^{n+1}}{3^{n+1}}}{1-\dfrac{2}{3}}=3-\frac{2^{n+1}}{3^n}\ . \tag{3.3}$$

然而

$$1+\frac{3}{2}+\frac{9}{4}+\frac{27}{8}+\cdots+\frac{3^n}{2^n}=\frac{1-\dfrac{3^{n+1}}{2^{n+1}}}{1-\dfrac{3}{2}}=-2+\frac{3^{n+1}}{2^n}\ . \tag{3.4}$$

在等式 (3.3) 中, 随着 n 的取值越来越大, 部分和与 3 之间的距离可以如我们所愿地任意小; 但是在等式 (3.4) 中, 随着 n 的取值越来越大, 部分和与 -2 之间的距离也将变大. 在谈及无穷级数之时, 我们真正所指的是部分和序列. 通过接下来的讨论, 我们可以看到, 这恰恰就是门戈利、莱布尼茨、拉格朗日理解无穷级数的方式.

3.1　17 世纪的级数

1593 年, 弗朗索瓦 • 韦达提出了连续 "ad infinitum" 的说法, 这或许是无穷级数在历史上第一次被提及. 彼得罗 • 门戈利是欧洲地区最早研究这种求和的哲学家之一, 他是卡瓦列里的学生, 也是后者在博洛尼亚大学教授职位的继任者. 在一篇发表于 1650 年的论文《面积的新算术、分数的加法》("Novæ quadraturæ arithmeticæ, sue de additione fractionum") 中, 门戈利将无穷级数视作部分和序列逐渐接近的取值, 并将正项级数的研究建立在两条公理 (或假设) 之上. 我们将这两条公理翻译成现代的语言, 叙述如下.

(1) 如果级数的取值是无穷, 则对于任意正数, 部分和最终将比这个数大.

(2) 如果级数的取值有限, 则对级数的任意重排, 都将得到相同的取值.

时至今日, 我们能够从部分和序列极限的定义中得到上述性质[①]. 根据这两条假设, 门戈利得到了无穷级数的若干性质. 注意, 他的讨论仅限于正项级数, 门戈利认为, 如果部分和序列有界, 那么无穷级数一定收敛; 他还说明了, 若假定无穷级数收敛到 S, 而 A 是比 S 小的任意一个数, 则部分和序列终将超过 A.

从莱布尼茨在其职业生涯早期计算过的级数 (2.6 节方程 (2.8)) 开始, 门戈利采用部分分式展开的方法计算了一些无穷级数. 采用相同的方法, 门戈利还求解了一些其他类型的无穷级数. 例如, 由

$$\frac{1}{n(n+2)} = \frac{1}{2}\left(\frac{1}{n} - \frac{1}{n+2}\right)$$

① 需要注意的是, "对级数的任意重排, 都将得到相同的取值" 的结论只适用于绝对收敛的级数. 读者可以查阅一个相关的 '神奇' 结果 (黎曼重排定理, Riemann Rearrangement Theorem): 若级数条件收敛, 人们可以通过重排, 使级数收敛到任意实数, 甚至使得级数发散. 但是正如作者接下来提及的, 门戈利的讨论仅限于正项级数. —— 译者注

可知

$$\begin{aligned}\sum_{n=1}^{m}\frac{1}{n(n+2)}&=\frac{1}{1\times 3}+\frac{1}{2\times 4}+\frac{1}{3\times 5}+\cdots+\frac{1}{(m-1)(m+1)}+\frac{1}{m(m+2)}\\&=\frac{1}{2}\left(1-\frac{1}{3}+\frac{1}{2}-\frac{1}{4}+\frac{1}{3}-\frac{1}{5}+\cdots\right.\\&\quad\left.+\frac{1}{m-1}-\frac{1}{m+1}+\frac{1}{m}-\frac{1}{m+2}\right)\\&=\frac{1}{2}\left(1+\frac{1}{2}-\frac{1}{m+1}-\frac{1}{m+2}\right).\end{aligned}$$

所以级数收敛至 $\frac{3}{4}$. 门戈利计算的无穷级数还包括

$$\sum_{n=1}^{\infty}\frac{1}{n(n+3)}=\frac{11}{18},$$

$$\sum_{n=1}^{\infty}\frac{1}{n(n+1)(n+2)}=\frac{1}{4},$$

$$\sum_{n=1}^{\infty}\frac{1}{(2n-1)(2n+1)(2n+3)}=\frac{1}{12}.$$

此外, 门戈利用反证法证明了调和级数[①]

$$1+\frac{1}{2}+\frac{1}{3}+\frac{1}{4}+\cdots$$

是发散级数. 假定调和级数收敛到有限值. 首先可将调和级数重新表述为

$$1+\left(\frac{1}{2}+\frac{1}{3}+\frac{1}{4}\right)+\left(\frac{1}{5}+\frac{1}{6}+\frac{1}{7}\right)+\left(\frac{1}{8}+\frac{1}{9}+\frac{1}{10}\right)+\cdots$$

的形式. 其次注意到

$$\frac{1}{3n-1}+\frac{1}{3n}+\frac{1}{3n+1}=\frac{27n^2-1}{27n^3-3n}>\frac{1}{n}.$$

由此, 加括号后的调和级数的取值将大于

$$1+1+\frac{1}{2}+\frac{1}{3}+\frac{1}{4}+\cdots$$

① 早在 14 世纪, 尼科尔 • 奥雷姆就已经说明过这个级数无界.

的取值, 但后者等于调和级数的取值再加 1. 这不可能. 矛盾. 门戈利同样注意到级数 $\sum \frac{1}{n^2}$ 必定收敛 (它的通项可被 $\frac{2}{n(n+1)}$ 控制). 但要确定这个级数的和, 人们还需要再等待 85 年, 这项工作是欧拉早期的主要成就之一.

1693 年, 莱布尼茨注意到形如 $\sum c_k x^k$ 的幂级数的潜力, 人们可以借助它们完成微分方程的求解. 在论文《几何补充练习》("Supplementum geometrœ practicœ") 中[①], 莱布尼茨展示了如何利用"待定系数法"求解微分方程

$$\mathrm{d}y = \frac{a\mathrm{d}x}{a+x} .$$

等式两端同时除以 $\mathrm{d}x$, 并乘以 $a+x$, 可得

$$0 = a\frac{\mathrm{d}y}{\mathrm{d}x} + x\frac{\mathrm{d}y}{\mathrm{d}x} - a . \tag{3.5}$$

现假定方程的解在 $x=0$ 处的取值为 0, 并将解表示为[②]

$$y = c_1x + c_2x^2 + c_3x^3 + c_4x^4 + \cdots$$

的形式. 对等式两端同时取微分, 可得

$$\frac{\mathrm{d}y}{\mathrm{d}x} = c_1 + 2c_2x + 3c_3x^2 + 4c_4x^3 + \cdots .$$

将等式 (3.5) 中的 $\frac{\mathrm{d}y}{\mathrm{d}x}$ 替换成上式, 并按照 x 的升幂合并同类项, 可得

$$\begin{aligned} 0 &= ac_1 + 2ac_2x + 3ac_3x^2 + 4ac_4x^3 + 5c_5x^4 \cdots \\ &\quad + c_1x + 2c_2x^2 + 3c_3x^3 + 4c_4x^4 + \cdots - a \\ &= a(c_1-1) + (2ac_2+c_1)x + (3ac_3+2c_2)x^2 + (4ac_4+3c_3)x^3 \\ &\quad + (5ac_5+4c_4)x^4 + \cdots . \end{aligned}$$

此时注意到, 所有的系数必须为 0, 故

$$a(c_1-1) = 0 \Rightarrow c_1 = 1 ,$$

① 可参考 [30], pp. 41-42.

② 实际上, 为了表示这里的常数, 莱布尼茨是使用的字母是 $B, C, D, \cdots$.

$$2ac_2 + c_1 = 0 \Rightarrow c_2 = -\frac{1}{2a} ,$$

$$3ac_3 + 2c_2 = 0 \Rightarrow c_3 = \frac{1}{3a^2} ,$$

$$4ac_4 + 3c_3 = 0 \Rightarrow c_4 = -\frac{1}{4a^3} ,$$

$$5ac_5 + 4c_4 = 0 \Rightarrow c_4 = \frac{1}{5a^4} ,$$

$$\vdots$$

这就可以得到, 微分方程满足 $x = 0$ 时, $y = 0$ 的解为

$$y = x - \frac{x^2}{2a} + \frac{x^3}{3a^2} - \frac{x^4}{4a^3} + \frac{x^5}{5a^4} - \cdots .$$

另外, 莱布尼茨还注意到 $a \ln\left(1 + \frac{x}{a}\right)$ 同样是微分方程的一个解. 若 $x = 0$, 这个解同样为 0. 由此, 他证明了

$$a \ln\left(1 + \frac{x}{a}\right) = x - \frac{x^2}{2a} + \frac{x^3}{3a^2} - \frac{x^4}{4a^3} + \frac{x^5}{5a^4} - \cdots .$$

莱布尼茨同样重新发现了等式

$$1 - \frac{1}{3} + \frac{1}{5} - \frac{1}{7} + \cdots = \frac{\pi}{4} .$$

在现代, 人们会对涉及无穷级数的等式习以为常, 并不认为它们有什么特殊之处. 但是, 仍然需要说明, 这里并非是通常意义下的求和. 显然, 莱布尼茨对大胆地宣称这是一种等式而感到不安. 在 1682 年发表于《教师学报》的一篇论文中, 莱布尼茨就着手考虑部分和序列的收敛性问题. 这似乎是交错级数敛散性判别法在历史上的首次应用. 莱布尼茨注意到: 级数的第一项与 $\frac{\pi}{4}$ 的差不超过 $\frac{\pi}{4}$ 的 $\frac{1}{3}$, 级数的前两项与 $\frac{\pi}{4}$ 的差不超过 $\frac{\pi}{4}$ 的 $\frac{1}{5}$, 级数的前三项与 $\frac{\pi}{4}$ 的差不超过 $\frac{\pi}{4}$ 的 $\frac{1}{7}$, 以此类推. 这就可知, 部分和序列与 $\frac{\pi}{4}$ 的差可以小于任何给定的数. 莱布尼茨认为, 应将无穷级数视作独立整体. 按照这种方式, 级数的取值只能是 $\frac{\pi}{4}$.

3.2　泰勒级数

通过前面的讨论, 我们可以看到, 为了求解面积和体积, 17 世纪的人们需要讨论无穷级数, 这将取决于作者究竟能在多大程度上遵循阿基米德的技术路线. 今天, 大学一年级微积分课程中无穷级数的主要内容是英语国家所说的泰勒级数, 以 18 世纪早期推广这种级数的布鲁克 • 泰勒的名字命名.

17 世纪末期, 如何构造泰勒级数是一个公开的秘密, 詹姆斯 • 格雷果里、艾萨克 • 牛顿、戈特弗里德 • 莱布尼茨、雅克布 • 伯努利和约翰 • 伯努利等研究微积分的学者之间自由地分享着这种方法. 泰勒最终发表了这种级数的一般形式, 它的系数可由其所表示的函数的导数确定, 此时泰勒将这种级数作为牛顿插值公式的一个推论. 这与其他学者发现它的历程相似.

詹姆斯 • 格雷果里和艾萨克 • 牛顿都曾提出过这个问题: 给定 $n+1$ 个点, 如何确定一个 n 次插值多项式[①], 恰好经过这些点 (图 3.1)?

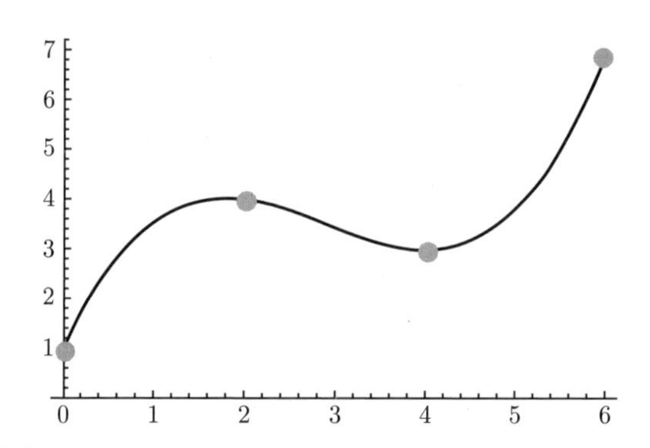

图 3.1　给定 4 个点: $(0,1),(2,4),(4,3)$ 和 $(6,7)$. 经过它们的三次方程为 $y=1+4x-\frac{13}{8}x^2+\frac{3}{16}x^2$

如果只有两个点, 例如给定 $(x_0,y_0)=(0,1),(x_1,y_1)=(2,4)$, 它们可以确定一条直线. 直接计算可知, 它的方程为

$$y=y_0+\frac{y_1-y_0}{x_1-x_0}(x-x_0)=1+\frac{3}{2}(x-0)=1+\frac{3}{2}x\ .$$

为了行文方便, 令

① 之所以使用插值多项式的说法, 是因为人们可以对这些多项式插入中间值.

$$y_1 - y_0 = \Delta y_0,\ x_1 - x_0 = \Delta x\ .$$

由此将直线的一般方程表示为

$$y = y_0 + \frac{\Delta y_0}{\Delta x}(x - x_0)$$

的形式①.

如果我们有三个 x-等距坐标, 即 $(x_0, y_0) = (0, 1), (x_0+\Delta x, y_1) = (2, 4)$, 以及 $(x_0 + 2\Delta x, y_2) = (4, 3)$, 它们如何确定插值多项式呢? 我们注意到, 三个点可以唯一确定一个二次多项式. 为了确定这个多项式, 首先计算从第一个点到第二个点、从第二个点到第三个点的 y 值变化量:

$$\Delta y_0 = 4 - 1 = 3, \quad \Delta y_1 = y_2 - y_1 = 3 - 4 = -1.$$

下面计算变化量的变化量, 即

$$\Delta y_1 - \Delta y_0 = (y_2 - y_1) - (y_1 - y_0) = -1 - 3 = -4.$$

将其重新表述为

$$\Delta\ \Delta y_0 = \Delta^2 y_0 = -4.$$

经过上述三个点的二次方程为

$$y - y_0 + \frac{\Delta y_0}{\Delta x}(x - x_0) + \frac{\Delta^2 y_0}{2(\Delta x)^2}(x - x_0)(x - x_1)\ . \tag{3.6}$$

容易验证 (x_0, y_0) 和 (x_1, y_1) 满足上述方程. 若 $x = x_2 = x_0 + 2\Delta x$, 计算等式右边, 可知

$$\begin{aligned} & y_0 + \frac{y_1 - y_0}{\Delta x}(2\Delta x) + \frac{y_2 - 2y_1 + y_0}{2\Delta x^2}(\Delta x)(2\Delta x) \\ & = y_0 + 2y_1 - 2y_0 + y_2 - 2y_1 + y_0 = y_2\ . \end{aligned}$$

整理可得经过上述三点的二次方程为

$$y = 1 + \frac{3}{2}(x - 0) + \frac{-4}{2 \times 2^2}(x - 0)(x - 2)$$

① 其中 $x_1 = x_0 + \Delta x, x_2 = x_0 + 2\Delta x$. ——译者注

$$= 1 + \frac{3}{2}x - \frac{1}{2}x(x-2)$$
$$= 1 + \frac{5}{2}x - \frac{1}{2}x^2 \ .$$

这是一种很古老的二次插值方法. 早在公元纪年第一个千禧年, 古印度的天文学家们就已经在使用这种方法.

如果给定更多的点, 如何构造经过这些点的多项式呢? 我们可以使用差分的差分. 按照类似的方法, 归纳定义 k 阶差分

$$\Delta^k y_n = \Delta(\Delta^{k-1} y_n) = \Delta^{k-1} y_{n+1} - \Delta^{k-1} y_n \ .$$

给定 $(x_0,\ y_0)$, (x_1, y_1), $\cdots$, (x_n, y_n), 格雷果里和牛顿都清楚地知道如何利用差分构造经过这些点的 n 次多项式. 为了便于讨论, 我们还是假定这些点满足 x-等距, 即

$$x_1 - x_0 = x_2 - x_1 = \cdots = x_n - x_{n-1} = \Delta x \ .$$

下面考虑 y 的取值和它们的差分、差分的差分, 等等. 可以看到, 每一行需要计算的差分个数都比前一行少一个:

$$\begin{array}{ccccccc}
y_0 & \Delta y_0 & \Delta^2 y_0 & \cdots & \Delta^{n-2} y_0 & \Delta^{n-1} y_0 & \Delta^n y_0 \\
y_1 & \Delta y_1 & \Delta^2 y_1 & \cdots & \Delta^{n-2} y_1 & \Delta^{n-1} y_1 & \\
y_2 & \Delta y_2 & \Delta^2 y_2 & \cdots & \Delta^{n-2} y_2 & & \\
\vdots & \vdots & \vdots & & & & \\
y_{n-1} & \Delta y_{n-1} & & & & & \\
y_n & & & & & &
\end{array}$$

为了得到第一行里的差分, 需要用到第一列所有的数值. 格雷果里和牛顿意识到: 他们可以用第一行的数值恢复第一列的数值. 通过计算差分, 我们得到了第一行. 现在逆转这个过程, 求和可知

$$y_1 = y_0 + \Delta y_0,\ \Delta y_1 = \Delta y_0 + \Delta^2 y_0,\ \cdots,\ \Delta^{n-1} y_1 = \Delta^{n-1} y_0 + \Delta^n y_0 \ .$$

下一行的计算就会出现一些有趣的结果:

$$y_2 = y_1 + \Delta y_1 = (y_0 + \Delta y_0) + (\Delta y_0 + \Delta^2 y_0) = y_0 + 2\Delta y_0 + \Delta^2 y_0 \ .$$

更一般而言,

$$\begin{aligned}\Delta^j y_2 &= \Delta^j y_1 + \Delta^{j+1} y_1\\ &= (\Delta^j y_0 + \Delta^{j+1} y_0) + (\Delta^{j+1} y_0 + \Delta^{j+2} y_0)\\ &= \Delta^j y_0 + 2\Delta^{j+1} y_0 + \Delta^{j+2} y_0\ .\end{aligned}$$

在第四行, 易知

$$\begin{aligned}y_3 &= y_2 + \Delta y_2\\ &= (y_0 + 2\Delta y_0 + \Delta^2 y_0) + (\Delta y_0 + 2\Delta^2 y_0 + \Delta^3 y_0)\\ &= y_0 + 3\Delta y_0 + 3\Delta^2 y_0 + \Delta^3 y_0\ .\end{aligned}$$

更一般而言,

$$\Delta^j y_3 = \Delta^j y_0 + 3\Delta^{j+1} y_0 + 3\Delta^{j+2} y_0 + \Delta^{j+3} y_0\ .$$

这里就出现了二项式系数. 之所以有这种现象, 是因为差分矩阵中每一个元素都是由它正上方和右上角的元素相加产生的. 由此

$$y_k = y_0 + \binom{k}{1}\Delta y_0 + \binom{k}{2}\Delta^2 y_0 + \cdots + \binom{k}{k}\Delta^k y_0\ .$$

为了确定经过 $n+1$ 个点的插值多项式, 我们需要确定合适的多项式, 使得它在 x_0, $x_1 = x_0 + \Delta x$, $x_2 = x_0 + 2\Delta x$, $\cdots, x_n = x_0 + n\Delta x$ 处的取值依次为相应的 y_k. 仿照表达式 (3.6) 的形式, 我们断言: 所求多项式为

$$p_n(x) = y_0 + \sum_{j=1}^{n} \frac{\Delta^j y_0}{j!(\Delta x)^j}(x - x_0)(x - x_1)(x - x_2)\cdots(x - x_{j-1}). \quad (3.7)$$

下面给出证明. 显然, 多项式在 $x = x_0$ 处的取值为 y_0. 这是因为, 若 $x = x_0$, 只有第一项的常数没有乘以 $x_0 - x_0 = 0$ 这一项. 对于 $1 \leqslant k \leqslant n$, 若令 $x = x_k$, 多项式仅有前 $k+1$ 项, 计算可知

$$\begin{aligned}p_n(x_k) &= y_0 + \sum_{j=1}^{k} \frac{\Delta^j y_0}{j!(\Delta x)^j}(x_k - x_0)(x_k - x_1)(x_k - x_2)\cdots(x_k - x_{j-1})\\ &= y_0 + \sum_{j=1}^{k} \frac{\Delta^j y_0}{j!(\Delta x)^j} k\Delta x \cdot (k-1)\Delta x \cdot (k-2)\Delta x \cdots (k-j+1)\Delta x\end{aligned}$$

$$= y_0 + \sum_{j=1}^{k} \frac{k(k-1)(k-2)\cdots(k-j+1)}{j!}\Delta^j y_0$$

$$= y_0 + \binom{k}{1}\Delta y_0 + \binom{k}{2}\Delta^2 y_0 + \cdots + \binom{k}{k}\Delta^k y_0$$

$$= y_k \ .$$

牛顿注意到插值多项式对于定积分逼近的作用. 若令 $y_0 = f(x_0)$, $y_1 = f(x_1)$, 则函数 f 从 x_0 到 x_1 的积分可由经过这两个点的线性函数的积分逼近.

$$\begin{aligned}\int_{x_0}^{x_1} f(x)\mathrm{d}x &\approx \int_{x_0}^{x_1}\left[y_0 + \frac{y_1 - y_0}{x_1 - x_0}(x - x_0)\right]\mathrm{d}x \\ &= y_0(x_1 - x_0) + \frac{y_1 - y_0}{2(x_1 - x_0)}(x_1 - x_0)^2 \\ &= (x_1 - x_0)\frac{y_1 + y_0}{2} \ .\end{aligned}$$

这就是梯形法则.

如果有三个等距点 (x_0, y_0), $(x_0 + \Delta x, y_1)$, $(x_0 + 2\Delta x, y_2)$, 那么我们应进行怎样的处理? 对一个二次多项式进行积分, 我们就得到

$$\begin{aligned}\int_{x_0}^{x_2} f(x)\mathrm{d}x \approx \int_{x_0}^{x_2} \Bigg[y_0 &+ \frac{y_1 - y_0}{\Delta x}(x - x_0) \\ &+ \frac{y_2 - 2y_1 + y_0}{2\Delta x^2}(x - x_0)(x - x_1)\Bigg]\mathrm{d}x \\ &= y_0 \cdot 2\Delta x + \frac{y_1 - y_0}{\Delta x} \cdot 2\Delta x^2 + \frac{y_2 - 2y_1 + y_0}{2\Delta x^2} \cdot \frac{2}{3}\Delta x^3 \\ &= \frac{\Delta x}{3}(y_0 + 4y_1 + y_2) \ .\end{aligned}$$

托马斯 • 辛普森 (Thomas Simpson, 1710—1761) 在 1743 年重新发现了上述公式, 这个结果因此被命名为辛普森公式.

借助一个三次多项式, 牛顿同样对下一种情形给出了计算公式

$$\int_{x_0}^{x_3} f(x)\mathrm{d}x \approx \frac{3\Delta x}{8}(y_0 + 3y_1 + 3y_2 + y_3) \ ,$$

人们通常将这个公式称为牛顿–科特斯八分之三法则.

遵循布鲁克·泰勒的做法, 若令 n 趋近于无穷 (即知道函数在无穷多个点处的取值), 并且令 Δx 趋近于 0, 则分式 $\dfrac{\Delta y_0}{\Delta x}$ 将变为 $\dfrac{\mathrm{d}y}{\mathrm{d}x}$ (在点 x_0 处取值). 此时表达式

$$\frac{\Delta^2 y_0}{\Delta x^2} = \frac{\Delta}{\Delta x}\left(\frac{\Delta y_0}{\Delta x}\right)$$

将变为

$$\frac{\mathrm{d}}{\mathrm{d}x}\left(\frac{\mathrm{d}y}{\mathrm{d}x}\right) = \frac{\mathrm{d}^2 y}{\mathrm{d}x^2}\ .$$

更一般地, 表达式 $\dfrac{\Delta^k y_0}{\Delta x^k}$ 将变为 $\dfrac{\mathrm{d}^k y}{\mathrm{d}x^k}$. 与此同时, 所有的点 $(x_1 = x_0 + \Delta x, x_2 = x_0 + 2\Delta x, \cdots)$ 都将退化成 x_0. 前面得到的插值多项式也变成泰勒级数

$$p_\infty(x) = y_0 + \frac{\mathrm{d}y}{\mathrm{d}x}(x - x_0) + \frac{1}{2!}\cdot\frac{\mathrm{d}^2 y}{\mathrm{d}x^2}(x - x_0)^2 + \frac{1}{3!}\cdot\frac{\mathrm{d}^3 y}{\mathrm{d}x^3}(x - x_0)^3 + \cdots\ ,$$

其中所有的导数都需要在 x_0 处取值.

当科林·麦克劳林 (Colin Maclaurin, 1698—1746) 突出强调了中心在原点的泰勒级数之时, 他已经知晓并引用了泰勒的工作. 在现代, 人们将麦克劳林的这部分工作称为麦克劳林级数. 这些内容收录在他 1742 年出版的《流数论》(*Treatise of fluxions*) 之中. 麦克劳林在这本书中对牛顿的方法做出了解释.

3.3 欧　拉

1689 年, 雅克布·伯努利出版了《论无穷级数》(*Tractatus de seriebus infinitis*). 在书中, 他提到了门戈利的问题: 如何确定收敛级数

$$\sum_{n=1}^{\infty}\frac{1}{n^2}$$

的准确值. 人们将这个问题称为“巴塞尔问题”, 并猜测它的取值与 π 有关. 在那个年代, 这无疑是最具挑战性的问题之一. 到了 1729 年, 欧拉改进了方法, 并且得到了它的前七位取值 1.644 934, 欧拉由此认为级数的取值为 $\dfrac{\pi^2}{6} = 1.644\ 934\ 066\ 8\ldots$. 在 1734 年, 欧拉证明了这个结果, 因此声名大

噪. 如果按照今天的标准, 欧拉的计算, 以及他在无穷级数中的其他工作, 都并不严格. 事实上, 直到 1876 年, 才有人充分论证了欧拉将 $\frac{\sin x}{x}$ 展开成无穷乘积形式的合理性 (见 5.3 节)①.

欧拉解决巴塞尔问题的方法来自他对多项式的工作. 他意识到: 如果 r_1, $r_2, \cdots$, r_k 是一个多项式的根, 那么在相差一个常数的意义下, 这个多项式被唯一确定, 即

$$p_k(x) = c(x - r_1)(x - r_2)\cdots(x - r_k) .$$

若 0 不是多项式的一个根, 我们还可以将多项式规范化, 不妨令 $p_k(0) = 1$. 此时有

$$p_k(x) = \left(1 - \frac{x}{r_1}\right)\left(1 - \frac{x}{r_2}\right)\cdots\left(1 - \frac{x}{r_k}\right) . \tag{3.8}$$

接下来, 欧拉转向对函数 $\frac{\sin x}{x}$ 的讨论, 我们可以规定②这个函数在 $x = 0$ 处的取值为 1. 函数的所有非零点都是 π 的整数倍. 假定等式 (3.8) 在 k 为无限的时候仍然成立. 接下来, 欧拉果断地断言

$$\frac{\sin x}{x} = \left(1 - \frac{x}{\pi}\right)\left(1 - \frac{x}{-\pi}\right)\left(1 - \frac{x}{2\pi}\right)\left(1 - \frac{x}{-2\pi}\right)\cdots .$$

将乘积按对组合, 显然有

$$\left(1 - \frac{x}{k\pi}\right)\left(1 - \frac{x}{-k\pi}\right) = \left(1 - \frac{x^2}{k^2\pi^2}\right) .$$

最后把乘积展开, 并按照 x 的幂次合并同类项:

$$\begin{aligned}\frac{\sin x}{x} &= \left(1 - \frac{x^2}{\pi^2}\right)\left(1 - \frac{x^2}{2^2\pi^2}\right)\left(1 - \frac{x^2}{3^2\pi^2}\right)\cdots \\ &= 1 - \left(1 + \frac{1}{2^2} + \frac{1}{3^2} + \cdots\right)\frac{x^2}{\pi^2} + \left(\sum_{1 \leqslant i < j < \infty} \frac{1}{i^2 j^2}\right)\frac{x^4}{\pi^4} - \cdots .\end{aligned}$$

另外, 考虑这个函数的泰勒级数

$$\frac{\sin x}{x} = 1 - \frac{x^2}{3!} + \frac{x^4}{5!} - \frac{x^6}{7!} + \cdots ,$$

---

① 利用一个函数的零点表示该函数, 这样的一般定理出自 [71].

② 注意到 $\lim\limits_{x \to 0} \frac{\sin x}{x} = 1$. 因此, 如果定义 $\frac{\sin x}{x}$ 在 $x = 0$ 处的取值为 1, 就可以给出一个在零点连续的函数.

对比 x^2 的系数可知[①]

$$-\left(1+\frac{1}{2^2}+\frac{1}{3^2}+\cdots\right)\frac{1}{\pi^2}=-\frac{1}{3!},$$

$$1+\frac{1}{2^2}+\frac{1}{3^2}+\cdots=\frac{\pi^2}{6}\ .$$

1748 年, 莱昂哈德·欧拉出版了两卷的《无穷分析引论》, 博耶将其称作“现代最具影响力的教科书”. 正是在这部著作中, 欧拉提出了函数和幂级数应作为现代微积分基本概念的观点.

通过前面的讨论, 我们可以看到, 牛顿、莱布尼茨已经认识到幂级数的重要性, 这就将微积分的研究对象从纯几何的内容转向了对函数关系的讨论. 尽管如此, 没有任何一个人能够像欧拉在其《无穷分析引论》中的做法一样, 清晰地表述如下观点: 强调幂级数的核心地位, 将微积分建立在函数概念之上. 在《无穷分析引论》中, 非常奇怪的一点是: 书中包含了无穷小和无穷大, 却不包含任何一个求导运算或积分运算. 事实上, 欧拉将这部书看作微积分的前奏.

在《无穷分析引论》的前三章中, 欧拉着重讨论了函数概念的重要性和函数变换. 接下来, 欧拉借助类比并使用代数的方法, 讨论了超越函数的无穷级数展开式. 欧拉将伯努利对无穷小和无穷大的认知推进到了一个危险的极端, 却以一种极其灵巧的方式穿越了这片“雷区”. 我们将在接下来的讨论中叙述欧拉得到指数函数和对数函数的幂级数展开式的方法, 并不是因为这两个例子值得模仿, 而是希望今天的学生能够在无穷级数展开式的计算中享受到这种愉悦.

欧拉首先对指数函数 a^x 选定底数 $a>1$. 若 $x=0$, 则指数函数取值为 1; 若 $x>0$, 则指数函数取值大于 1; 若 $x<0$, 则指数函数取值小于 1. 令 ω 为充分小的正数, 并且令

$$a^{\omega}=1+k\omega\ ,$$

---

① 若对比 x^4 的系数, 可以得到 $\sum_{i<j} i^{-2}j^{-2}=\dfrac{\pi^4}{120}$. 由此, 欧拉得到了四次幂的倒数求和公式, 即

$$\sum_{i=1}^{\infty}\frac{1}{i^4}=\left(\sum_{i=1}^{\infty}\frac{1}{i^2}\right)^2-2\sum_{i<j}\frac{1}{i^2j^2}=\frac{\pi^4}{36}-\frac{\pi^4}{60}=\frac{\pi^4}{90}\ .$$

事实上, 这种方法对于计算任意偶数次幂的倒数和都是有效的.

这里的 k 是一个依赖于 a 的正数①.

对任意数 j, 由 $a^{\omega}=1+k\omega$ 可知

$$a^{j\omega}=(1+k\omega)^{j}=1+\frac{j}{1}k\omega+\frac{j(j-1)}{1\cdot 2}k^{2}\omega^{2}+\frac{j(j-1)(j-2)}{1\cdot 2\cdot 3}k^{3}\omega^{3}+\cdots .$$

令 $j\omega=z$, 所以 $\omega=\frac{z}{j}$. 此时

$$a^{z}=1+\frac{1}{1}kz+\frac{1(j-1)}{1\cdot 2j}k^{2}z^{2}+\frac{1(j-1)(j-2)}{1\cdot 2\cdot 3j^{2}}k^{3}z^{3}+\cdots .$$

若 z 为有限数, 则 j 必然为无穷大. 此时有 $\frac{j-1}{j}=\frac{j-2}{j}=\frac{j-3}{j}=\cdots=1$. 这样就得到了指数函数 a^{z} 的幂级数展开式

$$a^{z}=1+kz+\frac{k^{2}z^{2}}{1\cdot 2}+\frac{k^{3}z^{3}}{1\cdot 2\cdot 3}+\cdots .$$

令 $z=1$, 我们就得到了 a 作为关于 k 的函数, 即

$$a=1+k+\frac{k^{2}}{1\cdot 2}+\frac{k^{3}}{1\cdot 2\cdot 3}+\cdots .$$

接下来, 欧拉着手处理了对数函数的幂级数展开式. 由 $a^{\omega}=1+k\omega$ 可知 $\omega=\log_{a}(1+k\omega)$, 进而 $j\omega=\log_{a}(1+k\omega)^{j}$. 若 j 为正数, 则 $(1+k\omega)^{j}$ 的取值将大于 1 . 欧拉将其表述为 $(1+k\omega)^{j}=1+x$. 若令 x 为有限数, 则 j 必然为无穷大. 重新排列可知

$$\begin{aligned}
k\omega&=-1+(1+x)^{\frac{1}{j}}\\
&=-1+1+\frac{\frac{1}{j}}{1}x+\frac{\frac{1}{j}\left(\frac{1}{j}-1\right)}{1\cdot 2}x^{2}+\frac{\frac{1}{j}\left(\frac{1}{j}-1\right)\left(\frac{1}{j}-2\right)}{1\cdot 2\cdot 3}x^{3}+\cdots\\
&=\frac{1}{j}x+\frac{1(1-j)}{1\cdot 2j^{2}}x^{2}+\frac{1(1-j)(1-2j)}{1\cdot 2\cdot 3j^{3}}x^{3}+\cdots .
\end{aligned}$$

由 j 为无穷大可知 $\frac{1-j}{j}=-1, \frac{1-2j}{j}=-2, \frac{1-3j}{j}=-3$, 以此类推. 欧拉由此证明了

$$jk\omega=x-\frac{x^{2}}{2}+\frac{x^{3}}{3}-\frac{x^{4}}{4}+\cdots .$$

① 在进行上述假设之前, 欧拉给出了一些数值计算的例子. 可参考威廉 • 邓纳姆所著《欧拉: 众人之师》(*Euler: The Master of Us All*, Dolciani Mathematical Expositions), pp. 24-28. —— 译者注

另外, 注意到 $jk\omega = k\log_a(1+k\omega)^j = k\log_a(1+x)$. 这就得到

$$\log_a(1+x) = \frac{1}{k}\left(x - \frac{x^2}{2} + \frac{x^3}{3} - \frac{x^4}{4} + \cdots\right).$$

现在适当地选择 a, 使得 $k=1$. 此时

$$a = 1 + 1 + \frac{1}{1\cdot 2} + \frac{1}{1\cdot 2\cdot 3} + \cdots = 2.718\ 281\ 828\ 459\ 045\ 235\ 360\ 28\cdots.$$

事实上, 欧拉计算出了这里列出的所有数字, 他将这个常数记为 e.

在现代, 人们已经对使用幂级数逼近超越函数的方法司空见惯. 这的确是幂级数的一个重要应用, 却并非其真正要义. 一些教师们走得更远, 声称这就是计算器确定三角函数、指数函数和对数函数取值的方法 (这种说法并不准确). 借助幂级数, 人们可以便捷地进行求导和积分, 这才是其奥妙所在.

一旦知晓 $\mathrm{e}^x = 1 + x + \frac{x^2}{2!} + \frac{x^3}{3!} + \cdots$, 人们很容易确定 e^x 的导数仍然是 e^x. 根据自然对数 $\ln(1+x)$ 的幂级数展开式, 人们很容易计算它的导数

$$\begin{aligned}\frac{\mathrm{d}}{\mathrm{d}x}\ln(1+x) &= \frac{\mathrm{d}}{\mathrm{d}x}\left(x - \frac{x^2}{2} + \frac{x^3}{3} - \frac{x^4}{4} + \cdots\right)\\ &= 1 - x + x^2 + x^3 - x^4 + \cdots\\ &= \frac{1}{1+x}.\end{aligned}$$

这是一个在 $-1 < x < 1$ 内收敛的几何级数, 它的积分并不困难. 如果尝试对 e^{x^2} 进行积分, 我们首先将其展开为幂级数的形式, 然后逐项积分

$$\begin{aligned}\int_0^x \mathrm{e}^{t^2}\mathrm{d}t &= \int_0^x \left(1 + t^2 + \frac{t^4}{2!} + \frac{t^6}{3!} + \cdots\right)\mathrm{d}t\\ &= x + \frac{x^3}{3} + \frac{x^5}{2!\cdot 5} + \frac{x^7}{3!\cdot 7} + \cdots.\end{aligned}$$

尽管这个幂级数不能用任何一个超越函数表示, 但人们完全可以接受它的确是一个解的事实.

幂级数同样可以为人们提供非常有用的见解. 借助幂级数, 欧拉证明了

$e^{ix}=\cos x+i\sin x$, 事实上

$$\begin{aligned}e^{ix}&=1+ix+\frac{i^2x^2}{2!}+\frac{i^3x^3}{3!}+\frac{i^4x^4}{4!}+\frac{i^5x^5}{5!}+\cdots\\&=1+ix-\frac{x^2}{2!}-\frac{ix^3}{3!}+\frac{x^4}{4!}+\frac{ix^5}{5!}+\cdots\\&=\left(1-\frac{x^2}{2!}+\frac{x^4}{4!}-\cdots\right)+i\left(x-\frac{x^3}{3!}+\frac{x^5}{5!}-\cdots\right)\\&=\cos x+i\sin x.\end{aligned}\tag{3.9}$$

3.4 达朗贝尔、敛散性问题

欧拉理解收敛对于无穷级数的重要性, 但他并未被这个条件局限住. 欧拉断言 $1+x+x^2+x^3+\cdots$ 在任何情形下都等于 $\frac{1}{1-x}$, 尽管他意识到这个级数仅仅在 $|x|<1$ 的条件下才收敛; 若 $|x|\geqslant 1$ 且 $x\neq 1$, 欧拉将这个级数定义为表达式的取值. 在 1760 年发表的论文《论发散级数》("On divergent series") 中, 欧拉给出了如下的评论: 无穷级数的"和"取决于我们给出什么样的定义,

> 人们称级数的和是某个量, [如果] 项数取得越多, 级数越接近这个量, [那么] 这仅仅是讨论收敛级数. 但在另一方面, 级数来自分析中的分式函数、无理函数甚至是超越函数的展开式, 因此, 我们在计算中也应该容许如下的做法: 按照级数产生的方式, 将它们的和定义为相应的量. ([4], p. 144)

让 • 勒朗 • 达朗贝尔是最早处理级数敛散性问题的学者之一, 在前文弦振动的数学模型中, 我们曾经介绍过他的工作. 达朗贝尔在 1768 年的一篇文章中考虑过二项式级数

$$(1+x)^m=1+mx+\frac{m(m-1)}{2!}x^2+\cdots+\frac{m(m-1)\cdots(m-j+1)}{j!}x^j+\cdots\tag{3.10}$$

的敛散性问题. 通过这篇文章, 达朗贝尔成了提出**比值判别法**的第一人.

让 • 勒朗 • 达朗贝尔 (图 3.2) 是我最喜爱的数学哲学家之一. 尽管他出生在 1700 年以后, 但是比起"数学家"的称呼, 他更适合被称为"哲

学家”，这主要是因为他具有广泛的研究兴趣. 作为克洛迪娜・介朗・德・唐森 (Claudine Guérin de Tencin) 和路易斯–加缪・德图什 (Louis-Camus Destouches) 骑士的非婚生子, 他在出生不久就被母亲遗弃在巴黎的圣让勒朗 (St. Jean le Rond) 教堂的台阶上, 他也由此得名让・勒朗 (Jean le Rond). 这里的 le Rond 或者 the Round (意为“圆”) 指的是教堂的形状, 而并非圣约翰 (Saint John). 达朗贝尔是他后来为自己取的姓氏. 德图什骑士, 也就是达朗贝尔的父亲, 让他接受了适当的教育. 达朗贝尔后来成为法国启蒙运动中最伟大的哲学家之一. 在 18 世纪 40 年代, 他加入德尼・狄德罗雄心勃勃的计划里, 这个计划试图将人类的所有知识汇总到共计 28 卷的皇皇巨著《科学、美术与工艺百科全书》(*Encyclopédie, ou dictionnaire raisonné des sciences, des art et des métiers*) 之中. 达朗贝尔为此贡献了超过 1300 篇文章.

图 3.2　莫里斯・康坦・德拉图尔 (Maurice Quentin de La Tour) 创作的让・勒朗・达朗贝尔粉彩画

达朗贝尔对级数敛散性的研究开始于下面的观察: 级数中 x^j 所在的项是由 x^{j-1} 所在的这一项乘以

$$\frac{m-j+1}{j}x=\left(-1+\frac{m+1}{j}\right)x$$

得到的, 这种表述等价于对相邻两项求比值. 随着 j 取值变大, 数 $\left(-1+\frac{m+1}{j}\right)$ 将趋近于 -1. 由此可知, 若假定 $|x|>1$, 在 j 充分大的情形下, 有

$$\left|\left(-1+\frac{m+1}{j}\right)x\right|>1\ .$$

这意味着在求和中, 后面的求和项将变得越来越大, 所以级数不可能收敛.

为使得级数中前后相邻两项的比值大于 1, 需要的 j 是多大呢? 若 m, x 均为正数, 而 $j > m$, 只需

$$\frac{j-m-1}{j}x > 1 ,$$

或等价地,

$$j > (m+1)\frac{x}{x-1} .$$

达朗贝尔选取 $m = \frac{1}{2}, x = \frac{200}{199}$ 作为例子. 在这种情形下, 计算可知

$$j > \frac{3}{2} \cdot \frac{\frac{200}{199}}{\frac{1}{199}} = 300 .$$

在此以后, 求和项才开始变大. 换言之, 若考虑 $(1+x)^{\frac{1}{2}}$ 的二项展开式幂级数, 人们需要取到至少 300 项才能发现它的发散趋势.

达朗贝尔并未进行这种计算. 若 $x = \frac{200}{199}$, 尽管 $(1+x)^{\frac{1}{2}}$ 进行二项式展开的幂级数是发散的, 但如果我们按照这种方法计算前 300 项, 可得结果为 $1.415\,86\ldots$, 这依旧是其真实值 $1.415\,98\ldots$ 的一个很好逼近. 利用这个例子和一些其他例子, 达朗贝尔说明了: 给定一个级数, 它最初的求和项不管是增大还是减小, 都不能表明级数本身的敛散性.

这篇发表于 1768 年的文章还有一个有趣的地方: 在处理 $|x| < 1$ 的情形之时, 达朗贝尔采取了一种学生经常混淆通项与级数的方式展开讨论. 他断言: 若 $|x| < 1$, “最后一项将无限小, 在极端的情形, 通项将收敛, 因此我们总是可以使用这个级数①”. 达朗贝尔非常确定地使用“收敛”一词表示级数中通项的极限为 0, 毫无疑问, 这并不是现代的用法. 但他似乎由此断定了“使用”这个级数进行逼近的合理性.

尽管如此, 在 $|x| < 1$ 的情形, 达朗贝尔的确非常接近于完成级数收敛性的证明. 若 $-1 < x < 0$, 且 $N \geqslant m+1$, 使用 $(1+x)^m$ 二项式展开的前 N 项对函数值进行逼近, 达朗贝尔借助几何级数对误差项的上界和下界进行了估计.

① 可参考 [20], pp. 173-174.

若 $-1<x<0$, 而 $j \geqslant N \geqslant m+1>0$, 为了得到 x^j 所在的这一项, 级数中前一项需要乘以 $\dfrac{m-j+1}{j}x$, 由此易知

$$0<\frac{m-N+1}{N}x \leqslant \frac{m-j+1}{j}x=\frac{j-(m+1)}{j}|x| \leqslant |x| .$$

达朗贝尔注意到, 可以用几何级数估计二项式展开级数的余项, 一方面,

$$\begin{aligned}\left|\sum_{j=N}^{\infty}\frac{m(m-1)\cdots(m-j+1)}{j!}x^j\right| &\leqslant \left|\frac{m(m-1)\cdots(m-N+1)}{N!}x^N\right|\cdot\sum_{j=0}^{\infty}|x|^j\\ &\leqslant \left|\frac{m(m-1)\cdots(m-N+1)}{N!}\right|\cdot\frac{|x|^N}{1-|x|} ;\end{aligned}$$

另一方面,

$$\begin{aligned}&\left|\sum_{j=N}^{\infty}\frac{m(m-1)\cdots(m-j+1)}{j!}x^j\right|\\ \geqslant&\left|\frac{m(m-1)\cdots(m-N+1)}{N!}x^N\right|\cdot\sum_{j=0}^{\infty}\left(\frac{m-N+1}{N}x\right)^j\\ \geqslant&\left|\frac{m(m-1)\cdots(m-N+1)}{N!}\right|\cdot\frac{|x|^N}{1-\dfrac{m-N+1}{N}x} .\end{aligned}$$

按照现代的观点, 若令 N 充分大, 余项将无限趋近于 0, 这就对级数在 $-1<x<0$ 的收敛性给出了证明. 遗憾的是, 达朗贝尔仅仅将这种处理视作对误差项的一个估计.

3.5 拉格朗日余项定理

约瑟夫・路易斯・拉格朗日 (Joseph Louis Lagrange, 1736—1813, 图 3.3) 出生在意大利, 但他一生大部分时间生活在法国 (这也是他的国籍). 在 18 世纪末至 19 世纪初, 他与皮埃尔–西蒙・拉普拉斯一道成为法国数学界的翘楚. 拉格朗日接受了欧拉关于微积分的观点. 约翰・伯努利使用 ϕx 表示 ϕ 是一个关于 x 的函数, 这或许是最接近现代意义下函数表示法的记号. 但是, 直到拉格朗日在这个基础上添加了圆括号, 即将函数表示为 $\phi(x)$ 以

后, 这种使用方法才变得普遍起来. 此外, 拉格朗日引入了重音符号表示导数, 例如 $f'(x), f''(x)$, 等等.

因为彻底地接受了欧拉关于幂级数是微积分基础的观点, 拉格朗日也按照幂级数的方式定义导数. 1797 年, 拉格朗日出版了微积分教科书《解析函数论》[1] (*Theory of Analytic Functions*). 在第一章, 他断言任一函数都可展开成形如

$$f(x+i) = f(x) + pi + qi^2 + ri^3 + \cdots$$

的幂级数, 其中 $p, q, r, \cdots$ 为常数, 它们的取值依赖于函数 f 和 x 的取值. 例如, 若 $f(x) = x^k$, 则

$$f(x+i) = (x+i)^k = x^k + kx^{k-1}i + \frac{k(k-1)}{2!}x^{k-2}i^2 + \cdots .$$

由此可得, x^k 的导数为 kx^{k-1}.

图 3.3　约瑟夫 • 路易斯 • 拉格朗日

在现代, 为了表示一个函数在某个开区间内每一点都可以表示为收敛的幂级数形式, 人们使用解析一词. 拉格朗日含蓄地表示, 所有的函数都是解析函数. 现在, 人们已经知道这个假设并不成立. 我钟爱的一个反例由柯西在 1821 年给出, 这是一个分段函数: 在 $x = 0$ 处的取值为 0, 但在其他点的取值为 $\mathrm{e}^{-\frac{1}{x^2}}$.

借助导数的极限定义并进行一些适当的运算, 可以验证: 函数在 $x = 0$ 处的各阶导数均为 0. 例如, 首先注意到

---

① 1847 年, 约瑟夫 • 阿尔弗雷德 • 塞雷特 (J. A. Serret) 将 [40] 进行了重印.

$$x^2 e^{\frac{1}{x^2}} > x^2\left(1+\frac{1}{x^2}\right) > 1\ .$$

等式左右两端同时除以 $|x|e^{\frac{1}{x^2}}$, 可得 $|x| > \left|x^{-1}e^{-\frac{1}{x^2}}\right|$. 由极限定义可知

$$0 \leqslant \left|\lim_{h\to 0}\frac{e^{-\frac{1}{h^2}}-0}{h}\right| \leqslant \lim_{h\to 0}|h| = 0\ .$$

函数 $e^{-\frac{1}{x^2}}$ 在 $x=0$ 处的导数为 0. 采用类似的方法, 同样可得 f 在该点的所有高阶导数均为 0, 即 $f''(0)=f'''(0)=\cdots=0$.

如果函数在包含 $x=0$ 的开区间内存在幂级数展开式, 那么这个幂级数的所有系数必然全为 0, 这意味着我们讨论的函数等于常值函数 $f(x)=0$. 然而, 只要 $x\neq 0$, 显然 $e^{-\frac{1}{x^2}}\neq 0$. 所以, 尽管函数在 $x=0$ 处的各阶导数均为 0, 但函数的幂级数展开式在除 0 以外的其他点上并不收敛到函数本身.

即便错误地假定了所有函数均解析, 但借助《解析函数论》, 人们依旧可以更好地理解微积分. 这本书的第一个结果就是拉格朗日余项定理. 借助函数的泰勒多项式逼近函数本身, 上述定理对它们的差给出了准确估计, 这就标志着人们向理解收敛性的问题迈出了重要一步.

拉格朗日余项定理 假定函数 $f(x)$ 在包含 a 的某个开区间内解析, 则对此区间内任意 x, 以及任意 $n\geqslant 0$, 给定函数 $f(x)$ 在 a 点的 n 阶泰勒展开式, 它与 $f(x)$ 的差可由函数在点 c 处的 $(n+1)$ 阶导数表示, 即

$$f(x)-\left[f(a)+f'(a)(x-a)+\frac{f''(a)}{2!}(x-a)^2 + \cdots + \frac{f^{(n)}(a)}{n!}(x-a)^n\right] = \frac{f^{(n+1)}(c)}{(n+1)!}(x-a)^{n+1}\ ,$$

其中, c 介于 a 与 x 之间.

若令 $n=0, x=b$, 这就给出了中值定理

$$f(b)-f(a)=f'(c)(b-a) \quad \text{或} \quad \frac{f(b)-f(a)}{b-a}=f'(c)\ . \tag{3.11}$$

实际上, 拉格朗日余项定理就是中值定理的推广.

拉格朗日的证明源自下述直观的结论: 若 $f'(x) \geqslant 0$ 在区间 $[a,b]$ 成立. 则函数 f 在这个区间上单调递增, 特别是, $f(b) \geqslant f(a)$. 人们通常将这个结果称为单调递增函数定理. 1967 年, 李普曼 • 伯斯 (Lipman Bers) 在《美国数学月刊》(*American Mathematical Monthly*) 上发表了一篇短文①, 他注意到, 从单调递增函数定理可以推出中值定理. 这个结果多少有些滑稽, 因为几乎所有的微积分教科书都从中值定理得到单调递增函数定理; 而且, 在大多数情形下, 后者比前者更实用. 伯斯注意到, 他利用单调递增函数定理得到中值定理的方法"很难称得上新发现", 并在短文中向读者寻求合适的参考文献, 但他并未意识到这正是拉格朗日采用的方法.

拉格朗日按照下面的方法使用单调递增函数定理. 令 M 为函数 $f'(x)$ 在 $[a,b]$ 上的最大值, 并且令 $N(x) = Mx - f(x)$. 此时 $N'(x) = M - f'(x) \geqslant 0$, 因此 $N(b) \geqslant N(a)$, 或者等价地,

$$Mb - f(b) \geqslant Ma - f(a), \quad \text{或者} \quad \frac{f(b)-f(a)}{b-a} \leqslant M\ .$$

类似地, 若 m 为最小值, 则 $f'(x) - m \geqslant 0$. 此时

$$f(b) - mb \geqslant f(a) - ma, \quad \text{或者} \quad \frac{f(b)-f(a)}{b-a} \geqslant m\ .$$

因为成功地对余项进行了估计, 拉格朗日就此打住. 在今天, 如果注意到导数必须满足介值性, 人们就会得到下述结论: 必然存在某点 c, 使得函数在这一点的瞬时变化率等于函数在这个区间上的平均变化率.

拉格朗日余项定理的一般情形并不困难. 令 $g_n(x)$ 为 $f(x)$ 与它的 n 阶泰勒多项式的差, 即

$$g_n(x) = f(x) - \left[f(a) + f'(a)(x-a) + \frac{f''(a)}{2!}(x-a)^2 + \cdots \right.$$
$$\left. + \frac{f^{(n)}(a)}{n!}(x-a)^n\right].$$

计算可知, 函数 $g_n(x)$ 的 n 阶导数为 $f^{(n)}(x) - f^{(n)}(a)$, 而 $n+1$ 阶导数为 $f^{(n+1)}(x)$. 令 M 为函数 $f^{(n+1)}(x)$ 的上界, 则

$$M - f^{(n+1)}(x) = M - g_n^{(n+1)}(x) > 0$$

① 可参考 [7].

恒成立. 根据单调递增函数定理可知

$$Mx - g_n^{(n)}(x) \geqslant Ma - g^{(n)}(a) = Ma \ ,$$

或等价的是, 我们有 $M(x-a) - g_n^{(n)}(x) \geqslant 0$. 注意到 $M(x-a) - g_n^{(n)}(x)$ 在 $x=a$ 处的取值为 0, 我们有

$$\frac{M}{2}(x-a)^2 - g_n^{(n-1)}(x) \geqslant 0 \ .$$

但这个函数在 $x=a$ 处的取值同样为 0. 对函数 $g_n^{(n)}$ 重复这个积分过程, 最终可得

$$\frac{M}{(n+1)!}(x-a)^{n+1} - g_n(x) \geqslant 0 \ ,$$

这说明 $g_n(x)$ 的上界为 $\dfrac{M(x-a)^{n+1}}{(n+1)!}$. 采用类似的方法, 可以得到下界. 因此

$$m\frac{(x-a)^{n+1}}{(n+1)!} \leqslant g_n(x) \leqslant M\frac{(x-a)^{n+1}}{(n+1)!} \ ,$$

其中 m 和 M 分别为函数 $f^{(n+1)}(x)$ 的下界和上界. 由此, 必然存在介于 a 和 b 之间的点 c, 使得

$$g_n(x) = f^{(n+1)}(c)\frac{(x-a)^{n+1}}{(n+1)!} \ .$$

这就是我们要证明的结论.

需要注意的是, 所有的证明都依赖于单调递增函数定理, 拉格朗日意识到, 他必须就此结论给出证明. 事实上, 他的证明在当时非常具有启发性, 但或许无法通过现代的审核标准.

因为 $f'(a) > 0$, 拉格朗日借助 f 的泰勒展开式说明: 函数 $f(x)$ 必然在点 a 右边某个长度的区间 (例如长度为 i) 上严格大于 $f(a)$. 人们在现代会借助极限的定义完成这个证明. 这一点并没有什么问题. 但是接下来, 拉格朗日断言

$$f(a) < f(a+i) < f(a+2i) < f(a+3i) < \cdots < f(a+ni) \ ,$$

最后, 不等式将到达 $f(b)$. 这种证明方法的问题在于, 拉格朗日在从 a 到 b 的整个区间上都假定了相同的步长 i. 这种假设在当时比较普遍. 25 年以

后, 柯西在证明中值定理之时也做了相同的假设. 这就出现了一个非常棘手的问题: 若函数 $f(x)$ 可微分, 并且在闭区间 $[a,b]$ 内存在连续的导函数, 则的确存在像 i 这样的最小步长. 但这是一个微妙而且复杂的结果, 人们在几乎一个世纪里都不能完全理解.

单调递增函数定理的证明并不困难, 我们在这里列出李普曼•伯斯的证明. 但是, 这个证明绝对不会是拉格朗日、柯西能够给出的证明. 毫无疑问, 它只能是 19 世纪末期的产物.

> 对任意 $x \in (a,b)$, 令 $f'(x) > 0$. 不妨假设存在 $p \in (a,b)$, 使得至少存在一点 $x \in (a,p)$ 满足 $f(x) \geqslant f(p)$. 令 S 为满足上述条件的所有 x (其中 $a < x < p$) 组成的集合. 在 $[a,p]$ 中, 令 q 为大于等于集合 S 里所有元素的最小值[1]. 由 $f'(p) > 0$ 可知 $q \neq p$. 若 $f(q) \geqslant f(p)$, 由 $f'(q) > 0$ 可知, 在点 q 的右侧, 依旧存在集合 S 中的点, 矛盾. 若 $f(q) < f(p)$, 则 $q \notin S$. 根据函数的连续性, 存在点 q 的一个邻域, 使得该邻域内所有点的函数值都小于 $f(p)$. 这意味着存在点 q 的某个左邻域, 不包含集合 S 中任意一个点, 同样矛盾.

在本节的最后, 我们还将对中值定理给出一种十分普遍的证明方法. 首先将函数 $f(x)$ 减去经过点 $(a, f(a)), (b, f(b))$ 的线性函数, 可得

$$g(x) = f(x) - \frac{f(b) - f(a)}{b - a}(x - a) .$$

此时, 函数 $g(x)$ 在 a, b 之间必然存在一个极值; 函数在极值点的导数为零, 即 $g'(c) = 0$. 注意函数 $g(x)$ 的导数即为 $f(x)$ 的导数减去线性函数的斜率 (即函数 $f(x)$ 的平均值).

$$0 = g'(c) = f'(c) - \frac{f(b) - f(a)}{b - a} \ \Rightarrow \ f'(c) = \frac{f(b) - f(a)}{b - a} .$$

据我所知, 最早发现这个证明的是奥西恩•博内 (Ossian Bonnet, 1819—1892). 1868 年, 约瑟夫•阿尔弗雷德•塞雷特 (Joseph Alfred Serret) 在其微积分的教科书中最早收录了这种方法. 尽管证明本身非常简短, 但它的广泛传播却用了大概 70 年. 这就表明, 它并不是一种直观上显而易见的方法.

[1] 若采用微积分的记号和术语, 事实上 $q = \sup S$, 即 q 是集合 S 的上确界 (这也是伯斯在其发表的论文中使用的记号). —— 译者注

3.6 傅里叶级数

正如我们在第二章后几节看到的, 偏微分方程对于理解和探索人们生活的物理世界起着至关重要的作用. 为求解多变量的偏微分方程, 人们通常使用的方法与我们在 2.10 节求解弦振动方程的方法相同. 在那里, 我们首先将问题的解简化为涉及更少变量的函数乘积情形; 其次, 将这些乘积进行线性组合以期得到完整的解. 线性组合的系数可以通过描述方程的边界条件或通过适当选择的函数族展开式得到. 对于弦振动方程而言, 可用于描述初始条件的函数集合为

$$\{ \sin(m\pi x) \mid m \geqslant 1 \} .$$

我们可以使用这些函数的有限线性组合作为初始条件, 但是在 18 世纪, 对于是否可以使用这些函数的无限线性组合, 人们常常会进行激烈的争论.

19 世纪初期, 约瑟夫 • 傅里叶 (Joseph Fourier, 1768—1830, 图 3.4) 试图解释固体中的热传导现象. 给定一块长而薄的金属板, 如果给它的一端加热, 是否可以对其他位置的温度进行预测? 傅里叶对于这个问题的解答遭到了那个年代的主流数学家们的强烈反对, 因为这种解答挑战了他们自认为对无穷级数的了解程度.

傅里叶的职业生涯丰富而有趣. 他出生在法国欧塞尔的一个裁缝之家, 是这个家庭 15 个孩子中的第 12 个. 傅里叶最初接受的是牧师教育, 但他保持着对数学的兴趣. 1794 年, 法兰西第一共和国建立了巴黎高等师范学院[①](École Normale), 其宗旨是“号召共和国各个地区的人们, 师从各个领域中技艺最为精湛的教授, 向他们学习授课的艺术[②]”. 作为一名学生, 傅里叶前往巴黎. 在那里, 他得以接触到包括拉格朗日、拉普拉斯和蒙日 (Monge) 在内的法国最负盛名的数学家们. 到了 1795 年的秋天, 他已经开始在巴黎综合理工学院教书了, 这是法国第一共和国建立的一所精英技术学校, 其目的是向未来的官员提供工程教育[③].

---

① 巴黎高等师范学院, 全称是 École Normale Supérieure (Paris), 是享誉全世界的数学中心. 先后有 10 名菲尔兹奖得主在这里接受本科教育〔旁听课程的菲尔兹奖得主亚历山大 • 格罗滕迪克 (Alexander Grothendieck) 和皮埃尔 • 德利涅 (Pierre Deligne) 并未计算在内〕. —— 译者注

② 译自 [59], p. 7.

③ 这种做法成为美国西点军校的范式, 该校接受了如下前提: 对未来的军官而言, 他们最好都接受过工程学教育.

图 3.4 朱利安–利奥波德 • 布瓦伊 (Julien-Léopold Boilly) 创作的约瑟夫 • 傅里叶水彩漫画, 1820

1798 年, 傅里叶被选作科学家团队的一员, 跟随拿破仑的军队远征埃及. 他在那里帮助建立了埃及科学研究所, 并进行了考古探索. 这段经历促使傅里叶在后来的岁月中参与编撰了《埃及志》(*Description of Egypt*), 这是一部全面描述古代与现代埃及的著作. 1801 年返回法国后, 傅里叶当仁不让地当选为法属阿尔卑斯附近伊泽尔省的行政长官. 在任上, 傅里叶修建了一条从格勒诺布尔, 经阿尔卑斯山, 直至意大利都灵的高速公路.

傅里叶并未停止科学和数学的研究. 1807 年, 他将自己的研究成果《固体中的热量传播》(“On the propagation of heat in solid bodies”) 提交至法国科学院. 正是在这篇文章中, 他向数学界呈现了我们今天所谓的傅里叶级数, 并由此引发了激烈的争论.

傅里叶的研究开始于如下观察: 在金属中, 热传导的方式就像是一个不可压缩流体; 换言之, 依赖于坐标 (x, y) 的热量函数 H 必须满足散度方程

$$\frac{\partial^2 H}{\partial x^2} + \frac{\partial^2 H}{\partial y^2} = 0 \ . \tag{3.12}$$

这是拉普拉斯方程 (2.14) 在二维情形的版本. 初始条件描述了 $y = 0, 0 \leqslant x \leqslant \pi$ 这条边上的热量. 多少有些令人吃惊的是, 关于 x 的解集仍然由正弦函数 $\{\sin(mx) \mid m \geqslant 1\}$ 组成.

接下来, 傅里叶将这些正弦函数进行组合, 试图构造出一个在 $0 \leqslant x \leqslant \pi$ 条件下恒等于 1 的函数. 借助三角函数公式

$$\sin kx \sin mx = \frac{1}{2}\left[\cos\left((k-m)x\right) - \cos\left((k+m)x\right)\right] ,$$

傅里叶注意到, 若 k, m 均为整数, 则

$$\begin{aligned}
&\int_0^{\pi} \sin kx \sin mx \mathrm{d}x \\
&= \frac{1}{2}\int_0^{\pi} \left[\cos\left((k-m)x\right) - \cos\left((k+m)x\right)\right] \mathrm{d}x \\
&= \begin{cases} \dfrac{\pi}{2}, & 若\ k = m; \\ 0, & 若\ k \neq m. \end{cases}
\end{aligned} \tag{3.13}$$

他做出了如下假设: 若 $0 \leqslant x \leqslant \pi$, 函数恒等于 1. 将函数表示成正弦函数求和的形式

$$1 = a_1 \sin x + a_2 \sin 2x + a_3 \sin 3x + \cdots = \sum_{m=1}^{\infty} a_m \sin mx \ .$$

他随后利用公式 (3.13) 确定系数

$$\begin{aligned}
\int_0^{\pi} \sin kx \cdot 1 \ \mathrm{d}x &= \int_0^{\pi} \sin kx \left(\sum_{m=1}^{\infty} a_m \sin mx\right) \mathrm{d}x \\
&= \sum_{m=1}^{\infty} a_m \int_0^{\pi} \sin kx \sin mx \ \mathrm{d}x \\
&= \frac{\pi}{2} a_k \ .
\end{aligned}$$

注意到

$$\begin{aligned}
\int_0^{\pi} \sin kx \ \mathrm{d}x &= \frac{1}{k}(-\cos kx)\Big|_0^{\pi} \\
&= \frac{1}{k}(1 - \cos k\pi) \\
&= \begin{cases} \dfrac{2}{k}, & 若\ k\ 为奇数; \\ 0, & 若\ k\ 为偶数. \end{cases}
\end{aligned}$$

由此可得: 若 k 为奇数, 则 $a_k = \dfrac{4}{k\pi}$; 若 k 为偶数, 则 $a_k = 0$. 它们最终给出

$$1 = \frac{4}{\pi}\left(\sin x + \frac{1}{3}\sin 3x + \frac{1}{5}\sin 5x + \cdots\right) , \tag{3.14}$$

其中 $0 < x < \pi$.

若令 $x=\dfrac{\pi}{2}$, 就得到了

$$\frac{\pi}{4}=1-\frac{1}{3}+\frac{1}{5}-\frac{1}{7}+\cdots ,$$

我们曾在等式 (2.8) 中有所提及. 如果分别选取等式 (3.14) 右边傅里叶级数的前 3 项、前 6 项、前 15 项以及前 50 项, 并描出它们的函数图像 (图 3.5). 可以看出, 这个级数的确有逼近常值函数 1 的迹象.

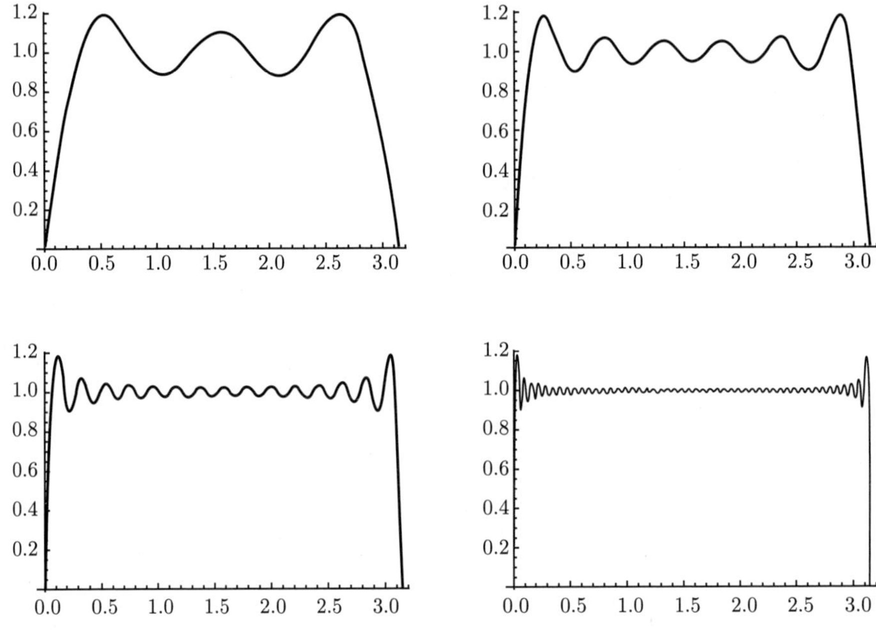

图 3.5 等式 (3.14) 右边傅里叶级数的前 3 项、前 6 项、前 15 项以及前 50 项的函数图像

但是, 等式 (3.14) 仍然存在严重的问题: 首先, 等式在 $x=0$ 和 $x=\pi$ 时并不成立. 其次, 若尝试通过将自变量 x 加 π, 将级数的定义域延拓至区间 $[\pi,2\pi]$, 那么若 k 为奇数, 则有 $\sin k(x+\pi)=-\sin kx$; 因此级数在 π 和 2π 之间的取值必须为 -1 (图 3.6). 若等式 (3.14) 成立, 我们只能将 x 的取值范围限定在 0 和 π 之间.

对正弦函数无穷求和还存在更麻烦的问题. 正弦函数本身是连续函数; 众所周知, 对连续函数求和依旧是连续函数. 然而, 前面计算的函数, 考虑到它将在 $+1$、0 和 -1 之间跳跃, 显然不会是连续函数 (图 3.7), 它同样不会

是可微函数. 使用反证法: 若进行微分, 则有

$$\frac{4}{\pi}(\cos x + \cos 3x + \cos 5x + \cdots) ,$$

它在 $x = \frac{\pi}{4}$ 处甚至是发散的. 但若傅里叶级数在 0 和 π 之间恒等于 1, 那么它在 $x = \frac{\pi}{4}$ 处的导数只能是 0.

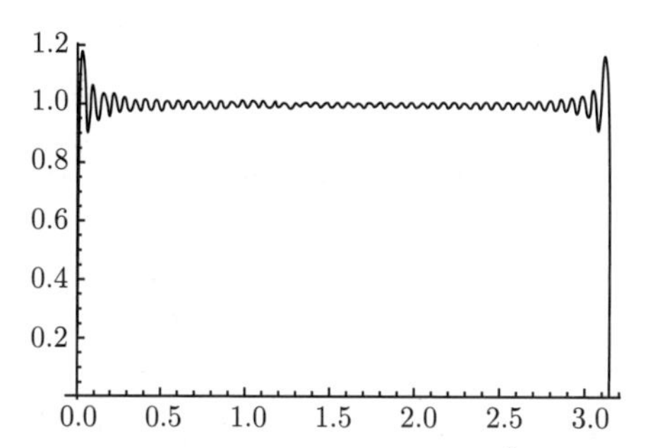

图 3.6 等式 (3.14) 右边傅里叶级数的前 50 项在 $-\frac{3\pi}{2} \leqslant x \leqslant \frac{5\pi}{2}$ 内的函数图像

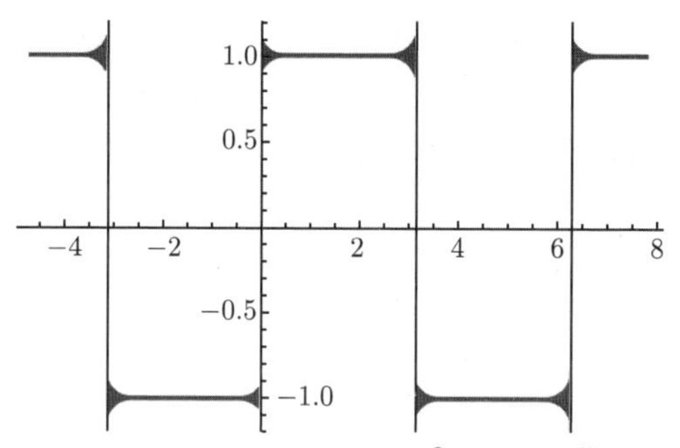

图 3.7 等式 (3.14) 右边傅里叶级数在 $-\frac{3\pi}{2} \leqslant x \leqslant \frac{5\pi}{2}$ 内的函数图像

根据这些讨论, 包括皮埃尔–西蒙 • 拉普拉斯和约瑟夫–路易斯 • 拉格朗日在内的当时法国最伟大的数学家们拒绝承认傅里叶的研究成果, 这也在情理之中. 然而事实上, 等式 (3.14) 是正确的.

在接下来的几十年里, 数学家们逐渐意识到: 对连续函数的无穷求和, 和函数未必是连续函数. 对可微函数的无穷求和, 和函数未必是可微函数; 即便和函数可微, 它的导数也未必等于对单独每项求导以后再求和. 在 19 世纪, 如何解决傅里叶级数引发的疑问和不确定性是一项浩大的工程. 这个时代的数学家们聚焦在所有可能出错的地方, 他们的发现包括: 处处不可微的连续函数、不能积分的导函数、不能求导的积分. 每当数学家们有了新的

发现, 他们就会重新审视之前的基本假设. 当这一工程临近结束之时, 人们彻底重塑了微积分的面貌: 它具有清晰的定义, 叙述不再含混不清; 它具有复杂的理论, 所有的结果都建立在精心构造的引理、命题和定理之上. 到了 19 世纪末, 人们已经将过多的精力投放在可能出错的地方, 以至于亨利 • 庞加莱 (Henry Poincaré), 这位当时最伟大的数学家之一, 曾经绝望地写道:

> 在更早的时代, 人们定义新的函数, 通常是出于某种实用的目的. 但是, 在这个时代, 我们构造某些函数, 仅仅是为了表明前人在推理过程中犯下的错误. 除此以外, 我们一无所获. ([55])

1815 年, 拿破仑最后一役战败, 傅里叶回到了巴黎. 1822 年, 他当选为法国科学院秘书. 此后不久, 傅里叶出版了他在热传导和傅里叶级数方面的权威著作《热的分析理论》(*Théorie analytique de la chaleur*). 直到 1830 年去世前, 傅里叶指导了包括索菲 • 热尔曼[①](Sophie Germain, 1776—1831) 在内的许多年轻的科学家. 其中很多人在 19 世纪留下了自己的印记, 例如, 克劳德 • 纳维、查尔斯 • 斯图姆 (Charles Sturm, 1803—1855)、古斯塔夫 • 狄利克雷 (Gustav Dirichlet, 1805—1859), 以及约瑟夫 • 刘维尔 (Joseph Liouville, 1809—1882). 除了鼓励这些年轻人追求数学, 傅里叶还向他们声情并茂地讲述了他在埃及的历险经历.

① 索菲 • 热尔曼是西欧地区最早为数学做出重大贡献的女性之一. 热尔曼从事数论的研究工作, 她因为对费马大定理的求解做出的贡献, 以及一篇关于弹性曲面的获奖论文而著称.

第四章 不等式的代数

1825 年, 来自挪威的尼尔斯·亨里克·阿贝尔 (Niels Henrik Abel, 1802—1829) 拜访了柏林的数学圈. 在此期间, 阿贝尔得到了一个令人吃惊的结果. 他给生活在克里斯蒂安尼亚①的老师伯恩特·迈克尔·霍尔姆伯 (Bernt Michael Holmboe) 寄去一封信, 信中写道:

> 我以一种非常特殊的方式理解了无穷级数. 刨除数学里那些近乎平凡的例子, 我们都无法确定任何一个无穷级数的和, 换言之, 数学中最为重要的对象竟然是站不住脚的. 大多数无穷级数确实是成立的, 但非常令人吃惊的是, 它们居然从未得到严格证明. 这是一个非常有趣的问题, 我在努力找到其原因. (见 [53], p. 97; 也见 [62], p. 343)

事实上, 阿贝尔对于无穷级数的收敛性问题过于悲观了. 我们在 3.4 节的讨论中看到, 达朗贝尔已经朝着比值判别法迈出了第一步. 拉格朗日对误差的估计, 可以有效地判断泰勒级数的敛散性问题. 1812 年, 卡尔·弗里德里希·高斯发表了《超几何级数》(“Hypergeometric Series”)②. 在这篇论文中, 高斯对泰勒级数进行了详细讨论, 他不仅给出了级数的收敛半径, 还对端点处的敛散性给出了充分性判定.

即便如此, 当时的数学界对于是否需要收敛性的问题, 以及如何判断一个级数的敛散性问题仍旧存在热烈争议. 到了 1825 年, 人们逐渐接受了傅里叶级数, 却没有人可以证明表达式 (3.14) 的收敛性.

---

① 克里斯蒂安尼亚 (Christiania), 是挪威首都奥斯陆 (Oslo) 的旧称.

② 见 [33]. 超几何级数是这样的级数 $\sum a_n$, 其中 $\dfrac{a_{n+1}}{a_n}$ 是 n 的有理函数, 即 n 的两个多项式的比. 例如正弦函数的级数, $\sum\limits_{n=1}^{\infty} \dfrac{x^{2n-1}}{(2n-1)!}$ 是超几何级数, 因为

$$\frac{x^{2n+1}}{(2n+1)!}\,\frac{(2n-1)!}{x^{2n-1}} = \frac{x^2}{(2n)(2n+1)}$$

是常数 x^2 与 n 的多项式的比值. 在微积分课堂之外, 你所遇到的泰勒级数大部分是超几何级数. 至于高斯定理的细节, 可见 [9], pp. 149-153.

阿贝尔后来游学到巴黎时才知道, 奥古斯丁–路易斯 • 柯西在该问题上做出了重要贡献. 柯西使用了不等式的代数, 明确了无穷级数收敛性的判别准则, 并且首次给出了导数和积分的定义, 为证明二者的性质奠定了基础.

在本章, 我们将追寻极限定义的历史, 进而讨论柯西对于这个问题的深刻见解. 他对于微积分基石的工作将会揭示一些意想不到的问题, 其中一些问题, 我们将在本章进行讨论; 还有一些问题, 则需要留待在第五章 “分析” 中讨论.

4.1 极限和不等式

极限就像一个幽灵, 一直潜伏在自阿基米德直至今日的全部历史中. 通过前面的讨论, 我们总是可以感受到一种冲突: 一方面是对于无穷小量 (或者不可分量) 和无穷的直观使用, 另一方面则是坚决不使用这种 “直观认知” 的严格证明. 欧几里得强调严格性, 与之相关的一个问题是证明必须 “量身定制”: 对于一个给定的问题, 人们要通过真实的解既不能变大也不能变小的论证, 才能确定一个给定的数值是准确答案.

受开普勒以及后来托里拆利、沃利斯、伯努利兄弟和欧拉等人的工作的启发, 人们将无穷小量的论证应用于更加广泛的场合, 尽管这种应用总是伴随着种种不安. 但是, 一旦指明通过选取渐进的小增量, 逐步逼近可以任意接近原本期待的数值, 不安将会得到很大缓解.

这种想法隐藏在贝克曼关于 “位移是位于速度曲线下方区域的面积” 的讨论中 (1.8 节). 我们下面参考沃利斯的解读: 若允许表达式

$$\frac{0^2+1^2+3^2+\cdots+\ell^2}{\ell^2+\ell^2+\ell^2+\cdots+\ell^2}=\frac{1}{3}+\frac{1}{6\ell}$$

“连续地变化到无穷”, 那么表达式的结果中超过 $\frac{1}{3}$ 的部分将会逐渐减少. 按照这种方式, 最后的结果只能是 “小于任意的量”.[①]

在《自然哲学的数学原理》第一卷中, 牛顿给出了他对于极限的理解:

> 如果两个量或者两个量的比值在有限的时间内趋于相等, 而且在时间结束之前, 二者的差十分接近, 以至于可以小于任意的其他量, 那么, 这两个量将最终相等. ([48], p. 433.)

① 见 [69], p. 27.

而他的"证明"也表明了极限与欧几里得强调的严格性之间的关系:

> 如果你不这样认为, 并且假定它们最终不等, 不妨假定二者最后的差为 D. 这样二者将不可能任意接近, 它们的差不可能小于 D. 这将与假设矛盾.

1765 年之前, 达朗贝尔一度将极限 (数学) 列入了《科学、美术与工艺百科全书》的条目中. 它的定义如下.

> 如果对于任意其他定量 (无论多小), 第二个量都能够比它更接近于第一个量, 并且第二个量的所有取值都不能超过第一个量的大小, 则人们将第一个量称为第二个量的极限. 总之, 一个量和它的极限值的差可以任意小. (译自 [60], p. 297)

格拉比内注意到, 这个定义包含了一个奇怪的限制条件: 它要求变量只能从一个方向接近极限值, 而这种限制条件贯穿了整个 18 世纪. 这种观念实在是太根深蒂固, 以至于吕里耶 (L'Huilier) 在 1795 年讨论一个交错级数的收敛性问题的时候, 必须要对这种情形单独给出极限的定义, 然后完成求解.①

对于精通使用现代 ϵ-δ 语言定义极限的读者而言, 他将很容易发现前面列举的说法十分类似于现代人对于极限的认知: 在现代, 人们采用的语言是接近某一个具体取值. 最关键的地方在于, 人们可以要求变化序列与给定量之间的差值小于任意的其他量. 这种说法类似于下面的说法: 对于任意的 $\epsilon > 0$, 通过操作, 人们可以使得差值小于 ϵ. 事实上, 所有的定义都与柯西在出版于 1821 年的教科书《分析教程》(*Cours d'analyse*) 中给出的定义大同小异:

> 如果一系列具有相同自变量的取值无限地接近某一个常数, 即这些取值和这个常数的差最终能够任意小, 我们就称这个常数是这些取值的极限. (译自 [60], p. 300)

事实上, 正如格拉比内所指出的, 相较于之前的处理方式, 柯西给出的极限定义存在两点不同: 一是将文字叙述转化为更实用的代数不等式, 二是能够应用上述不等式进而证明微积分中的基本结果.

---

① 见 [35], p. 84.

4.2　柯西和他的 ϵ-δ 语言

在一个陌生的领域中做领路人, 对于任何人而言都是困难的. 因此, 尽管经常出现理论不完善和误导方向的状况, 柯西 (图 4.1) 的工作依旧很有见地. 阿贝尔阅读了柯西关于微积分方面的工作, 在给霍尔姆伯的回信中写道:

> 柯西就是一个疯子, 人们根本没有办法和他相处. 即便如此, 在这个时代, 他却依旧是唯一一个知晓如何进行数学研究的学者. 尽管内容有些凌乱, 柯西的工作仍然十分杰出.

图 4.1　奥古斯丁–路易斯 • 柯西

在发生攻占巴士底狱风波之后的一个月零一周后, 柯西在巴黎出生. 因为他父亲当时在巴黎警局位高权重, 他们一家不得不逃离这座城市. 1794 年, 罗伯斯庇尔 (Robespierre) 被处决以后, 他们又返回巴黎. 在柯西的成长过程中, 拉普拉斯和拉格朗日都是这个家庭的朋友, 二者都曾对柯西在数学方面的天赋表示赞赏. 1805 年, 柯西进入巴黎综合理工学院学习, 之后获得工学学士学位, 再后来, 柯西在拿破仑的军队里担任中尉.

1810 年, 柯西被派往濒临英吉利海峡的瑟堡地区, 负责将港口设施升级, 为法国舰队入侵英格兰做好准备工作. [①]1812 年 9 月, 厌倦了这种繁重事务的柯西回到了巴黎. 在此后不到两个月里, 柯西提交了一份 84 页的手稿《论交换两个变元函数值取相反数的函数》("Memoir on functions whose values are equal but of opposite sign when two of their variables are

① 幸运的是, 此事从未发生, 拿破仑将其注意力转向了入侵俄国.

interchanged”), 这是线性代数建立的一个标志. 在其他诸多重要的结果中, 柯西还在这篇论文中首次证明了, 两个方阵乘积的行列式等于方阵行列式的乘积.①

1815 年, 柯西开始在巴黎综合理工学院教书. 1821 年, 柯西为他的学生们出版了第一本微积分的教科书《分析教程》②, 标志着微积分理论开始进入严格、准确的阶段. 柯西在《无穷小分析教程概论》(*Résumé des leçons ··· sur le Calcul Infinitésimal*③) 中进一步发展了他的想法. 在《分析教程》的前言里, 柯西对欧拉、拉格朗日随心所欲的风格并不认可:

> 我的讨论总是力求做到几何学中完全的严谨性, 它并不依赖于来自代数工具的解释. 尽管这些推理只能被视作启发法, 在一些情形下会揭示真理, 然而在我看来, 这种做法与数学科学一直以来所强调的严格性背道而驰.

借助

$$\lim_{x\to 0}\frac{\sin x}{x} \quad 和 \quad \lim_{x\to 0}(1+x)^{\frac{1}{x}}$$

两个例子, 柯西在《分析教程》的开篇讨论了如何理解极限. 尽管 ϵ-δ 的语言直到 1823 年才在《无穷小分析》(*Calcul Infinitésimal*) 中首次出现, 代数不等式却比较明显. 例如, 对于第一个极限, 若 x 的取值较小, 借助图 4.2, 柯西注意到

$$\sin x < x < \tan x ,$$

由此

$$1 = \frac{\sin x}{\sin x} > \frac{\sin x}{x} > \frac{\sin x}{\tan x} = \cos x . \tag{4.1}$$

所以 $\dfrac{\sin x}{x}$ 的极限显然不会超过 1. 另外, 这个极限也不能小于 1, 因为随着 x 无限地接近 0, 三角函数 $\cos x$ 可以无限地接近 1.

若使用 ϵ-δ 语言, 如果可以控制 x 和 a 之间的距离, 使得 $f(x)$ 和 L 之间的距离无限地接近, 换言之, 如果对任意的 $\epsilon > 0$, 总存在某个 $\delta > 0$, 使

① 严格说来, 他是并列第一. 在得知他的朋友雅克・比内 (Jacques Binet, 1786—1856) 发现同一结果之后, 他们商量将他们的手稿于同一天提交到法兰西学院.

② 见 [13].

③ 见 [14].

得当 $0 < |x-a| < \delta$ 时, 总有 $|f(x)-L| < \epsilon$ 成立, 人们称极限存在, 并且用 $L = \lim\limits_{x\to a} f(x)$ 表示.

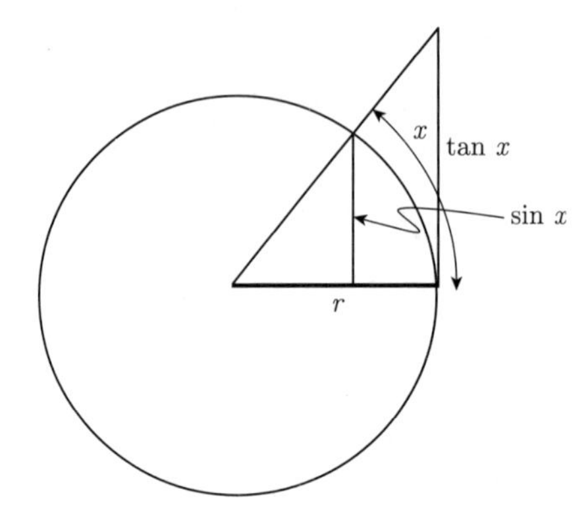

图 4.2　对半径和弧长使用相同的单位, 并借助单位圆表示三角函数, 不难发现 $\sin x \leqslant x \leqslant \tan x$

若使用这种语言, 对于任意的 $\epsilon > 0$, 可以选取适当的 x, 使其充分地接近于 (但并不等于) 零[①], 从而函数 $\cos x$ 和 1 之间的距离就可以被 ϵ 控制. 结合不等式 (4.1), 进而得到 $\dfrac{\sin x}{x}$ 和 1 之间的距离不会超过 $\cos x$ 和 1 之间的距离. 因此, 我们就可以称当 x 趋近于 0 时, 函数 $\dfrac{\sin x}{x}$ 的极限是 1.

第二个极限 $\lim\limits_{x\to 0}(1+x)^{\frac{1}{x}}$ 更为棘手. 柯西首先将 x 替换为 $\dfrac{1}{m}$, 其中 m 为正整数, 且可以任意大. 写出表达式的二项展开式, 则

$$\begin{aligned}&\left(1+\frac{1}{m}\right)^m\\=&1+m\frac{1}{m}+\frac{m(m-1)}{2!}\left(\frac{1}{m}\right)^2+\frac{m(m-1)(m-2)}{3!}\left(\frac{1}{m}\right)^3+\cdots+\left(\frac{1}{m}\right)^m\\=&1+1+\frac{1}{2!}\left(1-\frac{1}{m}\right)+\frac{1}{3!}\left(1-\frac{1}{m}\right)\left(1-\frac{2}{m}\right)+\cdots+\frac{1}{m^m}.\end{aligned}$$

① 一个 ϵ-δ 证明只需要表明, 对任意的 $\epsilon > 0$ 存在某个满足条件的 $\delta > 0$. 由于当 $x \neq 0$ 时, 有

$$1-\frac{x^2}{2} < \cos x < 1,$$

只要选取 $\delta = \sqrt{2\epsilon}$ 即可满足条件. 注意, 当 $x = 0$ 时, 函数 $\dfrac{\sin x}{x}$ 无定义, 我们需要下界不等式 $|x-0| > 0$.

显然, 所有的求和项取值均为正. 因此只要 $m \geqslant 2$, 则表达式的取值大于等于 2. 若 $k \geqslant 1$, 注意到

$$\frac{1}{k!} \leqslant \frac{1}{2^{k-1}} \ .$$

因此

$$2 \leqslant \left(1+\frac{1}{m}\right)^m < 1+1+\frac{1}{2}+\frac{1}{2^2}+\frac{1}{2^3}+\cdots = 3 \ ,$$

换言之, 柯西还证明了 3 是一个上界.

随着 m 增大, 展开式从第二项开始增大, 求和的项数也在变多, 因此 $\left(1+\frac{1}{m}\right)^m$ 单调递增, 而且以 3 为上界, 它必然收敛到某个介于 2 和 3 之间的数 L. 欧拉用字母 e 标识了这个极限值. “单调递增有上界的数列必然收敛”的断言多少有些微妙, 数学家们还会在 19 世纪下半叶重新审视, 我们也将在 4.3 节进行讨论. 然而, 对于柯西及其同时代的学者们而言, 这个断言似乎过于显然, 并不值得过分关注. 另外, 因为柯西并未给出 L 的准确取值 (e 仅仅是一个记号, 而不是一个数值), 所以我们也无法使用 ϵ-δ 语言进行表述.

我们不应对柯西过分苛责. 作为试图用欧几里得几何的严密性建立微积分基础的第一人, 柯西不可避免会留下漏洞. 而漏洞的实质体现在函数极限的定义中, 它等价于 ϵ-δ 语言, 却没有 ϵ 或 δ. 我们接下来详细讨论. 若函数 f 定义在以 a 为间断点的某个开区间上 (例如, 形如 $(c,a)\cup(a,b)$ 的某个区间, 其中 $c<a<b$), 对于所有以 a 为间断点的开区间, 考虑函数 f 的最大值和最小值.[①]如果存在唯一一个数, 它既不超过所有的最大值, 同时又不小于所有的最小值, 我们就称这样唯一确定的数是函数在点 a 的极限.

这些极限的定义为我们提供了瞬时速度的现代解释, 它们等价于位置函数的导数.

定义 4.1 (导数、瞬时速度, I) 在 ϵ-δ 的语言下, 令 $s(t)$ 表示物体在 t 时刻的位移. 我们将 $v(a)$, 即物体在时刻 a 的瞬时速度, 定义为函数 s 在 $t=a$ 处的导数; 换言之, 对于任意的 $\epsilon>0$, 存在某个 $\delta>0$, 使得当 $0<|t-a|<\delta$ 时, 总有

$$\left|\frac{s(t)-s(a)}{t-a}-v(a)\right|<\epsilon$$

① 更准确地说, 这里的最大值指的是函数在该区间上值域的上确界, 最小值指的是函数在该区间上值域的下确界.

成立.

定义 4.2 (导数、瞬时速度, II)　若使用直白的语言, 对于包含点 a 的每一个开区间 I, 考虑以点 a 和区间 I 中其他某一点为端点的平均速度: 令 M_I 为平均速度的最大值, 并且令 m_I 为平均速度的最小值. 接下来缩短区间 I 的长度, 则 M_I 和 m_I 之间的距离同样会减小. 对于任意的 I, 我们将物体在 $t=a$ 时刻的瞬时速度定义为不超过 M_I 且不小于 m_I 的唯一值.

尽管上述两个定义本质上等价, 然而它们的确是两种不同的导数定义. 对于第一个定义, 我们假定存在某个极限值, 并描述了它需要满足的条件. 在第二个定义中, 对于包含点 a 的每一个区间 I, 我们描述的是一个数的集合: 在这个集合里, 所有的数都介于 m_I 和 M_I 之间. 当且仅当这个集合恰好包含一个元素的时候, 极限才会存在. 这就为 19 世纪的分析学展开了两个重要主题:

(1) 在什么情形下, 这样的元素存在?

(2) 在什么情形下, 这样的元素可以被唯一确定?

在柯西讨论的第二个例子中, 我们知道, 极限的最大值不会超过 3. 但对于极限的最小值, 我们仅仅能确定它肯定大于 2, 而且随着 m 的增大而增大. 因此, 不管是存在性, 还是唯一性, 都并不显然.

4.3　完　备　性

柯西似乎并未注意到证明极限存在的困难性: 给定一个无限数列, 如果对于任意的 $\epsilon>0$, 都存在某个 M, 使得从第 M 项开始的所有项, 都能够满足任意两项之间的距离小于 ϵ, 柯西就认为满足这种性质的数列会收敛. 在现代, 人们将满足这种性质的数列称为*柯西列*. 例如, 数列 $\left(1+\dfrac{1}{m}\right)^m$ 在 $m\geqslant 1$ 的条件下就是一个柯西列. 这是因为, 它满足下面的两条性质. 首先, 从第三项开始的所有项均严格介于 2 和 3 之间, 由此存在某个最小的数, 它大于等于数列中所有的数, 我们将具有这个性质的数称作*最小上界*. 这意味着, 对于任意 $\epsilon>0$, 必然存在某一项, 它和最小上界之间的距离小于 ϵ (否则, 我们就可以找到一个更小的上界). 其次, 我们注意到, 这是一个单调递增的数列, 一旦某一项的大小可以被最小上界和 ϵ 控制, 那么数列后面的所有项都会满足这种性质. 这就保证了极限的唯一性. 但极限的存在性呢? 怎样才能保证这样的一个最小上界的确存在?

为了进行更清晰的阐述, 我们需要注意到: 如果把讨论对象仅仅局限在有理数的范围内, 柯西列的条件并不能保证收敛性. 尽管 $\sqrt{2}$ 不能被表示成两个整数的商 $\left(即\ \dfrac{p}{q}\right)$ 的形式, 但我们仍然可以找到一个收敛到 $\sqrt{2}$ 的有理数数列, 例如用 $\dfrac{a+2b}{a+b}$ 对 $\dfrac{a}{b}$ 进行迭代[①], 可以得到数列

$$\frac{1}{1}, \frac{3}{2}, \frac{7}{5}, \frac{17}{12}, \frac{41}{29}, \frac{99}{70}, \cdots .$$

这是阿基米德熟知的经典例子. 不难验证, 按照上述构造, 它是一个柯西列. 但若将讨论局限于有理数的范围内, 它没有极限.

事实上, 即便到了 19 世纪, 研究数列和级数的学者们也都假定: 不难验证, 单调递增的有界数列收敛, 以及柯西列收敛, 这样两个断言彼此等价.[②]在现代, 人们将实数集的这种性质称作完备性, 换言之, 实数集是一个完备的数集.

所有关于无穷级数收敛性的判断方法几乎都会落脚在关于柯西列的讨论上. 这些方法包括比例判别法、根式判别法和积分判别法: 将所求级数与一个已知收敛性的级数进行比较, 即可判断所求级数的收敛性. 所谓无穷级数的收敛性, 指的是部分和数列 $S_n = \sum\limits_{j=1}^{n} a_j$ 收敛. 人们称一个级数是柯西级数, 是指: 对于任意的 $\epsilon > 0$, 存在某个 N, 使得部分和序列中自第 N 项开始的任意两项, 它们的差都小于 ϵ; 换言之, 只要 $n > m \geqslant N$, 就有

$$|S_n - S_m| = \left|\sum_{j=1}^{n} a_j - \sum_{j=1}^{m} a_j\right| = |a_{m+1} + a_{m+2} + \cdots + a_n| < \epsilon .$$

给定两个级数 $\sum a_j$ 和 $\sum b_j$, 对于所有的 j, 它们满足 $0 \leqslant a_j \leqslant b_j$. 比较判别法的结论是: 若级数 $\sum b_j$ 收敛, 则级数 $\sum a_j$ 必然收敛. 这里的证明同样依赖于柯西列的收敛性. 柯西给出的证明如下: 给定任意的 $\epsilon > 0$, 由 $\sum b_j$ 收敛可知, 存在某个 M, 使得若 $k > j \geqslant M$, 总有 $0 \leqslant b_{j+1} + b_{j+2} + \cdots + b_k < \epsilon$ 成立. 注意到 $0 \leqslant a_{j+1} + a_{j+2} + \cdots + a_k \leqslant b_{j+1} + b_{j+2} + \cdots + b_k$,

① 注意到对每个分数 $\dfrac{a}{b}$, 我们有 $a^2 - 2b^2 = \pm 1$, 因此 $\left(\dfrac{a}{b}\right)^2 - 2 = \pm\dfrac{1}{b^2}$. 若 (a, b) 满足这个方程, 则 $(a+2b, a+b)$ 也满足这个方程. 随着分母 b 的增大, 这些分数越来越接近 $\sqrt{2}$.

② 我们已经证明, 如果每个柯西列收敛, 则每个单调递增数列收敛. 在另一个方向, 只要证明每个柯西列要么有一个递增的无穷子列, 要么有一个递减的无穷子列, 然后证明这个单调子列的极限一定是柯西列的极限.

因此部分和序列 $\sum a_j$ 同样是柯西列, 因此收敛. 此外, 我们注意到, 所有的绝对值符号都可以省略, 因为我们的讨论对象都是正数.

19 世纪后半叶, 很多数学家都曾致力于解决下面的问题: 以什么样的方式定义实数, 才能够证明它的完备性? 1858 年, 理查德 • 戴德金 (Richard Dedekind, 1831—1916) 最早给出了一种构造, 并把它呈现在苏黎世综合工科学院 (苏黎世联邦理工学院的前身) 的课堂上, 尽管直到 1872 年才将它发表. 它将任意一个实数理解为实数轴上的一个分割, 这个实数可以通过两个有理数集合 (不妨记为 A 和 B) 得到, 其中集合 A 中的任意一个数都严格小于集合 B 中的任意一个数, 而且, 对于任意的 $\epsilon > 0$, 都存在某个 $a \in A$ 和 $b \in B$, 使得 $|a-b| < \epsilon$. 在现代, 人们将满足这个性质的集合对称作戴德金分割.

包括查尔斯•梅雷 (Charles Méray, 1835—1911)、爱德华•海涅 (Eduard Heine, 1821—1881) 和格奥尔格 • 康托尔 (Georg Cantor, 1845—1918) 在内的许多数学家提出了下面的观点, 相当于将任意一个实数定义为有理数柯西列的等价类. 给定两个有理数的柯西列 $(s_n)_{n=1}^{\infty}$ 和 $(t_n)_{n=1}^{\infty}$, 我们称二者等价, 如果它们的差收敛到 0, 即

$$\lim_{n\to\infty}(s_n - t_n) = 0 .$$

为简便起见, 下面考虑部分和序列

$$s_n = a_0 + \sum_{j=1}^{n} \frac{a_j}{10^j} ,$$

其中 a_0 为任意整数. 对于 $j > 0$, 数 a_j 是取值于集合 $\{0, 1, 2, \cdots, 9\}$ 的某个整数. 按照这种定义, 部分和序列必然是一个有理数数列. 而且, 它也是一个柯西列. 这种表示法事实上是将任意一个实数表示为小数形式的等价类. 而一个实数只有其中一个表示法是以无限个 9 的循环结尾时, 才会具有两种不同的表示法. 若按照这种方式定义实数, 必然得出 $0.9999\ldots = 1$ 的结论.

4.4　连　续　性

有了极限的定义, 柯西就可以使用一种精确的方式定义导数. 但在此之前, 他还要先处理连续性的问题. 在 19 世纪初期以前, 连续性是微积分中一

个奇怪的概念, 人们都没有就此进行过认真思考. 如果假定所有的函数都可以展开成幂级数的形式, 连续性就不是一个问题. 但是随着时间的推移, 当科学家们开始审视什么是函数的时候, 连续的重要性就日益凸显, 尤其是考虑到函数的介值性之时. 后者的意思是, 若假定 f 为区间 $[a,b]$ 上的连续函数, 则 f 可以取到介于 $f(a)$ 与 $f(b)$ 之间的所有值. 正是出于这个目的, 拉格朗日试图奋力证明多项式函数的连续性. 这个问题产生于 18 世纪后期最重要的问题之一——代数基本定理.

现代, 人们通常将代数基本定理的第一个完整证明归功于卡尔 • 弗里德里希 • 高斯. 定理的叙述是, 任意一个复系数多项式都有一个 (复数) 根. 一旦确定了多项式至少存在一个根, 例如, 假定 $p(x)$ 是一个 n 次多项式, 而 r 是它的一个根, 则 $\dfrac{p(x)}{x-r}$ 是一个 $n-1$ 次多项式. 因此, 代数基本定理的一个直接推论是, 任意 n $(\geqslant 1)$ 次多项式恰好存在 n 个 (计重数) 实数 (或者复数) 根. 但是为了证明多项式的确存在一个根, 我们就要用到如下事实: 给定任一取值有正有负的实值函数, 它在某处的取值必然为 0. 在《分析教程》里, 柯西借助连续函数的介值性, 按照自己的方式, 用了整整一章的内容讨论代数基本定理的证明.

柯西对函数 f 在点 a 处的连续性给出了如下的定义, 也就是"随着 a 无限减小, 表达式 $f(x+a)-f(x)$ 的值无限减小"①, 换成现代的语言, 即 $\lim\limits_{a\to 0} f(x+a)-f(x)=0$. 接下来, 柯西考虑了取值有正有负的连续函数, 例如 $f(x_0)>0$, $f(X_0)<0$, 而 $x_0<X_0$.

定理 4.1 (介值定理) 若连续函数 f 的取值有正有负, 不妨假定 $f(x_0)>0$, $f(X_0)<0$, 而且 $x_0<X_0$. 则在 x_0 和 X_0 之间至少存在一点, 不妨设为 $x=a$, 使得 $f(a)=0$.

证明 将区间 $[x_0,X_0]$ 等分成 m 个区间, 则每个新区间的长度为 $\dfrac{X_0-x_0}{m}$. 若 f 在这些新区间端点的取值均非零, 则至少存在一个区间满足: 函数 f 在区间的左端点取值为正, 并且在区间的右端点取值为负. 将这个区间重新标记为 $[x_1,X_1]$, 重复刚才的过程. 此时会出现两种情况: 可以确定某个长度为原始区间长度的 $\dfrac{1}{m^2}$ 倍的小区间 $[x_2,X_2]$, 或者函数 f 在某个端点的取值为 0. 假定函数 f 在所有端点处的取值均非零, 无限重复上述过程,

① 见 [13], p. 34.

可以得到两个无限靠近的数列: $x_0 \leqslant x_1 \leqslant x_2 \leqslant \cdots$ 和 $X_0 \geqslant X_1 \geqslant X_2 \geqslant \cdots$. 对于某一步 k, 根据构造, 显然有 $x_k < X_k$ 以及 $X_k - x_k = \dfrac{X_0 - x_0}{m^k}$ 成立. 因此, 数列 $x_0 \leqslant x_1 \leqslant x_2 \leqslant \cdots$ 和 $\cdots \leqslant X_2 \leqslant X_1 \leqslant X_0$ 都会收敛到同一个值, 柯西将这个值记为 a. 根据函数 f 的连续性,

$$\lim_{k\to\infty} f(x_k) = f(a) = \lim_{k\to\infty} f(X_k) .$$

一方面, 对于所有 k, $f(x_k) \geqslant 0$, 这意味着 $f(a) \geqslant 0$; 另一方面, 对于所有 k, 由 $f(X_k) \geqslant 0$ 可知 $f(a) \geqslant 0$. 因此 $f(a) = 0$. □

如果函数 $f(x) - b$ 的取值为 0, 这意味着 $f(x) = b$. 接下来, 柯西指出: 对于连续函数 $f(x) - b$, 因为 $f(x) - b$ 的取值有正有负, 因此连续函数 f 可以取到所有的中间值.

当柯西可以对任意的连续函数建立定积分, 而不管这个函数本身能否表示为幂级数之时, 他认识到, 连续性像介值性定理一样, 扮演了更加重要的角色.

但在展开柯西对于任意连续函数均可积的论述之前, 我们先在函数连续性的表示法上稍作停留. 对于自变量为 x 的函数 f, 如果 $\lim\limits_{x\to a} f(x)$ 和 $f(a)$ 都存在, 而且二者相等, 我们就称函数 f 在 $x = a$ 处连续. 但是, 有一些函数的连续性比较奇怪. 我们举两个例子, 第一个函数是

$$f(x) = \begin{cases} x, & \text{若 } x \text{ 为有理数;} \\ 0, & \text{若 } x \text{ 为无理数.} \end{cases}$$

这是一个仅在 $x = 0$ 处连续的函数. 首先, 对于任意的 $\epsilon > 0$, 我们注意到 $|f(x) - f(0)|$ 的取值只能是 0 或者 $|x|$. 因此只要 $|x - 0| < \epsilon$, 就有 $|f(x) - f(0)| < \epsilon$ 成立, 故 $f(x)$ 在 $x = 0$ 处连续. 其次, 但若 x 为其他非零取值, 我们可以选取 $\epsilon < |x|$. 此时, 对于包含点 x 的任意区间, 不管它多么小, 这个区间都会同时含有有理数和无理数. 若 x 为有理数, 可以选取无理数 x_1, 此时有 $|f(x) - f(x_1)| = |x| > \epsilon$; 若 x 为无理数, 则可以在上述区间内选取一个大于 x 的有理数 x_1, 此时 $|f(x) - f(x_1)| = |x_1| > \epsilon$, 故 $f(x)$ 在非零的其他点不连续.

而

$$g(x) = \begin{cases} \dfrac{1}{q}, & \text{若 } x = \dfrac{p}{q}, \text{ 其中 } p, q \text{ 为互素整数;} \\ 0, & \text{若 } x \text{ 为无理数, 或 } x = 0. \end{cases}$$

则是仅在无理数和 0 处连续, 并在除 0 以外的其他有理数处不连续的函数. 对于任意的 $\epsilon > 0$, 以及任意选取的无理数 α, 首先注意到满足 $q < \dfrac{1}{\epsilon}$ 的正整数 q 只有有限个, 因此在以 α 为中点的长度不超过 1 的区间上, 只有有限个有理数 $\dfrac{p}{q}$ 能够满足 $\dfrac{1}{q} > \epsilon$. 故可以选取 $\delta > 0$, 使得它小于这些有理数与 α 之间的最小距离. 按照这种构造, 只要点 x 落在了 α 的 δ 邻域中, 函数 $g(x)$ 的取值或者为 0, 或者满足 $\dfrac{1}{q} < \epsilon$. 因此 $|g(\alpha) - g(x)| = |g(x)| < \epsilon$. 另外, 为证明函数在任意的非零有理数 $\dfrac{p}{q}$ 处不连续, 只需注意到任意的开区间内都包含无理数 x, 此时 $g(x) = 0$. 在这种情形下, 只需要选取 $\epsilon < \dfrac{1}{q}$, 就会有 $\left|g\left(\dfrac{p}{q}\right) - g(x)\right| = \dfrac{1}{q} > \epsilon$.

柯西清楚地认识到, 比起函数在某一点处的连续性, 他更需要函数在某个区间上任意一点处的连续性. 这种观点无疑是正确的, 但柯西接下来做出的假设让他犯了一个严重的错误.

为了说明函数在某个区间上的连续性, 我们需要证明: 对于任意的 $\epsilon > 0$, 以及区间内的任意一点 a, 都存在某个 $\delta > 0$, 使得若 $|x - a| < \delta$, 则相应的函数取值能够被 $f(a)$ 和 ϵ 控制. 需要注意的是, 这里的 δ 同时依赖于 ϵ 和 a. 例如, 函数 $h(x) = \dfrac{1}{x}$ 是开区间 $(0, 1)$ 上的连续函数, 这是因为函数在区间内任意一点处都连续. 但若令 $\epsilon = 0.1$, 则 δ 的取值会随着 x 趋近于 0 而变小. 需要注意的是, 并没有一个固定的 δ, 对 $(0, 1)$ 区间内所有的 x 都有效.

为了证明连续函数存在定积分, 柯西需要某种比连续性更苛刻的假设, 人们后来将这种条件称为**一致连续性**. 它的意思是, 对于任意的 $\epsilon > 0$, 存在某个对于区间内所有自变量一致有效的 δ, 满足前文的讨论. 乍看之下, 这个结论似乎并不总是成立. 但是闭区间的假设拯救了柯西. 这是因为, 若函数在有界闭区间上连续, 则函数在此区间上也一致连续.①

4.5　一致收敛性

一致连续性, 是指对于任意的 $\epsilon > 0$, 存在某个一致的 δ, 使得所有的 x 满足连续性; 这里的一致是针对所有的 x 而言的. 类似于一致连续性, 在函

① 对这个结果的一个证明可见 [9], p. 229.

数项级数 $\sum f_n(x)$ 中, 存在一致收敛性的概念, 后者的意思是, 对于任意的 $\epsilon > 0$, 存在某个一致的 M, 使得所有的 x 都能够收敛. 在这里, 柯西再一次没能区分二者, 这也是引起后面诸多混乱的主要原因之一.

在《分析教程》里给出函数项级数收敛性的定义后, 柯西证明的第一个定理是, 给定一个收敛的函数项级数, 若函数项级数的通项均为连续函数, 则函数项级数的和函数是连续函数.

定理 4.2 设函数项级数的通项是以 x 为自变量的函数. 如果通项在自变量的某个特定取值的邻域内连续, 而函数项级数在这个邻域内收敛, 则和函数 $S(x)$ 同样是这个邻域上的连续函数. ([13], pp. 131-132.)

几年以后, 阿贝尔一针见血地指出: "在我看来, 这个定理存在例外情形." ①而且, 真实的情况的确如阿贝尔所言. 回顾 3.6 节的叙述, 等式 (3.14) 是一个通项为连续函数的傅里叶级数, 但和函数在任何包含或超出 $(0,\pi)$ 的区间上都不连续.

为了理解定理存在例外情形, 我们最好审视一下柯西给出的证明. 给定一个函数项级数 $\sum f_n(x)$, 我们称 $S(x)$ 是它的和函数, 是指随着 n 越来越大, 部分和

$$S_n(x) = f_1(x) + f_2(x) + \cdots + f_n(x)$$

可以任意接近 $S(x)$, 换言之, 对于任意的 $\epsilon > 0$, 存在某个充分大的 M, 使得当 $n \geqslant M$ 时, 总有 $|S(x) - S_n(x)| < \epsilon$ 成立.

接下来考虑连续性, 即可以通过限制 x 和 y 之间的距离, 使得 $S(x)$ 和 $S(y)$ 之间的距离任意小. 为此, 我们首先注意到

$$S(x) - S(y) = (S(x) - S_n(x)) + (S_n(x) - S_n(y)) + (S_n(y) - S(y)) .$$

函数项级数收敛, 意味着表达式 $S(x) - S_n(x)$ 和 $S_n(y) - S(y)$ 可以任意趋近于 0. 由此, 我们可以选择充分大的 n, 使得这两项充分小. 另外, 在谈及连续性之时, 柯西已经证明了: 有限个连续函数的和函数仍然是连续函数. 此时我们注意到, $S_n(x)$ 是一个连续函数的有限和, 它必然为连续函数, 换言之, 只要适当控制 x 和 y 之间的距离, 就可以使得 $S_n(x)$ 和 $S_n(y)$ 任意接近. 总之, 在上一段的表达式中, 每一项都可以任意小, 因此它们的和同样可以任意小.

① 见 [1], pp. 224-225.

借助一个简单的例子, 我们探究这个证明的问题所在. 令

$$S_n(x) = \frac{nx^2}{1+nx^2} \ .$$

为了将 $S_n(x)$ 表示成部分和函数, 只需令

$$\begin{aligned} f_1(x) &= S_1(x) = \frac{x^2}{1+x^2} \ , \\ f_n(x) &= S_n(x) - S_{n-1}(x) \\ &= \frac{nx^2}{1+nx^2} - \frac{(n-1)x^2}{1+(n-1)x^2} = \frac{x^2}{(1+nx^2)[1+(n-1)x^2]} \ . \end{aligned}$$

按照这种构造, 显然 $S_n(x)$ 为连续函数. 但是和函数的极限在 $x=0$ 处不连续, 这是因为

$$S(x) = \lim_{n\to\infty} S_n(x) = \begin{cases} 0, & \text{若 } x = 0; \\ 1, & \text{若 } x \neq 0. \end{cases}$$

在这个例子中, 断言 $S_n(0)$ 趋近于 $S(0)$ 没有任何问题, 因为它们二者本身就是 0. 但若 $y \neq 0$, 直接计算 $S_n(y)$ 和 $S(y)$ 之间的距离, 则有

$$1 - S_n(y) = \frac{1}{1+ny^2} \ .$$

若 y 的取值接近于 0, 为了使得上述表达式的取值非常小, 只有充分大的 n 才能满足条件. 另外, 表达式 $S_n(y)$ 与 $S_n(0)=0$ 之间的距离为

$$S_n(y) - 0 = \frac{ny^2}{1+ny^2} \ .$$

对于充分大的 n, 上述表达式的取值接近于 1, 因此, 只有选择的 y 值特别特别小, 才能使得这个取值接近于 0. 然而, 注意到

$$(1 - S_n(y)) + (S_n(y) - 0) = 1 \ ,$$

我们无法选择合适的 n 和 y, 使得它们两项的取值都特别小.

事实上, 我们的确能够得出的结论是, 若 n 的选择不依赖于 y, 则函数项级数的和函数是连续函数. 此处的约束条件恰恰就是一致收敛性. 若按照现代的眼光, 这种必要性似乎是显然的, 但对于 19 世纪的数学家们而言, 却

完全不是这么回事. 吕岑 (Lützen) 详细地列举了 19 世纪的数学家们为了填补柯西证明中遗失的部分所做出的诸多努力. 无论是 1847 年的菲利普 • 路德维希 • 冯 • 赛德尔 (Philipp Ludwig von Seidel, 1821—1896), 还是 1849 年的乔治 • 加布里埃尔 • 斯托克斯, 都进行了诸多尝试. 遗憾的是, 他们都没有完全成功.①

4.6 积 分

正如柯西逐渐认识到的, 并非所有的函数都可以表示成幂级数. 他还认识到, 有必要以一种不依赖原函数的方式来定义积分. 1823 年, 他写出了第一本用求和的极限作为研究积分出发点的教材. 他接下来用这个极限定义证明, $[a,b]$ 上的每个连续函数在该区间上是可积的. 这是一个非常有力的结果: 只需要连续性就足以保证一个函数有定积分. 这个结果如此重要, 值得我们详细解释.

柯西需要一种描述定积分的方式, 并给出了三种可选择的记号:

$$\int_{x_0}^{X} f(x)\mathrm{d}x, \qquad \int f(x)\mathrm{d}x \begin{bmatrix} x_0 \\ X \end{bmatrix}, \qquad \int f(x)\mathrm{d}x \begin{bmatrix} x = x_0 \\ x = X \end{bmatrix}.$$

他很快判断出第一个记号 (傅里叶也曾经建议过使用这个记号) 明显优于其他两个记号, 由此他建立了此后所使用的定积分的记号.

接下来他将定积分定义为和的极限. 对区间 $[x_0, X]$ 的任意一个划分:

$$x_0 < x_1 < x_2 < \cdots < x_{n-1} < x_n = X,$$

他构造和式

$$S = (x_1 - x_0)f(x_0) + (x_2 - x_1)f(x_1) + \cdots + (x_n - x_{n-1})f(x_{n-1}),$$

这在今天被我们不太恰当地称为左黎曼和. 如果当最大的子区间的长度趋于 0 时, 这个和式趋于一个极限, 就称这个函数在 $[x_0, X]$ 上可积, 并且定积分的值就是这个极限.

对于一个给定的划分, 令 M_i 是函数在第 i 个区间 $[x_{i-1}, x_i]$ 上的最大值, m_i 是函数在第 i 个区间 $[x_{i-1}, x_i]$ 上的最小值. 柯西的关键观察在于, S

① 见 [42].

介于

$$(x_1 - x_0)m_1 + (x_2 - x_1)m_2 + \cdots + (x_n - x_{n-1})m_n$$

与

$$(x_1 - x_0)M_1 + (x_2 - x_1)M_2 + \cdots + (x_n - x_{n-1})M_n$$

之间. 如果我们令 $V_i = M_i - m_i \geqslant 0$, 即今天我们称之为第 i 个区间上的变差 (或振幅), 那么 S 的上下界的差的绝对值就是

$$\begin{aligned}&(x_1 - x_0)(M_1 - m_1) + (x_2 - x_1)(M_2 - m_2) + \cdots \\ &\qquad + (x_n - x_{n-1})(M_n - m_n) \qquad (4.2)\\ =&(x_1 - x_0)V_1 + (x_2 - x_1)V_2 + \cdots + (x_n - x_{n-1})V_n.\end{aligned}$$

现在我们可以通过控制所划分的各个子区间的长度得到一致连续, 从而控制各个区间上的变差. 任给 $V > 0$, 我们可以选取充分短的各个子区间, 使得所有的 V_i 都严格小于 V:

$$\begin{aligned}&(x_1 - x_0)V_1 + (x_2 - x_1)V_2 + \cdots + (x_n - x_{n-1})V_n\\ <& (x_1 - x_0)V + (x_2 - x_1)V + \cdots + (x_n - x_{n-1})V\\ =&(X - x_0)V.\end{aligned}$$

由于 V 是任意小的量, 因此我们可以使得和式的可能值在任意小的范围内. 正如柯西观察到的, 这就意味着对应于加细划分的求和趋于一个确定的极限, 该极限就定义为定积分的值.

现在柯西需要将他对积分的定义与传统定义联系起来. 定积分的传统定义是: 给定一个具有导函数 f 的函数 F, 定义 $\int_a^b f(x)\mathrm{d}x$ 为 $F(b) - F(a)$. 利用极限定义的积分与利用原函数定义的积分之间的联系, 在 19 世纪 70 年代以积分学基本定理 (fundamental theorem of integral calculus) 著称. 柯西本人并没有用这个术语. 他甚至没有将它命名为一个定理. 他只是验证了两点: 第一, 他的积分可以用来构造一个函数

$$F(x) = \int_a^x f(t)\mathrm{d}t,$$

其导数是 f; 第二, f 的每个原函数与 F 只相差一个常数.

今天通行的是, 将积分学基本定理的证明建立在微分中值定理 (我们在 3.5 节讨论过) 和积分中值定理的基础之上. 积分中值定理断言, 若 f 在闭区间 $[a,b]$ 上连续, 则存在 $c\in[a,b]$, 使得

$$\int_a^b f(x)\mathrm{d}x=(b-a)f(c)\ .$$

积分中值定理是柯西对定积分的定义与连续函数的介值定理的简单推论. 如果我们令 M 是 f 在 $[a,b]$ 上的最大值, m 是 f 在 $[a,b]$ 上的最小值, 则每一个近似和 S, 显然有界

$$(b-a)m\leqslant S\leqslant(b-a)M,$$

由此推出 S 的极限值, 即定积分的值, 也有相同的界:

$$(b-a)m\leqslant\int_a^b f(x)\mathrm{d}x\leqslant(b-a)M,$$

进而有

$$m\leqslant\frac{1}{b-a}\int_a^b f(x)\mathrm{d}x\leqslant M.$$

由于函数 f 在 $[a,b]$ 上连续, 它取遍 m 与 M 之间的一切值. 特别是, 存在 c 满足

$$f(c)=\frac{1}{b-a}\int_a^b f(x)\mathrm{d}x.$$

有了积分中值定理, 柯西就可以证明 $\int_a^x f(t)\mathrm{d}t$ 的导数是 $f(x)$. 柯西早先定义了 F 在 x 处的导数为

$$\begin{aligned}\frac{F(x+\alpha)-F(x)}{\alpha}&=\frac{1}{\alpha}\left(\int_a^{x+\alpha}f(t)\mathrm{d}t-\int_a^x f(t)\mathrm{d}t\right)\\&=\frac{1}{\alpha}\int_x^{x+\alpha}f(t)\mathrm{d}t\end{aligned}$$

在 α 趋于 0 时的极限.

利用积分中值定理, 我们可以将最后一个积分重新写为 $\alpha f(c)$, 其中 c 是某个介于 x 和 $x+\alpha$ 之间的数:

$$\frac{F(x+\alpha)-F(x)}{\alpha}=\frac{1}{\alpha}\alpha f(c)=f(c).$$

虽然 c 看起来像个常数, 但事实上它是依赖于 x 和 α 的变量, 并且介于 x 与 $x+\alpha$ 之间. 随着 α 趋于 0, c 趋于 x. 由于 f 连续, $f(c)$ 就趋于 $f(x)$,

$$F'(x) = \lim_{\alpha\to 0} \frac{F(x+\alpha)-F(x)}{\alpha} = \lim_{\alpha\to 0} f(c) = f(x)\ .$$

柯西接下来注意到, 如果两个函数具有相同的导数, 那么它们的差是一个常数. 这是微分中值定理的推论: 若 $f'(c)=0$ 对一切 c 成立, 则

$$\frac{f(b)-f(a)}{b-a} = f'(c) = 0 \quad \text{蕴含} \quad f(b)=f(a).$$

由于这对每一对 a,b 都成立, 因此 f 是常数. 由此推出, 若 G 是任意一个以 f 为导数的函数, 则

$$\int_a^x f(t)\mathrm{d}t - G(x) = C.$$

如果令 $x=a$, 则左边的积分等于 0, 从而我们看到 $C=-G(a)$, 由此有

$$\int_a^x f(t)\mathrm{d}t = G(x)-G(a).$$

柯西一旦证明了每个连续函数是可积的, 其他人就不可避免地要考虑不连续函数是否也可积. 很明显, 单个的不连续点, 比如 $x=c$ 处的不连续点, 是不会造成障碍的. 若 (x_{i-1},x_i) 是一个包含 c 的划分区间, 那么我们无法让区间上的变差 V_i 小于以下三者中的最大值: $|\lim\limits_{x\to c}-f(x)-\lim\limits_{x\to c}+f(x)|$, $|\lim\limits_{x\to c}-f(x)-f(c)|$ 和 $|f(c)-\lim\limits_{x\to c}+f(x)|$. 但是我们可以让这个区间的长度足够小, 以保证 $(x_j-x_{i-1})V_i$ 的贡献如我们期望的那么小.

既然单个的不连续点不是问题, 那么两个、三个乃至任意的有限多个不连续点都不成问题. 那么有无限多个不连续点会怎样呢? 这就出问题了. 正是古斯塔夫・狄利克雷首先提出了下述函数:

$$f(x) = \begin{cases} 1, & \text{若 } x \text{ 是有理数}\ ; \\ 0, & \text{若 } x \text{ 是无理数}\ . \end{cases}$$

它在每一点都不连续, 在任何区间上都不可积.

不过也存在这样的函数, 它有无限多个不连续点, 但仍然是可积的. 考虑区间 $[-1,1]$ 上的函数

$$g(x) = \begin{cases} 1, & \text{若 } x = \dfrac{1}{n}, n \in \mathbb{N}\ ; \\ 0, & \text{否则}\ , \end{cases}$$

对所有 $n \in \mathbb{N}$, 该函数在 $x = 0$ 和 $x = \dfrac{1}{n}$ 处有不连续点. 包含其中任意一点的区间上的变差都是 1. 不过我们可以通过控制包含 0 的区间的长度来控制其贡献, 而其他区间至多包含有限多个不连续点.

随着科学家逐渐澄清了微积分的基本概念并让这些概念的定义精确化, 他们能够证明一些引人注目的定理. 随着数学家对微积分基础的深化和加强, 19 世纪见证了微积分广度和威力的扩张. 整个学科的改变是如此之大, 以至于继续叫它"微积分"都不全面了. 在 20 世纪, 数学家采用了 17 ~ 18 世纪常用的一个术语——"分析", 来称呼对微积分的扩张的理解.

第五章　分　　析

在 19 世纪, 数学在根本层面上发生了改变. 在它变得更深刻、更广阔的同时, 对数学洞察能力的要求也越来越高. 而且, 数学催生了一种职业. 大学和技术研究所大量涌现, 需要能够讲授高级课题的职员. 数学教师, 曾经是没有经济保证的职业选择, 此时则成了铁饭碗.

数学的研究越来越聚焦于精确的定义和严格的证明. 欧拉挥洒自如的风格已经让位于柯西的详尽分析. 微积分演变为我们今天所称的分析学科. 贯穿这个世纪的一条分析主线, 是围绕傅里叶级数展开的种种问题. 本章将探究这方面的一些成果, 以黎曼对积分的定义与相关工作为起点, 以对实数本质的惊人洞察为高潮. 这只不过是一个简短的体验, 让你品味一下微积分在这个变革的世纪中发生了什么.

5.1　黎 曼 积 分

伯恩哈德•黎曼 (Bernhard Riemann, 1826—1866) 曾受教于卡尔•弗里德里希•高斯和古斯塔夫•狄利克雷, 也许是 19 世纪最有才能的数学家, 他完全革新了几何学与分析学, 而且只用一篇文章就奠定了素数定理的证明基础. 这一工作表明, 复平面上的微积分可以用来证明, 不超过 n 的素数个数渐近等于 $\dfrac{n}{\ln n}$.① 1854 年, 为取得在德国大学担任教授的资格 (Habilitation), 黎曼需要提交一篇更高级的论文, 他选择了建立任意一个函数可以展开成傅里叶级数的充要条件.

所成的论文《用三角级数来表示函数》以对这个问题的历史综述开始. 黎曼接下来建立了一个函数可积的充要条件. 关键在于, 对于任意事先指定的上界 $s>0$, 变差大于 s 的地方必须要在一些区间之内, 所有这些区间的长度之和可以任意小.

---

① 这意味着, 若 $\pi(n)$ 是不超过 n 的素数的个数, 则

$$\lim_{n\to\infty}\frac{\pi(n)}{\dfrac{n}{\ln n}}=1.$$

为了说得更清楚, 我们需要定义函数在一点的变差 (振幅). 考虑 f 在所有包含 c 的开区间上的变差. f 在点 c 的变差 $V(c)$, 定义为 f 在所有包含 c 的开区间上的变差的下确界. 特别是, 当且仅当 $V(c)=0$, f 在点 c 连续. 函数 f 在 $[a,b]$ 可积的一个充要条件是, 对任意的 $\sigma>0$ 与 $s>0$, 变差大于等于 s 的点集中在总长度小于 σ 的一些区间内.

这个定理的证明可以通过将定积分定义为

$$\sum_{i=1}^{n}(x_i-x_{i-1})f(x_i^*)$$

的极限而变得更简单, 其中 x_i^* 是区间 $[x_{i-1},x_i]$ 中的任意一点. 正如我们在 4.6 节介绍的, 当且仅当我们可以控制各个区间的最大长度, 使得以下和式

$$(x_1-x_0)V_1+(x_2-x_1)V_2+\cdots+(x_n-x_{n-1})V_n \tag{5.1}$$

与 0 任意接近时, 定积分存在. 连续函数是可积的, 因为我们可以在每个区间上将变差 V_i 控制得足够小. 不过, 我们也可以使得上述和式足够小, 只要我们能够将那些变差比较大的子区间的长度总和控制住.

例如, 只在一个点不连续的有界函数是可积的. 尽管包含这个点的区间上的变差不可能小于该点的变差, 但我们可以将区间的长度选取得足够小, 使得它对式 (5.1) 的贡献足够小.

虽然黎曼对定积分的定义很笨拙, 但对他的本意来说是完美的, 即建立函数可积的充要条件.

黎曼立即构造了一个函数, 它在包含它的每一个任意小的区间内都是不连续的, 但它仍然是可积的. 他的函数是

$$R(x)=\sum_{n=1}^{\infty}\frac{((nx))}{n^2}, \tag{5.2}$$

其中 $((x))$ 是 x 减去离 x 最近的整数, 在例外的情况中, 即当 x 为半整数时, 离它最近的整数有两个, 此时定义 $((x))$ 等于 0. 例如, $((1.2))=1.2-1=0.2, ((2.7))=2.7-3=-0.3, ((4.5))=0$. 虽然这个函数在每个区间上都有一个不连续点, 但对每个 $s>0$, 只存在有限多个点, 其变差超过 s. 这个函数的图像在图 5.1 中给出.[①]

① 关于它为什么具有这些性质的解释, 可见 [9], pp. 252-254.

黎曼对定积分的最后一个贡献, 是引入了瑕积分的概念. 他指出, 有可能通过取极限的方式来定义一个无界函数的积分. 作为例子, $\int_0^1 x^{-\frac{1}{2}}\mathrm{d}x$ 等于 2, 这是因为

$$\lim_{a\to0^+}\int_a^1 x^{-\frac{1}{2}}\mathrm{d}x=\lim_{a\to0^+}2x^{\frac{1}{2}}\Big|_a^1=\lim_{a\to0^+}2-2a^{\frac{1}{2}}=2.$$

虽然 $x^{-\frac{1}{2}}$ 在 $[0,1]$ 上不可积, 但它的瑕积分存在.

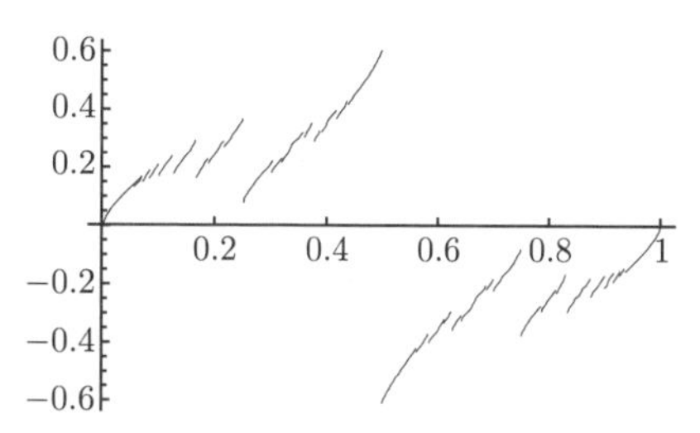

图 5.1 黎曼的在每个区间上都有不连续点的可积函数: $R(x)=\sum_{n=1}^{\infty}\frac{((nx))}{n^2}$

5.2 微积分基本定理的反例

只要我们只考虑连续函数, 微积分基本定理就成立. 但如果我们考虑的是具有无限多个不连续点的函数, 就不能再假定作为黎曼和极限的积分与作为原函数的积分是等价的. 这样一个例子来自式 (5.2) 所给出的黎曼函数.

有些函数本身是导函数, 但不一定是连续的. 一个标准的例子是不连续导数 (discontinuous derivative), 我将称之为 D 函数, 定义如下 (图 5.2):

$$D(x)=\begin{cases}x^2\sin\dfrac{1}{x}, & x\neq0,\\ 0, & x=0.\end{cases}\tag{5.3}$$

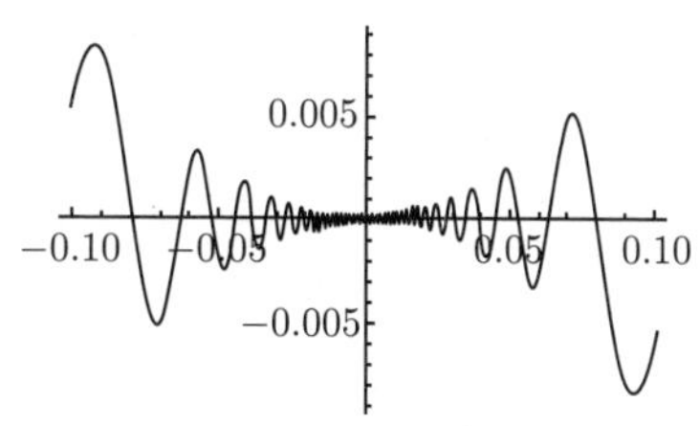

图 5.2 当 $x\neq0$ 时, $D(x)=x^2\sin\dfrac{1}{x}$; 当 $x=0$ 时, $D(0)=0$

当 $x \neq 0$ 时, $D(x)$ 的导数是 $2x\sin\frac{1}{x} - \cos\frac{1}{x}$. 当 $x = 0$ 时, 需要用到导数的极限定义来计算:

$$D'(0) = \lim_{x\to 0}\frac{D(x) - D(0)}{x - 0} = \lim_{x\to 0}\frac{x^2\sin\frac{1}{x} - 0}{x} = \lim_{x\to 0} x\sin\frac{1}{x} = 0.$$

D' 在 $x = 0$ 处不连续, 因为

$$\lim_{x\to 0}\left(2x\sin\frac{1}{x} - \cos\frac{1}{x}\right)$$

不存在.

正如加斯东 • 达布 (Gaston Darboux, 1842—1917) 在 19 世纪 70 年代所证明的, 每个导函数一定具有介值性质.① 也就是说, 若 f 是某个函数的导函数, 则对任意的 $a < b$, 以及介于 $f(a)$ 和 $f(b)$ 之间的任意的 m, 一定存在某个 $c \in [a, b]$, 使得 $f(c) = m$. 式 (5.3) 所定义的函数 D 具有一个在 $x = 0$ 处不连续的导函数, 不过 D' 仍然具有介值性质: 每个包含 $x = 0$ 的开区间也包含使得 D' 取值为 $+1, -1$ 的点, 以及取值为 $-1, 1$ 之间任意一个值的点 (图 5.3).

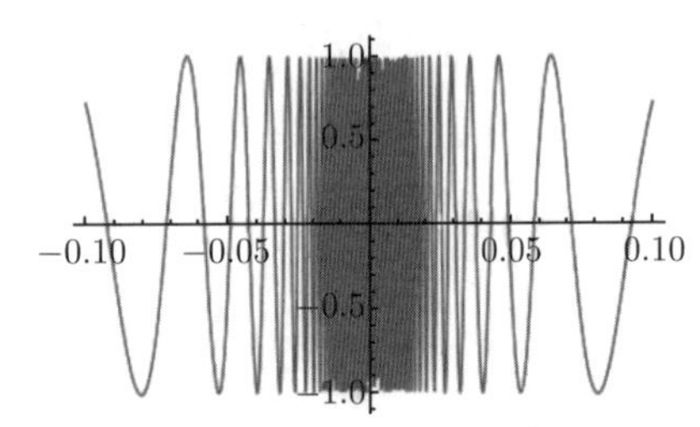

图 5.3 当 $x \neq 0$ 时, $D'(x) = 2x\sin\frac{1}{x} - \cos\frac{1}{x}$; 当 $x = 0$ 时, $D'(0) = 0$

从达布的结果可以推出, 式 (5.2) 所给出的黎曼可积函数不可能是一个导函数. 如果我们定义

$$F(x) = \int_0^x R(t)\mathrm{d}t, \tag{5.4}$$

则 F 在 R 的任意不连续点都不可导. $[0, 1]$ 内的每个开区间都包含无穷多个 x 的值, 使得 F 在 x 处不可导, 正是因为被定义为积分的函数并不一定就可导.

① 证明可见 [9], p. 112.

在另一个方向又如何呢? 如果已知函数 f 是另一个函数 F 的导数, 是否总可以对 f 积分? 严格说来, 不存在可以作为黎曼和极限的无界函数. 由此可以推出, $x^{\frac{1}{3}}$ 的导数在任何包含 $x=0$ 的区间上不可积. 不过这还不够令人信服, 因为瑕积分的确存在. 这个问题的一个更强的版本如下: 如果已知函数 F 在区间 $[a,b]$ 上每一点可导, 而且其导数 f 在该区间上有界, 是否可以推出 f 在该区间上可积? 换言之, 若在区间 $[a,b]$ 上 F' 存在且有界, 是否总有

$$\int_a^b F'(x)\mathrm{d}x = F(b)-F(a)?$$

令人惊讶的是, 回答是“否”. 原因是定积分有可能不存在. 这个结果是由意大利数学家维托 • 沃尔泰拉 (Vito Volterra, 1860—1940) 在 20 岁时给出的, 在一年以后, 即 1881 年发表.① 这种函数的一个反例的介绍与解释可见 [10], pp. 89-94.

虽然有这些令人不安的发现, 关于黎曼积分的真正问题倒不在于微分与积分并非总是互逆的过程, 而是在于结果表明, 黎曼积分——其定义用于澄清一个不连续函数何时可积——不太适合用来证明关于积分的其他结果. 特别是 19 世纪晚期的一个重要问题: 刻画那些可以逐项积分的级数. 这对傅里叶级数以及其他源于求解偏微分方程的级数来说尤为重要.

一个不可逐项积分的级数的例子如下:

$$\sum_{k=1}^{\infty}\left[k^2x^k(1-x)-(k-1)^2x^{k-1}(1-x)\right] .$$

其部分和是 (图 5.4)

$$S_n(x) = n^2x^n(1-x) .$$

随着 n 的增大, S_n 的驼峰越来越向右隆起. 对 $[0,1]$ 中的每个 x, $S_n(x)$ 随着 n 的增大而趋近于 0. 因此,

$$\sum_{k=1}^{\infty}\left[k^2x^k(1-x)-(k-1)^2x^{k-1}(1-x)\right]=0, \qquad 0\leqslant x\leqslant 1 .$$

这个级数的积分等于 0,

$$\int_0^1\left(\sum_{k=1}^{\infty}[k^2x^k(1-x)-(k-1)^2x^{k-1}(1-x)]\right)\mathrm{d}x=\int_0^1 0\mathrm{d}x=0. \tag{5.5}$$

① 见 [68].

而 $S_n(x)$ 下方区域的面积是 $\dfrac{n^2}{(n+1)(n+2)}$, 当 n 趋于无穷时, 它趋于 1:

$$\begin{aligned}
&\lim_{n\to\infty}\sum_{k=1}^{n}\left(\int_0^1 [k^2x^k(1-x)-(k-1)^2x^{k-1}(1-x)]\mathrm{d}x\right) \qquad (5.6)\\
=&\lim_{n\to\infty}\sum_{k=1}^{n}\left(\frac{k^2}{(k+1)(k+2)}-\frac{(k-1)^2}{k(k+1)}\right)\\
=&\lim_{n\to\infty}\frac{n^2}{(n+1)(n+2)}\\
=&1\ .
\end{aligned}$$

在这个例子中, 无穷和的积分并不等于积分的无穷和.

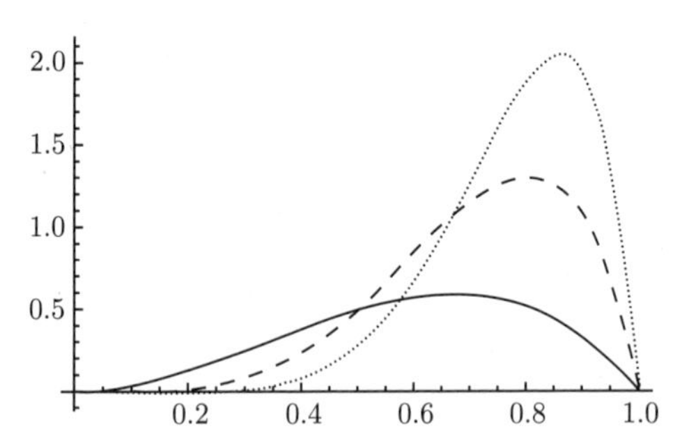

图 5.4 $S_n(x)=n^2x^n(1-x)$ 的图像, $n=2$ (实线), $n=4$ (长虚线), $n=6$ (短虚线)

亨利 • 勒贝格 (Henri Lebesgue, 1875—1941) 在其 1901 年的博士论文中, 提出了一个不同的积分, 这可以消除与黎曼积分相关联的许多困难. 他没有分割函数的定义域, 而是选择划分值域.

在图 5.5 中, 值域被划分为高度等于 1 的各个区间. S_1 所标记的区间, 是那些取值在 1 和 2 之间的点. 我们用 $m(S_1)$, 即 S_1 的测度, 来表示所有这些区间的长度之和. 更一般的是, $m(S_i)$ 是那些函数值介于 i 和 $i+1$ 之间的区间长度之和. (我们将在 5.4 节看到任意一个集合的测度的定义.) 对于 f 在 $[a,b]$ 上的积分, 我们让每个测度 $m(S_i)$ 乘以对应函数值下界 i 而得到一个下界, 让每个测度 $m(S_i)$ 乘以对应函数值上界 $i+1$ 而得到一个上界:

$$\sum_i i\cdot m(S_i)\leqslant\int_a^b f(x)\mathrm{d}x\leqslant\sum_i (i+1)\cdot m(S_i)\ .$$

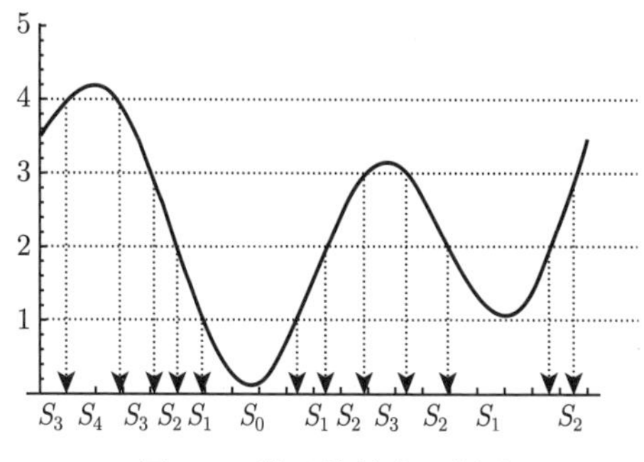

图 5.5 勒贝格的水平划分

如果我们选取一个更精细的划分, 比如 y_i, 且 $y_{i+1} = y_i + \Delta y$, 其中 i 取遍所有的整数, 并令 S_i 是满足 $y_i \leqslant f(x) < y_{i+1}$ 的 x 构成的集合, 则定积分有上、下界如下:

$$\sum_{i=-\infty}^{\infty} y_i \cdot m(S_i) \leqslant \int_a^b f(x)\mathrm{d}x \leqslant \sum_{i=-\infty}^{\infty} y_{i+1} \cdot m(S_i).$$

当且仅当可以选取充分小的 Δy, 使得上式两端的上和与下和任意接近时, 函数 f 的勒贝格积分存在. 上和与下和的差正好是

$$\sum_{i=-\infty}^{\infty} (y_{i+1} - y_i)m(S_i) = \Delta y \sum_{i=-\infty}^{\infty} m(S_i) = \Delta y(b-a). \tag{5.7}$$

因为 $b-a$ 是有限的, 所以如果 f 在区间上的上界与下界都是有限的, 那么可以选取充分小的 Δy, 使得这个差任意小. 在这种情况下, 勒贝格积分的上界与下界趋向于同一个极限.

值得指出的是, 勒贝格的方法可以处理在一个方向无界 (即无上界或无下界) 的函数, 而无须借助于瑕积分. 如果积分的下极限趋于 $+\infty$, 那么定积分的值就定义为 $+\infty$. 如果积分的下极限趋于某有限值, 则上极限必定趋于同一个值, 从而定积分具有一个有限值. 此外, 如果我们允许 S_i 是无穷多个区间的并集, 则沃尔泰拉的函数不再构成微积分基本定理的反例. 利用勒贝格积分, 它的导数仍然是可积的. 不过最重要的在于, 勒贝格大大简化了决定一个级数何时可以逐项积分的问题. 今天, 大多数数学家在使用勒贝格积分, 不论是以隐含的方式, 还是以明确的方式.

为使用勒贝格积分, 我们需要对任意的有界实数集 S 定义其测度 $m(S)$, 而这意味着我们需要理解实数的子集的可能结构, 结果表明, 这个挑战远远超出了 19 世纪上半叶数学家可以想见的难度. 对此, 我们将在本章最后一节 (5.4 节) 探究.

不过, 即便是勒贝格积分也并不是完美无缺的. 如果我们考虑函数

$$f(x)=x^2\sin(x^{-2})\ ,\ x\neq 0;\qquad f(0)=0,$$

它具有定义良好的导数,

$$f'(x)=2x\sin(x^{-2})-2x^{-1}\cos(x^{-2})\ ,\ x\neq 0;\qquad f'(0)=0.$$

但在任何一个包含 0 的区间上, 这个导数既没有上界也没有下界, 它的勒贝格积分不存在, 尽管其瑕黎曼积分确实存在. 在 1912 年与 20 世纪 60 年代之间, 好几位数学家创造了克服这个问题的等价的积分定义, 通常被称为亨斯托克 (Henstock) 积分.①

这里所传递出的信息在于, 积分的整个课题远比我们在一元微积分里学到的复杂. 然而, 学生必须要懂得函数既可以作为微分的逆运算, 也可以作为求和的极限过程. 微积分基本定理正好联系了积分的这两个观点, 而且微积分的诸多威力恰好依赖于这一联系.

5.3 魏尔施特拉斯和椭圆函数

在谈论 19 世纪的分析学发展时, 必定要提到卡尔 • 特奥多尔 • 威廉 • 魏尔施特拉斯 (Karl Theodor Wilhelm Weierstrass, 1815—1897, 图 5.6), 他被贝尔 (Bell) 誉为“分析学之父”②. 我们 (在 3.3 节) 早就碰到过他了, 他确立了欧拉关于正弦函数的无穷乘积的合理性. 自 1856 年起, 魏尔施特拉斯开始担任柏林大学的数学教授, 他在那里教授周期为两年的分析学, 培养了 19 世纪晚期的许多数学家③, 包括索菲娅 • 柯瓦列夫斯卡娅 (Sofia Kovalevskaya, 1850—1891), 首位在欧洲的大学拥有数学教授席位的女数学家. 对一致连续性与一致收敛性的现代理解, 主要功归于魏尔施特拉斯. 他证明了, 如果一个级数一致收敛, 那么它就可以逐项积分,

$$\int_a^b\left(\sum_{j=1}^{\infty}f_j(x)\right)\mathrm{d}x=\sum_{j=1}^{\infty}\left(\int_a^b f_j(x)\mathrm{d}x\right).$$

① 对亨斯托克积分的一个讨论, 见 [10], pp. 291-296.

② 见 [6], p. 406.

③ 根据数学谱系计划 (Mathematics Genealogy Project), 他有 42 名博士生. 将近 32 000 名数学家的数学“血缘”可以追溯到他.

魏尔施特拉斯经常在课堂上慷慨地分享其数学创见, 并允许学生细化并发表.

图 5.6 卡尔 · 特奥多尔 · 威廉 · 魏尔施特拉斯

第一个无处可微的连续函数的例子就是这种情形. 1872 年, 魏尔施特拉斯在课堂上给出了这个例子. 三年后, 他的学生保罗 · 杜波依斯–雷蒙德将它发表了. 关于魏尔施特拉斯的诸多贡献的一个极好的介绍可见于威廉 · 邓纳姆 (William Dunham) 的《微积分的历程》(*The Calculus Gallery*).①

魏尔施特拉斯的成功之路并非一帆风顺. 他父亲对他的期望是在普鲁士政府谋得一个管理职位. 为此, 他把魏尔施特拉斯送到大学学习法律、金融和经济. 因为父亲不允许他追求数学, 魏尔施特拉斯非常沮丧, 他忽略了所有课程, 连期末考试也懒得搭理. 大学肄业一年后, 他进入明斯特大学, 预备成为一名高中数学老师.② 1841 年, 刚好快到他 26 岁生日时, 他终于毕业了, 并得到了第一份教职.

幸运的是, 魏尔施特拉斯在明斯特大学的老师有克里斯托夫 · 古德曼 (Christoph Gudermann, 1798—1852), 他是当时少有的椭圆函数与阿贝尔函数方面的专家之一. 魏尔施特拉斯的最大贡献就在于对这类函数的研究, 遗憾的是, 只有极少数数学本科专业课程会介绍这类函数. 在业余时间, 他探究这类函数的奥秘, 偶尔发表几篇文章, 但很少受到关注. 直到 1854 年, 他发表了《关于阿贝尔函数的理论》("Zur Theorie der Abelschen Functionen"), 这项工作是如此重要, 以至于哥尼斯堡大学授予他荣誉博士学位, 柏

① 见 [25], pp. 128-148.

② 事实上是 gymnasium, 即专门为大学输送人才的学术型高中的一名教师.

林大学则聘请他为数学教授.

为讨论魏尔施特拉斯所取得的成就, 我们需要复平面的微积分知识, 因此这超出了我们在这些篇幅里可以解释的范围. 然而, 由于椭圆函数非常重要, 在当今最激动人心的数学 (从费马大定理[①]的证明一直到现代物理中的弦论) 中占有中心位置, 因此值得指出它们是如何定义的, 以及为什么如此重要. 椭圆函数的名字源于一个曾经困扰牛顿的问题: 求出椭圆的一段弧长. 正如在 2.6 节所提到的, 人们在 1659 年就已经知道了弧长公式

$$\int_a^b \sqrt{1+\left(\frac{\mathrm{d}y}{\mathrm{d}x}\right)^2}\mathrm{d}x\ .$$

一旦知道行星的运动轨道是椭圆, 自然就引出了求椭圆弧长的问题. 如果我们考虑中心在原点的上半椭圆 $\left(\frac{x}{a}\right)^2+\left(\frac{y}{b}\right)^2=1$(其中 $a>b>0$), 或

$$\begin{aligned} y &= b\sqrt{1-\left(\frac{x}{a}\right)^2} \\ &= \frac{b}{a}\sqrt{a^2-x^2}, \end{aligned}$$

其导数是

$$\frac{\mathrm{d}y}{\mathrm{d}x}=\frac{-b}{a}\frac{x}{\sqrt{a^2-x^2}}.$$

从 0 到 t 的弧长为

$$\begin{aligned} \int_0^t \sqrt{1+\frac{b^2}{a^2}\frac{x^2}{a^2-x^2}}\mathrm{d}x &= \int_0^t \frac{\sqrt{a^2-x^2+\dfrac{b^2x^2}{a^2}}}{\sqrt{a^2-x^2}}\mathrm{d}x \\ &= \int_0^t \frac{a^2-\left(1-\dfrac{b^2}{a^2}\right)x^2}{\sqrt{\left(a^2-\left(1-\dfrac{b^2}{a^2}\right)x^2\right)(a^2-x^2)}}\mathrm{d}x \\ &= \int_0^t \frac{a^2-k^2x^2}{\sqrt{(a^2-k^2x^2)(a^2-x^2)}}\mathrm{d}x, \end{aligned}$$

① 这是由费马猜想, 并由安德鲁•怀尔斯 (Andrew Wiles) 在 1994 年证明的: 对 $n \geqslant 3$, 方程 $a^n+b^n=c^n$ 没有正整数解.

其中, $k^2 = 1 - \dfrac{b^2}{a^2}$.

问题源于被积函数分母中的四次多项式的平方根. 在同一时期, 人们还发现了其他类似的积分, 其中最著名的一个是, 确定单摆何时沿着其摆弧到达某给定点的积分.① 这些积分 (分子是一个多项式, 分母是一个三次或四次多项式的平方根) 后来被称为**椭圆积分**. 分母是一个五次以上多项式的平方根的积分被称为**阿贝尔积分**, 源于阿贝尔对它们的研究.

1797 年, 高斯发表了对这些积分的第一个真正见解, ②聚焦于最简单的情形 (这个函数的图像见图 5.7):

$$F(t) = \int_0^t \frac{1}{\sqrt{1-x^4}} \mathrm{d}x.$$

高斯注意到, 可积分的类似函数 (其分母是一个二次多项式的平方根的函数) 是更常见的函数的反函数③,

$$\int_0^t \frac{1}{\sqrt{1-x^2}} \mathrm{d}x = \arcsin t,$$

$$\int_0^t \frac{1}{\sqrt{1+x^2}} \mathrm{d}x = \operatorname{arcsinh} t,$$

其中, $\sinh t = \dfrac{\mathrm{e}^t - \mathrm{e}^{-t}}{2}$ 是双曲正弦函数, 而 $\operatorname{arcsinh}\ t$ 是它的反函数. 第一个见解是, 与其考虑由椭圆积分定义的函数, 不如关注其反函数. **椭圆函数** $E(t)$ 就定义为 $F(t)$ 的反函数.

第二个见解源于这样的认识: 椭圆函数只有定义在复平面 $\mathbb{C}$ 上才能展现其真正本性. 虽然正弦函数与双曲正弦函数作为实数轴上的函数看起来非常不同, 但如果在复平面上考察它们, 差异就消失了. 多亏了欧拉公式, 即

① 对椭圆积分在研究钟摆运动中的作用的解释, 可见 [66, pp. 138-142] 与 [46, pp. 58-59].

② 见 [34].

③ 双曲余弦函数和双曲正弦函数分别是指数函数 $\mathrm{e}^x = \cosh x + \sinh x$ 的偶部分与奇部分, 其中 $\cosh x = \dfrac{\mathrm{e}^x + \mathrm{e}^{-x}}{2}$ 而 $\sinh x = \dfrac{\mathrm{e}^x - \mathrm{e}^{-x}}{2}$. 它们满足 $\cosh^2 x - \sinh^2 x = 1$, $\dfrac{\mathrm{d}}{\mathrm{d}x}\sinh x = \cosh x$, 且 $\dfrac{\mathrm{d}}{\mathrm{d}x}\cosh x = \sinh x$. 作代换 $x = \sinh u$, 我们有

$$\int_0^t \frac{\mathrm{d}x}{\sqrt{1+x^2}} \mathrm{d}x = \int_0^{\operatorname{arcsinh} t} \frac{\cosh u\, \mathrm{d}u}{\sqrt{1+\sinh^2 u}} = \int_0^{\operatorname{arcsinh} t} \frac{\cosh u}{\cosh u} \mathrm{d}u = \operatorname{arcsinh}\ t.$$

3.3 节的式 (3.9), 我们有

$$\sin x = \frac{\mathrm{e}^{\mathrm{i}x} - \mathrm{e}^{-\mathrm{i}x}}{2\mathrm{i}} = -\mathrm{i}\sinh \mathrm{i}x.$$

作为复平面到自身的一个映射, 双曲正弦函数只不过是将正弦的自变量与因变量都旋转了 90°. 特别是, 在复平面上, 它们都是周期函数. 正弦函数有实周期: 2π. 双曲正弦有纯虚周期: 2πi.

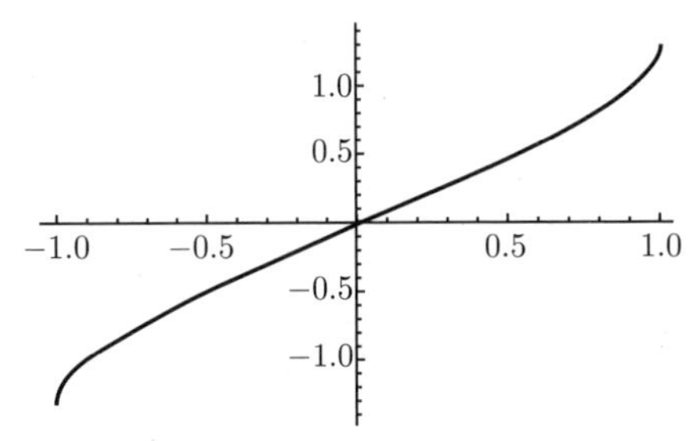

图 5.7　$F(t) = \int_0^t \frac{1}{\sqrt{1-x^4}}\mathrm{d}x$ 在 $-1 < t < 1$ 上的图像

椭圆函数具有两个周期. 复平面上的两个线性无关的向量可定义一个平行四边形, 它可以用来产生一个格 (图 5.8). 正如正弦函数在整个实数轴上的值由它在 $[0, 2\pi]$ 上的值唯一确定, 一个椭圆函数在整个复平面上的值也由它在这个平行四边形上的值唯一确定. 事实上, 正弦函数与双曲正弦函数只不过是椭圆函数的极端情况, 两个周期之一被拉伸为无穷大.

椭圆函数的优美与威力源于它们之间的错综复杂的恒等式与关系. 三角函数等式只不过是椭圆函数世界的纷繁景象的苍白投影. 对椭圆函数的直觉, 没有一个人能胜过印度数学家斯里尼瓦瑟•拉马努金 (Srinivasa Ramanujan, 1887—1920), 他甚至经历了两次大学辍学. 作为马德拉斯 (Madras)① 的一个职员, 他有机会到马德拉斯大学的数学图书馆学习, 他在那里学到了椭圆函数, 并开始自己探索这片沃土. 他的发现在其短暂的一生中得到了认可, 他成为英国皇家学会最年轻的会员之一, 而且是印度第二个享有此荣誉的人. 由于人们后来发现, 源于椭圆函数的对称遍及大自然, 因此拉马努金的结果对现代物理来说变得非常根本.

① 今天称为金奈 (Chennai).

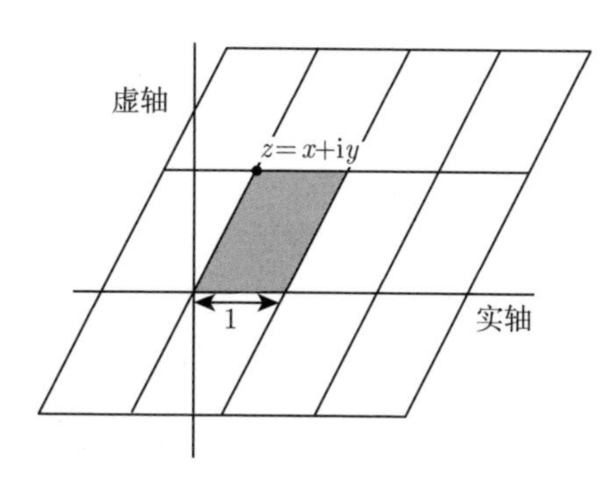

图 5.8 一个具有周期 1 和 $z=x+\mathrm{i}y$ 的椭圆函数的周期格

5.4 实数的子集

格奥尔格·康托尔以他在集合论和实数系结构方面的工作著称, 不过他是从一个关于傅里叶级数的问题开始做研究的. 康托尔曾在柏林大学跟随库默尔 (Kummer) 和魏尔施特拉斯研习数论. 在获得担任大学教授职位的资格后, 他的第一份工作是在哈雷–维滕贝格大学任教, 在那里, 爱德华·海涅劝服他研究傅里叶级数中存在的问题. 康托尔很快全力解决了具有无穷多个不连续点的函数的傅里叶级数展开. 这使他认识到, 实数的所有无限子集并非都可以比较大小.

事实上, 正如数学界慢慢认识到的, 对实数的有界无限子集的大小, 存在三种不同的描述方式: 稠密性、基数和测度.

*稠密性*是其中最古老的, 而且在 19 世纪中叶前就已经得到了很好的理解. 如果每一个与 $[0,1]$ 相交的开区间都包含 $[0,1]$ 的子集 D 中的至少一个点, 则称 D 在 $[0,1]$ 中*稠密*. 事实上, 你一旦知道每个开区间都包含 D 中至少一点, 就不难知道, 每个开区间包含 D 中*无限多个点*.① $[0,1]$ 上的一个稠密子集的经典例子是该区间上的全部有理数. 许多更小的子集, 比如分母为 2 的幂的有理数, 也是稠密的.

另一个极端, 是所谓的*无处稠密*的子集. 如果 $[0,1]$ 的每个开子区间都包含着一个子区间, 它跟 N 不相交, 则集合 N 在 $[0,1]$ 中无处稠密. 任何有限子集都是无处稠密的, 集合 $\left\{\frac{1}{n}\;\middle|\; n=1,2,3,\cdots\right\}$ 在 $[0,1]$ 中也是无处稠密的. $[0,1]$ 的每个开子区间 I 都包含一点 a, 它不是某整数的倒数, 因此它介于 $\frac{1}{n+1}$ 与 $\frac{1}{n}$ 之间 (n 为正整数). I 与 $\left(\frac{1}{n+1},\frac{1}{n}\right)$ 的交就是 I 的一个

① 若某个开区间包含 D 中有限多个点, 则由它们分割成的区间中也必定含有 D 中更多新的点.

子区间, 它不包含任何形如 $\frac{1}{n}$ 的数.

正是康托尔在 1873 年发现 (并于次年发表) 了无限集合的基数的重要性.[①] 两个集合具有相同的基数, 当且仅当它们之间存在一一对应的关系. 在这个意义下, $[0,1]$ 区间上的有理数集不超过正整数集. 从 $\frac{0}{1}$ 和 $\frac{1}{1}$ 出发, 我们可以将有理数线性排序: 取有理数的简约形式, 如果 $a+b<c+d$ 或 $a+b=c+d$, 而 $a<c$, 则 $\frac{a}{b}$ 排在 $\frac{c}{d}$ 之前. $[0,1]$ 中的全部有理数可以与正整数形成一一对应的关系, 如下所示.

$$
\begin{array}{rcccccccccccc}
 & 1 & 2 & 3 & 4 & 5 & 6 & 7 & 8 & 9 & 10 & 11 & \cdots \\
 & \updownarrow & \updownarrow & \updownarrow & \updownarrow & \updownarrow & \updownarrow & \updownarrow & \updownarrow & \updownarrow & \updownarrow & \updownarrow & \\
 & \frac{0}{1} & \frac{1}{1} & \frac{1}{2} & \frac{1}{3} & \frac{1}{4} & \frac{2}{3} & \frac{1}{5} & \frac{1}{6} & \frac{2}{5} & \frac{3}{4} & \frac{1}{7} & \cdots \\
a+b: & 1 & 2 & 3 & 4 & 5 & 5 & 6 & 7 & 7 & 7 & 8 & \cdots
\end{array}
$$

有限集或可以与正整数集形成一一对应关系的集合都称为*可数的*. 有理数集是可数的. 这也许不足为怪. 那么究竟是否只有一种无限呢? 康托尔 1874 年的论文表明, 存在更大的无限. 特别是, $[0,1]$ 区间上的全部实数*无法*与正整数集构成一一对应的关系. 这个事实的标准证明有赖于实数的无限小数表示是众所周知的.[②] 邓纳姆对康托尔的原始证明给出了优美的论述, 这个证明直接建立在实数的完备性基础上.[③] 如果一个集合不是可数的, 就称为*不可数*. $[0,1]$ 区间上的实数集不可数.

我们在 5.2 节遇到了描述一个集合大小的第三种方式, 称为*测度*. 勒贝格用三条准则来定义它:

(1) 区间的测度是其长度, 单点集的测度是 0, 对于有限多个或可数无穷多个有测度定义的集合的无交并, 其测度是各个子集合的测度之和;

(2) 对一个集合做平移 (即每个元素加上同一个数) 不会改变其测度;

(3) 若 S 和 T 都有定义良好的测度, 则 $S\cap T$ 与 $S-T$(在集合 S 中而不在集合 T 中的元素构成的集合) 都有定义良好的测度, 而且后者的测度等于 S 的测度减去 $S\cap T$ 的测度.

---

① 它出现于康托尔的论文集, 见 [11], pp. 115-118.

② 例如, 见 [19].

③ 见 [25], pp. 161-164.

正如勒贝格所能证明的, 这些条件唯一确定了度量实数子集大小的方式. 为求出一个集合 S 的测度, 我们定义 S 的一个*覆盖* C 为开区间的任意一个包含了 S 的可数并, 而该覆盖的长度则定义为这些开区间的长度之和. *若 S 的测度存在,*[1]则它必定等于 S 的所有覆盖之长度的下确界. 如果我们考虑 $[0,1]$ 的子集, 则这个区间上的有理数集 (它是可数多个测度等于 0 的集合的无交并) 的测度等于 0, 而这个区间上的无理数集具有测度 1. 任意可数集必的测度必然为 0. 那么 $[0,1]$ 上的不可数集又如何呢?

正如康托尔所表明的, 一个不可数集的测度也可能为 0. 如果我们从区间 $[0,1]$ 出发, 去掉开区间 $\left(\frac{1}{3},\frac{2}{3}\right)$, 就得到了一个测度为 $\frac{2}{3}$ 的集合. 如果我们继续去掉剩下两个区间中间的三分之一, 即 $\left(\frac{1}{9},\frac{2}{9}\right)$ 和 $\left(\frac{7}{9},\frac{8}{9}\right)$, 就能得到一个测度为 $\frac{4}{9}$ 的集合. 如法炮制, 我们在每一步去掉上一步剩下的各个区间中间的三分之一. 在第 k 步以后, 我们得到 2^k 个区间, 其总测度是 $\left(\frac{2}{3}\right)^k$ (图 5.9). 集合 C 有时称为康托尔尘 (Cantor dust), 它由 $[0,1]$ 中剩下的点构成. 被去掉的集合是一些区间的可数并, 从而康托尔尘是可测的, 而且其测度是

$$m(C)=1-\sum_{k=1}^{\infty}\frac{2^{k-1}}{3^k}=1-\frac{1}{3}\left(\frac{1}{1-\frac{2}{3}}\right)=0\ .$$

集合 C 显然包含了所有区间的端点, 即分母为 3 的幂的有理数. 也许会让你惊讶的是, C 中还包含不可数个其他点.

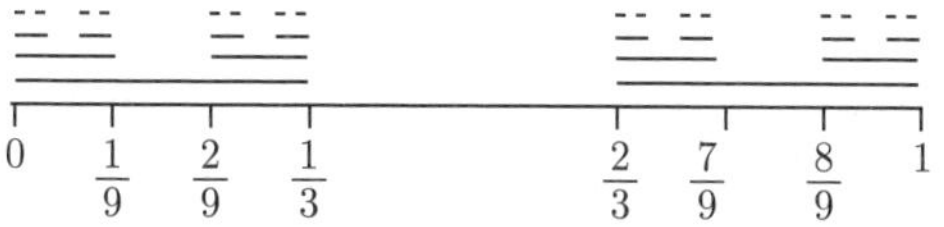

图 5.9 通过去掉中间的三分之一来构造康托尔集

对此, 最简单的方式是采用 3 为底数, 或者 0 和 1 之间的实数的三进制表示. 例如

$$0.211\,021_3=\frac{2}{3}+\frac{1}{3^2}+\frac{1}{3^3}+\frac{0}{3^4}+\frac{2}{3^5}+\frac{1}{3^6}=\frac{601}{729}.$$

① 我们将在 5.5 节探究没有测度的集合之存在性的问题.

这些区间的端点是有穷的三进制小数. 0 和 1 之间的每个实数都可以在十进制下表示为一个无穷小数, 而且这个表示是唯一的, 除了那些有限小数也可以表示为以无穷多个 9 结尾的无穷小数以外, 例如

$$\frac{8}{10}=\frac{7}{10}+\frac{9}{10^2}+\frac{9}{10^3}+\frac{9}{10^4}+\cdots, \qquad 0.8=0.799\,9\ldots.$$

以类似的方式, 0 和 1 之间的每个实数都可以在三进制下表示为一个无穷小数 (其中只用到数字 $0,1,2$), 而且这个表示是唯一的, 除了那些有限小数也可以表示为以无穷多个 2 结尾的无穷小数以外, 例如

$$\frac{1}{3}=\frac{0}{3}+\frac{2}{3^2}+\frac{2}{3^3}+\frac{2}{3^4}+\cdots, \qquad 0.1_3=0.022\,2\ldots_3.$$

康托尔尘由单位区间去掉了区间 $(0.1_3, 0.2_3)$, 然后是 $(0.01_3, 0.02_3)$ 和 $(0.21_3, 0.22_3)$, 再接下来是 $(0.001_3,\ 0.002_3)$, $(0.021_3,\ 0.022_3)$, $(0.201_3,\ 0.202_3)$, 以及 $(0.221_3,\ 0.222_3)$ 等之后剩下的点构成. 换言之, 我们去掉了所有其唯一三进制表示中在某个 1 之后有非零数字的数. 一个三进制表示中只含有 0 和 2 的实数一定包含在康托尔尘中. 特别是, 康托尔尘中的一个元素是

$$0.202\,020\,2\ldots_3=\frac{2}{3}+\frac{2}{3^3}+\frac{2}{3^5}+\frac{2}{3^7}+\cdots=\frac{2}{3}\left(\frac{1}{1-\dfrac{1}{9}}\right)=\frac{3}{4}.$$

这样的数有多少呢? 显然在 C 与形如

$$0.101\,010\,1\ldots_2=\frac{1}{2}+\frac{1}{2^3}+\frac{1}{2^5}+\frac{1}{2^7}+\cdots=\frac{1}{2}\left(\frac{1}{1-\dfrac{1}{4}}\right)=\frac{2}{3}$$

的二进制表示的数之间有一一对应的关系.

然而, 单位区间上的每一个实数都有这样一个二进制表示, 因此 C 的基数与单位区间 $[0,1]$ 的基数一样大.

集合 C 是违背直觉的. 它是无处稠密的: 每一个与 $[0,1]$ 相交的开区间必定与我们去掉的某个开区间有交集. 它是不可数的. 而且它具有测度 0.

一个无处稠密的集合可以具有正的测度吗? 回答是肯定的. 如果我们不是去掉中间的三分之一区间, 而是去掉中间的五分之一区间, 那么每个开区

间将仍然与其中之一有交集, 但剩下的集合的测度是

$$1-\sum_{k=1}^{\infty}\frac{2^{k-1}}{5^k}=1-\frac{1}{5}\left(\frac{1}{1-\frac{2}{5}}\right)=\frac{2}{3}.$$

通过选取更小的分数, 我们可以使得剩下来的无处稠密集的测度与 1 任意接近.

那么一个稠密子集是否可以有测度 0 呢? 如果它是可数的, 比如说是有理数集, 那么回答显然是肯定的. 不过即便这个集合不可数, 回答也可以是肯定的. 从康托尔集 C 出发, 将 C 的一个副本 (按比例缩小) 放到区间 $\left(\frac{1}{3},\frac{2}{3}\right)$ 中. 然后将 C 的另一个副本 (按比例缩小) 放到那 3 个被去掉的长度为 $\frac{1}{9}$ 的区间中. 将 C 的另一个副本 (按比例缩小) 放到那 9 个被去掉的长度为 $\frac{1}{27}$ 的区间中. 如此下去, 直至无穷. 由于每一个集合的测度为 0, 故所有这些集合的并集测度为 0, 不过它在 $[0,1]$ 中稠密.

综上所述, 描述 $[0,1]$ 的一个无限子集的大小有三种方式:

无处稠密 $\longleftrightarrow$ 稠密,

可数 $\longleftrightarrow$ 不可数,

零测度 $\longleftrightarrow$ 正测度.

一共会产生 8 种可能的组合, 其中只有两种不会出现, 即“可数”与“正测度”相连的两种组合.

5.5 附言: 20 世纪

随着我们前进到 20 世纪, 变得越来越清楚的一点是, 实数可以非常奇妙. 结果表明, 前一节对测度的讨论所引出的两个问题, 其实有惊人的答案.

第一个问题源于康托尔对无限集合基数的进一步探究. 基于一一对应的基数概念充满了惊奇. 我们可以利用线性函数 $y=\pi\left(x-\frac{1}{2}\right)$ 建立区间 $(0,1)$ 与 $\left(-\frac{\pi}{2},\frac{\pi}{2}\right)$ 之间的一一对应. 而正切函数 $\tan x$ 则建立了区间 $\left(-\frac{\pi}{2},\frac{\pi}{2}\right)$ 与整个实数轴之间的一一对应. 由此推出, 整个实数轴与区间

$(0,1)$ 具有相同的基数. 对一个无限集合添加一两个元素不会改变其基数, 因此 $(0,1]$ 与 $[0,1]$ 也具有这一相同的基数, 这个基数通常记为 c, 代表连续统 (continuum). 由于实数轴是区间 $(n, n+1]$ 的可数并, 因此任何基数为 c 的集合的可数并的基数也为 c.

全平面的基数与实数轴的基数相同. 给定一个单位正方形内一点, 设其坐标为 (a,b). 将它们写成无限小数, $a = 0.a_1a_2a_3\cdots, b = 0.b_1b_2b_3\cdots$. 我们可以构造 $(0,1)$ 中唯一[①]的无限小数: $0.a_1b_1a_2b_2a_3b_3\cdots$. 这意味着, 单位正方形的内部具有基数 c. 由于全平面是可数多个单位正方形内部与可数多条直线和线段的并, 因此它也具有基数 c.

不过存在着基数更大的集合. 考虑由实数集的子集构成的集合, 我们可以将它想象为由所有染色方案构成的集合, 将实数轴上每一点染成红色或蓝色. 如果一个给定的实数被染成蓝色, 就把它放进集合里, 否则就不放进来. 如果所有染色方案的集合具有基数 c, 那么我们就可以在实数集与这些染色方案集合之间建立一一对应的关系. 我们已经假定做到这一点, 即我们假定, 对每个实数 α, 有唯一的染色方案 S_α 与之对应. 由于 α 是一个实数, 因此它由染色方案 S_α 染色. 我们标记它在 S_α 中的颜色. 现在考虑一个染色方案 T, 它将每个实数 α 染成与 S_α 中相反的颜色. 例如, 若 S_π 是对应于 π 的染色方案, 且若 π 在 S_π 中被染成蓝色, 则 π 在 T 中就被染成红色. 如果在实数集与这些染色方案集之间有一个一一对应关系, 那么 T 就对应于某个实数, 比如说 $T = S_\beta$. 现在问题就来了: β 在 T 中的颜色必定与在 S_β 中的颜色相反, 但这些染色方案是相同的. 因此, 存在一一对应关系的假定必定不成立.

我们刚刚描述的这个更大的基数通常记作 2^c. 它是从实数集到一个二元集的映射集的基数.[②]重复这一过程, 我们可以得到更大基数的集合. 任给一个集合 S, 从 S 到一个二元集合的映射集的基数一定大于 S 的基数. 事实上, 有不可数多个更大的基数. 那么是否有比 c 更小的基数呢? 特别是, 数学家曾经问: 是否存在 $[0,1]$ 的无限子集, 其基数既不是 c, 也不可数?

康托尔相信这样的集合不存在, 这就是连续统假设. 可以肯定的是, 如果这样一个集合存在, 没有人有哪怕一丁点儿想法来构造它. 在 1900 年, 戴维 • 希尔伯特 (David Hilbert, 1862—1943) 向数学界提出了 20 世纪的 23

---

① 在这里, 我们不必担心那些以 9 循环结尾的无穷小数, 因为它们只有可数多个.

② 恰如 2^k 是从一个 k 元集到一个二元集的映射个数一样.

个问题, 他提出的第一个挑战就是连续统假设.

1940 年, 库尔特・哥德尔 (Kurt Gödel, 1906—1978) 表明, 定义实数的标准公理——著名的策梅洛–弗伦克尔 (Zermelo-Fraenkel) 公理——与连续统假设是相容的. 这并没有证明连续统假设成立, 只是证明了在给定的公理体系内不能证伪或提供一个反例. 就此来说, 倒也不坏. 不过, 到 1963 年, 保罗・科恩 (Paul Cohen, 1934—2007) 又证明了策梅洛–弗伦克尔公理与 $[0,1]$ 中存在一个基数既不等于 c 也不可数的集合之假设相容. 这意味着连续统假设可能不成立. 这并不是简单地说我们对连续统假设是否成立一无所知. 这意味着, 如果我们仅在策梅洛–弗伦克尔公理的框架下讨论, 就无法判断它是否成立. 更准确地说, $[0,1]$ 中存在一个基数既不等于 c 也不可数的集合之假设, 与我们对实数所知的其他一切都相容, 而不存在这样一个集合的假定, 也与我们对实数所知的其他一切都相容. 从而你需要选择是否想让连续统假设成立.①

20 世纪早期浮现出的另一个问题, 是关于有界函数在有界区间上的勒贝格积分的存在性. 5.2 节的式 (5.7) 似乎证实了, 令 Δy 充分小, 可以使上和与下和足够接近, 从而定义出积分值. 唯一潜在的问题源于要应用 $m(S_j)$, 即集合 S_j 的测度. $[0,1]$ 的所有子集是否都有一个定义良好的测度呢?

1905 年, 朱塞佩・维塔利 (Giuseppe Vitali, 1875—1932) 表明了如何构造 $[0,1]$ 的一个不可测子集.②这个构造只有一个难点. 他需要从不可数多个集合的每个集合中选取一个代表元. 一次做不可数多次选择有点儿问题, 因为没有一种自然的方式可为每个实数指定一个选择. 20 世纪早期, 对是否允许这样一种选择展开了激烈的争辩. 允许不可数多次选择后来被称为**选择公理**. 这场争辩非常激烈, 因为这个公理有许多有用的结果.③

另外, 这个公理可以推出一些非常奇怪的结果. 1924 年, 巴纳赫 (Banach) 和塔斯基 (Tarski) 证明了, 如何用选择公理来将一个三维球体剖分成五个子集, 并仅仅利用刚体运动 (旋转和平移) 将这五个子集重组为两个三维球体, 使得每个球体都跟原来的球体一样大. 注意, 在这个过程中, 体积不再保持不变. 由于体积只是测度的一种特殊情况, 因此这五个子集不能全都

---

① 一条攻克路线是, 补充额外的假定来扩展策梅洛–弗伦克尔公理, 以某种方式解决连续统假设, 但这些尝试没有一个取得圆满成功.

② 构造细节参见 [10], pp. 150-151.

③ 对于那些熟悉更高等数学的读者, 这包括: 交换环中的每一个真理想必含于一个极大理想, 每个向量空间有一个基, 每个希尔伯特空间有一个规范正交基.

是可测的. 除此以外, 通过推广他们的论证, 可以证明任意立体形状可以划分为有限多个子块, 并用刚体运动重组为其他立体形状. 这个结果的一个宜人的证明可见瓦普纳 (Wapner) 的 [70], 书名《豌豆和太阳》(*The Pea and the Sun*) 的含义在于, 如果我们接受选择公理, 那么理论上有可能将一粒豌豆 (pea) 分割成有限多块, 然后利用刚体运动将它们重组为太阳 (sun) 大小的球体.[①]

就像连续统假设一样, 我们可以选择接受或拒绝选择公理, 而不影响我们对实数所知的其他一切, 包括我们是否选择接受连续统假设. 实数集真的是超出了你的想象.

① 虽然这个块数是有限多个, 但数目一定非常大, 因为重组得到的球体的体积不会超过豌豆的体积乘以块数.

第六章 对微积分教学的思考

6.1 积分讲授为累积

非常不幸的是, 对许多学生来说, 积分仅仅限于求面积、体积以及记忆求原函数的种种法则. 许多理由表明, 若不将积分理解为累积, 那么积分教学就是失败的. 我们指出其中三个理由.

首先, 历史告诉我们, 累积是一个直观的过程. 我们粗看一下历史. 古埃及人在发现四棱台的体积公式时几乎肯定应用了某种形式的累加增量. 中国人在公元 5 世纪以前就掌握了求体积的卡瓦列里方法.[①] 这是微积分很明显地跨越了文化的一个方面.

其次, 学生必定能掌握可以计算定积分或求出不定积分的软件. 虽然许多积分技巧对它们所提供的结构方面的洞察力来说是重要的, 但只有极少数人需要在课堂以外求原函数. 更有用的是将一个累积问题转化为定积分的能力.

最后, 学生若不能将积分理解为累积, 可能就不会认识到积分在求面积与体积以外的丰富应用. 积分是用来研究具有随时变换的累积量的事物的工具: 走过的距离、完成的工作、赚取的利润、生成的物资、环境恶化或改良的追踪, 等等.

我们甚至可以通过累积来介绍积分从而开始微积分教学. 这是美国亚利桑那州的汤普森 (Thompson) 所采用的方法.[②] 他的课程基于对下述本质的洞察: 微积分是研究变化的量之间的函数关系. 一个累积必定是一个函数, 描述在每个自变量值处累积了多少. 定积分首次出现时, 必定作为一个代表上限的变量的函数.

俄克拉荷马州的厄尔特曼[③] 开发了让学生通过累积进入积分的一系列练习, 让学生有机会构造对所涉及的原理的理解.

---

① 见 [45], pp. 14-15.

② 见 “Project DIRACC: Developing and Investigating a Rigorous Approach to Conceptual Calculus”.

③ 见 “Project CLEAR Calculus: Coherent Labs to Enhance Accessible and Rigorous Calculus”.

他给学生展示了美国航空航天局的一个月球车, 配上一枚电池可以工作 3 小时, 而且它在 t 时刻的速率为 $\sin\sqrt{9-t^2}$ 英里/时 (图 6.1). 学生在探究它最多离开机舱多远并仍可在那个时刻掉头时, 就学到了估计在小时间段上的距离. 正如从图像上容易看出的, 速率在前 $2\frac{1}{2}$ 小时还多一点儿都是递增的. 更确切地说, 它在 $\sqrt{9-t^2}=\frac{\pi}{2}$ 时取得最大值, 此时 $t\approx 2.56$ 小时. 学生们会迅速领会到, 当速率递增时, 通过取初始时刻的速率与结束时刻的速率, 即可得到所走路程的一个上下界估计. 用一个简单的电子表格程序就足以得到合理的近似. 学生会认识到, 可以选取更短的时间区间以得到更精细的上下界, 从而得到更好的近似. 在此过程中, 可以向他们介绍求和记号, 这对他们所做的事情来说是很方便的. 此时可以向学生展示, 以行走时间为上限变量的积分是一种计量了实际累积的函数. 由于他们在第一次遇到定积分时, 定积分就以累积函数的形式出现, 因此这样一个函数对他们来说印象深刻.

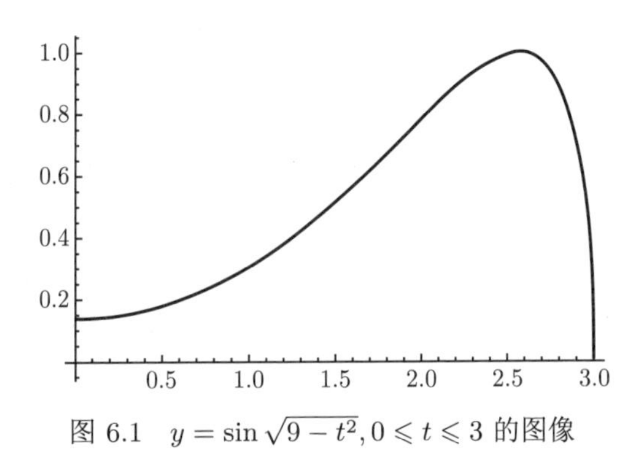

图 6.1　$y=\sin\sqrt{9-t^2}, 0\leqslant t\leqslant 3$ 的图像

厄尔特曼坚持让学生每一次在选择时间区间的同时记录上界和下界, 也为最终引入极限播下了种子. 正如我们在第四章看到的, 现代意义下的极限是通过不等式来定义的. 为了给

$$\int_0^2 \sin(\sqrt{9-t^2})\mathrm{d}t$$

指定一个值, 就是断言任给两个数, 一个数比指定的数大, 另一个数比指定的数小, 我们可以选取充分小的区间段, 使得和式的值介于这两个数之间. 这恰好就是我们所指的定积分作为黎曼和的极限的含义.

在整本书中, 我都坚持将大多数学生记得 (如果他们记得) 的这个联系积分和微分的定理称为积分学基本定理, 而不是简单的微积分基本定理 (fundamental theorem of calculus). 正如我在 2.7 节脚注中所强调的, 这有历史渊源. 更重要的是, 其背后有更深层次的教学原因. 很多学生很快就忘记了积分的极限定义. 考虑到大多数课程将重点放在了积分的技巧, 而忽略了极限定义的应用, 大多数学生认为积分与求原函数就是一回事, 这一点毫不奇怪. 造成的结果是, 原本应该处于微积分中心地位的定理被简化为一句同义反复.

正如我们在 4.6 节看到的, 柯西第一个证明了这个定理, 他证明这个定理就是为了将积分的两种定义联系起来, 一个作为求和的极限, 另一个作为求原函数. 称之为积分学基本定理不仅更准确, 而且提醒我们这个定理的本质在于将对积分的两种不同理解联系起来. 它可以提醒学生, 积分不仅仅是简单的求原函数.

6.2 导数讲授为变化率

我们可以质疑, 公元 1000 年左右的古印度天文学家是否从现代意义上理解了正弦函数的导数. 不过, 他们研究变化率, 致力于理解输入的微小改变如何影响了输出的改变. 他们已经发现, 在正弦函数的情况下, 这个变化率是一个很容易计算的量, 并且可以用来估计输出的变化量. 比起切线的斜率来, 这是对导数的更直观的介绍. 此外, 它为将导数最终应用到下述情形准备好了基础, 在那些情形中, 我们只知道近似的输入值, 还需要控制住可能的输出值.

我们知道, 即便是微积分课堂上的学生, 理解变化率也很难, 但是他们一旦理解了变化率, 就为将导数理解为切线的斜率打好了扎实的基础. 当我在美国玛卡莱斯特学院教授大一新生第一学期的微积分课程时, 我的大多数学生已经多少见过微积分. 20 多年以来, 我的这门课一直以简单评估他们对微积分的了解为开头. 前两个问题就是问: x^3-7 在 $x=2$ 时的瞬时变化率是多少? x^3-7 在区间 $[2,3]$ 上的平均变化率是多少? 每个稍微了解一点儿微积分的人都能回答前一个问题. 而这些学生几乎没有一个答得上来后一个问题. 许多人是对在 $x=2$ 与 $x=3$ 时的瞬时变化率做平均. 考虑到历史上理解瞬时速度的困难, 奇怪但真实的是, 比起平均速度来, 学生更适应瞬时速度.

我认为对此有一些解释. 第一个解释是, 平均变化率在微积分的先修课程中没有得到基本的强调. 虽然它出现在每一门微积分课程的入门素材中, 但很快就被忘记了, 因为学生的注意力转向了微分的种种技巧以及确定瞬时变化率的简单方法. 另一个解释是, 这个术语被称为“平均”. 但它看起来都不像学生在小学和中学学到的任何平均. 最后, 平均变化率是一个比值.

学生很难理解导数的极限定义的重要性. 如果我们试着向学生解释

$$\frac{f(x+h)-f(x)}{(x+h)-x}$$

是从 $(x, f(x))$ 出发的一条割线的斜率, 而且当 h 趋于 0 时, 就成为该点处切线的斜率, 我们所说的含义就在这些接踵而至的陌生概念中丢失了.

事实上, 我们可以从一个描述时刻 t 的累积量的函数出发, 并问它在 t 时刻的累积率是多少. 厄尔特曼让学生估计一支箭射出 2 秒以后的速度, 假定它在 t 时刻的高度为 (图 6.2)[①]

$$h(t)=7350-245t-7350\mathrm{e}^{-\frac{t}{25}} \quad 米/秒.$$

学生们被要求估计这个速度的上界与下界, 并且误差不超过 0.1米/秒, 这使他们能够求出近似速度, 并给出近似值的误差范围.

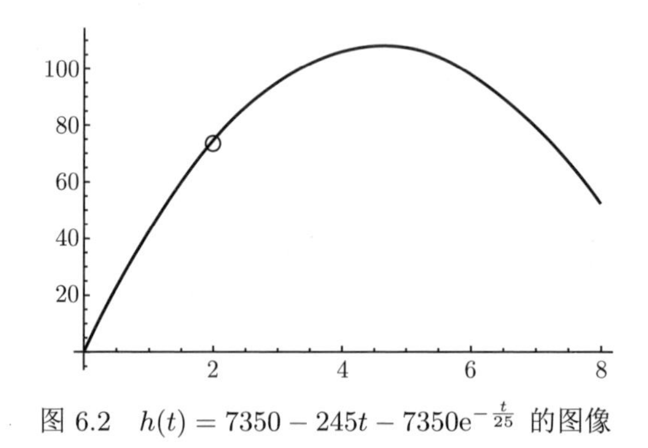

图 6.2　$h(t)=7350-245t-7350\mathrm{e}^{-\frac{t}{25}}$ 的图像

导数的定义对于理解如何求近似变化率是很重要的. 对于在头一年的微积分课程里关于微分定理的证明, 导数的定义在某种程度上都是本质的. 但学生同时要对导数作为瞬时变化率有直观的理解, 即一个物体在给定时刻运动得有多快. 这就对第二章所强调的微分的另一个重要方面——微分方程——提供了自然的引导.

① 注意, 这个图像看起来有点儿像抛物线. 如果你将 $\mathrm{e}^{-\frac{t}{25}}$ 的幂级数代入, 就会看出原因.

纳入纳皮尔在对数方面的工作的一个原因, 就是要强调他在关联变化率方面的工作. 事实上, 他得到了这样的结果, 若 y 是 x 的对数, 则

$$\frac{\mathrm{d}y}{\mathrm{d}x} = \frac{c}{x}\frac{\mathrm{d}x}{\mathrm{d}t},$$

其中常数 c 依赖于对数的底. 不幸的是, 很少有微积分课讲述了微分方程的威力与重要性. 我喜欢麦克斯韦方程组的故事, 因为它诠释了我们如此关心微积分的一个原因, 在用数学模型来揭示这个世界的奥秘方面, 微积分具有难以预料的洞察威力. 许多革新的微积分课程, 包括最早的一些微积分改革课程, 以及我们目前在玛卡莱斯特学院开设的课程①, 都是从微分方程开始的, 并且整个课程都在强调微积分可以建立动态模型. 再一次, 软件技术使得学生可以很容易地探究种种模型: 人口增长、流行病的传播、捕食者与被捕食者模型. 这为围绕微积分的学习提供了激动人心的课题. 对如何完成数值近似的分析架起了一座桥梁, 让导数回到变化率的极限.

导数是一个丰富的概念, 带来了众多新的理解. 但对许多学生来说, 他们唯一的收获就是将 x^3 变成 $3x^2$, 这是何其不幸!

6.3 无穷级数讲授为部分和序列

大多数情况下, 微分约化为求导, 积分约化为求原函数, 无穷级数约化为判定敛散性. 其实无穷级数是关于部分和的一种比较差劲的观点, 因为很少有学生能记住他们曾背诵的收敛判别准则, 我非常赞同许多院校的做法, 先等到学生掌握了作为部分和的泰勒多项式, 然后再分析幂级数的收敛性.②尽管很有挑战性, 我却乐于纳入拉格朗日余项定理作为控制误差的工具. 这也传递出了中值定理的实际重要性.

我还介绍了欧拉对指数函数的幂级数展开, 展示了无穷和带来的妙趣, 我希望我的学生们能够欣赏这个例子. 可以考虑让学生从复利公式

$$A = P\left(1+\frac{r}{n}\right)^{nt}$$

① 玛卡莱斯特学院独一无二的三学期微积分课程自始至终都强调了微积分是建立动态模型的工具, 第一学期就以多元函数开始.

② 在 [52] 的后记中, 作者讨论了学生从数列和数项级数转向函数列和函数项级数时遇到的困难, 经常将 $\lim\limits_{n\to\infty}$ 与 $\lim\limits_{x\to\infty}$ 混淆.

开始探究, 要求他们利用二项式定理展开, 然后探究当 n 增大时这个展开的性态如何, 让他们发现这个公式与指数函数之间的关联.

在学生的这个阶段, 虽然一般的幂级数不及泰勒多项式重要, 但常数项级数与几何级数非常重要. 在数学中, 几何级数几乎是无处不在的, 而且当学生学习种种收敛准则时, 几何级数是许多收敛准则的基石.

常数项级数很重要, 这是因为, 我们对极限的现代理解源于 18 世纪为理解它们收敛之含义所付出的努力. 科学家意识到, 关键的问题在于, 他们能否控制住部分和与所断言的值之间的差距. 与历史发展的路线一致, 许多教材选取无穷求和的例子来开始极限的学习.

此外, 学生需要意识到, 当莱布尼茨断言

$$\frac{\pi}{4}=1-\frac{1}{3}+\frac{1}{5}-\frac{1}{7}+\cdots$$

时是何其大胆. 对学生来说, 这里有个机会让他们弄明白, 这样一个等式的含义是什么. 讨论 $0.999\ldots$ 的含义自然融入该框架内.

6.4 极限讲授为不等式的代数

虽然在微积分课堂上给大一的学生讲授极限的 ϵ-δ 定义并要求他们掌握是不负责任的, 但这个形式化背后的思想对他们来说是可以接受的. 不论是积分、导数还是级数, 它们都是通过逼近来定义的. 极限是一个预先指定的值, 对任意的两个界, 一个比这个给定的值大, 另一个比这个给定的值小, 一旦我们限制区间的长度 (对积分和导数而言) 或部分和的最小项数 (对无穷级数而言), 总可以使得近似在这两个界之间.

在微积分中应用的极限的思想也许看起来很简单, 但事实上它可以相当复杂. 对学生理解方式的探究揭示出, 学生在理解极限思想时最常用的一个比喻是被研究者称为“坍塌”的比喻. 不论是以明确还是隐含的方式, 学生将

$$\lim_{x\to a} f(x)=L$$

理解为, 当 x 越来越趋近于 a 时, $f(x)$ 就越来越接近于 L, 直到当 x 到达 a 时, $f(x)$ 坍塌到 L.

对极限的大多数应用来说, 这个解释并不太坏, 而且常常被证明富有价

值, 不过它也造成了一些危险的误导. 正如斯温亚德 (Swinyard)① 曾证明的, 这是对极限的一种"以 x 为先导"的视角, 考察自变量的变化如何影响因变量的变化. 问题在于, 极限的真正定义是"以 y 为先导"的, 先围绕 y 值选择一个可容许的误差, 然后确立存在 x 值的一个范围可以保证这一点. 斯温亚德和拉森 (Larsen)② 曾表明, 学生理解极限的正确定义有极大的困难, 直到他们转换到"以 y 为先导"的理解.

在英国数学家戴维 • 托尔 (David Tall)③ 给 22 名数学专业的大四学生提出的下述问题中, 坍塌比喻也带来了困难.

$$\text{若 } \lim_{x\to a} f(x)=b \text{ 且 } \lim_{y\to b} g(y)=c, \text{ 是否必然有 } \lim_{x\to a} g(f(x))=c?$$

即便在反复要求再次考虑答案以后, 22 名学生中仍然有 21 名坚持认为 $\lim\limits_{x\to a} g(f(x))$ 必定等于 c.

正是关注"越来越接近"让他们误入歧途. 对 $f(x)$ 越来越接近 b 的理解自然引出这样的误解: 越来越接近 b 的变量 y 可以替换为 $f(x)$. 但如果 $f(x)=b$ 是一个常数函数, 而 g 在 b 处有极限但不连续, 即 $\lim\limits_{y\to b} g(y)\neq g(b)$, 会发生什么呢? 在这种情况下,

$$\lim_{x\to a} g(f(x))=g(b)\neq c.$$

学生在理解 $\lim\limits_{x\to a} f(x)$ 时经常忽视的一个细节是, x 不能等于 a, 而 $f(x)$ 可以等于极限值. 注意, 这处于托尔的例子的核心. 当写 $\lim\limits_{y\to b} g(y)=c$ 时, 我们在考虑变量 y, 它是明确不等于 b 的. 但当我们写 $\lim\limits_{x\to a} f(x)=b$ 时, 并没有排除在 a 附近的 x 满足 $f(x)=b$ 的可能性.

我们很自然会问, 为什么在定义 a 处的极限时, 要排除自变量等于 a 的情形? 这是因为对于在 a 处没有定义的函数, 我们也需要考虑其极限, 特别是在导数的定义中. 当 $x=a$ 时, 平均变化率

$$\frac{f(x)-f(a)}{x-a}$$

---

① 见 [63].

② 见 [64].

③ 见 [65].

没有定义. 我们需要极限的一个定义, 它只要考虑 $x \neq a$ 的情况.

厄尔特曼引导学生发现微分和积分原理的探究例子源于他对学生用来解释极限的"坍塌比喻"之分析.[1]他发现, 对许多学生来说, 近似的语言是自然而高效的. 明确了这一点后, 他研发了许多任务, 要求学生将他们的近似思想系统化, 利用不等式的代数来预先指定近似导数或积分要达到的精度. 这让学生对这些概念有了切实的理解, 并为最终过渡到形式定义奠定了基础.

正如厄尔特曼在 2008 年报告的, [2]不论是微分、积分还是级数, 在每一种背景下, 学生都必须回答五个关键问题:

(1) 你在对什么东西做近似?

(2) 近似是什么?

(3) 误差是什么?

(4) 误差的界是多少?

(5) 误差是否可以控制在任意预先指定的精度内?

如厄尔特曼所解释的, 最后两个问题其实是一对互逆的问题: 给定近似中所用参数的描述, 误差的界是多少? 给定误差的界, 如何选取近似中的参数?

并非只有厄尔特曼采取了这个方法. 彼得 • 拉克斯 (Peter Lax) 和玛利亚 • 特雷尔 (Maria Terrell) 在其《微积分及其应用》(*Calculus with Application*) 的开篇以不等式的论述为开端, 对极限进行了仔细的介绍.[3]

最后, 我要稍微讲一讲无穷小. 近一千年来以来, 它是富有成果的洞见的源泉. 无穷小仍然具有巨大的直观吸引力, 经常帮助科学家将累积问题转化为定积分, 帮助他们导出微分方程. 虽然基于无穷小的微积分可以严格化, 但那是一个需要成熟的集合论的 20 世纪的成果. 不过完全依赖于无穷小的主要问题在于, 过渡到对极限的现代理解将变得困难得多. 考虑到学生如此容易掌握近似和不等式, 这看起来是一个更自然且富有成果的途径.

---

① 见 [51].

② 见 [50].

③ 见 [41].

第七章 最后的话

我希望这个故事已经传递出微积分发展的丰富内容. 微积分根植于古代的中东与埃及, 在与希腊化的东地中海、印度、阿拉伯和欧洲的交融中获得滋养. 在 20 世纪, 今天被称为分析的工作遍及全世界. 它仍然欣欣向荣.

在为写作本书而搜索文献时, 我收获了一些惊喜. 此前, 我从未认识到意大利的关键作用, 潜意识里认为微积分是发生在西北欧的事情. 然而, 确实多亏了意大利, 大多数关于阿拉伯的数学知识是通过意大利传播的. 此外, 在意大利, 欧几里得、阿基米德和帕普斯的工作还被翻译为文艺复兴时期的通用语——拉丁文. 伽利略具有巨大的影响力, 因为他驳倒了亚里士多德式的科学, 认识到新的基础必定在于数学. 他指导的同事卡瓦列里和托里拆利, 在将数学发展引向微积分方面比其他任何人都做得多. 在整个 17 世纪, 意大利都是想要学习这门学科的人的首选国家. 纳皮尔到这里学习数学, 巴罗和格里高利也是如此. 沃利斯和许多人通过阅读托里拆利的著作而掌握了微积分的基础.

我希望我已经做了一些事情以消除这样的观念: 微积分纯粹是已经过世的欧洲男性的产物. 确实, 我们在微积分课堂上所教的内容大部分源于这一小撮人. 事实上, 通观全书, 你会发现, 每个微积分发展的贡献者的肖像都是已经过世的欧洲男性. 部分原因在于, 1600 年以前, 人们未曾想到对数学的贡献可以通过当代的肖像绘画而永垂不朽.

而这个局限的主要原因在于, 微积分只有在两个关键发明诞生以后才会出现: 代数转型为作用在符号上的一组形式运算法则, 代数与几何通过笛卡儿坐标联姻. 正如我们看到的, 代数有古老的根源, 而且在中国、印度和中东取得了高度发展, 这远在欧洲了解代数之前. 不过它的真正威力直到 1600 年前后十几年才从束缚中解放出来, 那时发展起一套有效的符号, 对这些符号做运算的一般法则也建立起来. 突然, 可以转化为这些符号并应用这些法则解决的数学问题的范围大幅扩大, 一下子消除了成百上千个曾经需要特别说明的过程.

解析几何最初是用来将几何问题转化为代数的有力语言, 从而很容易地解决它们. 不过在另一个方向, 这个联系甚至更有用, 将代数关系转化为几何语言, 通过这些曲线的面积和切线, 对这些变量的相互依赖关系给出了新的见解.

这些发明只出现在西欧的沃土上, 因为社会财富可以支持哲学家, 大学体系的基础设施提供了交流思想的中心, 而且学术自由鼓励人们质疑旧的确定性和创造新知识.[①]虽然对欧洲的这些创造发明的理解传播到了全世界, 但其传播是非常慢的. 那些其他文化和文明中的人基于所学的东西你追我赶, 重新发现了欧洲已经知道的东西.

我在第五章介绍了斯里尼瓦瑟 • 拉马努金, 因为他无疑是第一个在分析中“捡”起已经存在的工作的欧洲以外的人, 而且远远超过了任何欧洲人曾经取得的成就. 他的故事非常有教益, 因为他的许多工作需要重现发现已经有人知道的东西, 并且需要破除几十年前曾经困扰欧洲人的错误观念. 他不会孤单太久. 今天, 各个种族的人都可以做出数学突破.

女性在这个故事中很少出现, 是因为直到 19 世纪晚期, 大多数欧洲大学不招纳女学生, 我们在 5.3 节介绍的索菲娅 • 柯瓦列夫斯卡娅是第一位在欧洲大学获得教授席位的女性, 她曾在柏林大学魏尔施特拉斯门下学习. 不过作为一位女性, 她从未被大学正式录取, 甚至不能到教室听课. 魏尔施特拉斯在私底下指导她. 在她写了三篇论文——魏尔施特拉斯认为每一篇都值得授予她哲学博士学位——以后, 魏尔施特拉斯说服哥廷根大学授予了她这一学位. 时至今日, 虽然境况已经改善, 但女性仍然要面对许多障碍. 在美国授予的数学博士学位中, 女性获得者占据近三分之一, 但只代表了美国研究型大学数学职员的 16%. 直到 2014 年, 玛丽安 • 米尔扎哈尼 (1977—2017) 才成为第一位获得菲尔兹奖的女性 (菲尔兹奖是数学界的两个最高奖项之一).[②]

今天我们生活在数学发现的一个黄金时代. 并不是所有的学生都有同等的能力与机会来欣赏它的优美. 认为只有欧洲人或者男性才能追寻大自然的深层模式, 是多么令人遗憾.

---

① 毫不奇怪, 小小的荷兰 (既有财富, 又有厚重的学术传统, 还有远离教堂的学术自由) 在微积分的历史中发挥了如此重要的作用.

② 菲尔兹奖在 1936 年首次颁发, 只奖励 40 岁以下的研究者的工作, 截至 2014 年, 已经有 56 人获奖. 数学界另一同样著名的奖项是阿贝尔奖, 该奖项表彰终身成就, 在 2003 年首次颁发. 在我写这句话时, 尚未有女性获奖. (译者补充: 2019 年, 美国数学家凯伦 • 凯斯库拉 • 乌伦贝克成为阿贝尔奖首位女性得主.)

译　后　记

当我们谈基本定理时, 我们在谈什么?

在一篇 2011 年发表于《美国数学月刊》(*American Mathematical Monthly*) 的文章里, 作者在开篇列出了名为 fundamental theorem of integral calculus (以下简称 FTIC) 的定理:

[FTIC] 对于区间 $[a,b]$ 上的任意连续函数 f, 有

$$\frac{\mathrm{d}}{\mathrm{d}x}\int_a^x f(t)\mathrm{d}t = f(x), \qquad x \in (a,b) \tag{1}$$

并且, 如果对于所有的 $x \in [a,b]$ 有 $F'(x) = f(x)$, 则

$$\int_a^b f(t)\mathrm{d}t = F(b) - F(a). \tag{2}$$

我们提两个问题:

(i) FTIC 应该如何翻译?

(ii) 微积分 (学) 基本定理是什么?

calculus 的本义是小卵石, 这个含义被保留在医学术语里, 翻译为结石. 在 calculus 成为以微分、积分为主题的一门课程之前, 它在数学中的意思是计算方法. 除去 differential calculus、integral calculus 这样与微积分密切相关的术语外, 还有 algebraical calculus、exponential calculus 和 symbolic calculus 等术语. 这样看来, 将 FTIC 翻译成积分学基本定理应是准确的. 在发表于《数学译林》的译稿中, 陆柱家老师就是这么做的. 在本书的中译本里, 我们也是这么做的. 第一个问题似乎过于简单了. 然而, 为了做到这一步, 我们还是走了一些弯路.

根据定理的表述, 将公式 (2) 称作微积分基本公式, 或者牛顿–莱布尼茨公式, 是比较通用的做法. 我们可以在同济大学数学系主编、面向非数学专业的微积分教材《高等数学》, 华东师范大学数学系编写、面向数学专业的

教材《数学分析》, 以及小平邦彦的《微积分入门》中看到这样的表述. 包括笔者在内的许多人都会想当然地认为公式 (2) 就是微积分 (学) 基本定理, 这的确是上文提及的《高等数学》的表述. 20 世纪 80 年代 (其实开始的时间要更早), 科学出版社曾组织国内数学专业的专家学者们翻译了日本数学会编写的《数学百科词典》, 其中“微分和积分的关系”这个词条也是将公式 (2) 称作微积分基本定理[①]. 若考虑新近的教材或者讲义, 高等教育出版社的《简明数学分析》, 清华大学数学系、丘成桐数学科学中心的于品教授为丘成桐数学英才班开设课程所编写的《数学分析之课程讲义》(定理 128), 也都采用了这种表述. 换言之, 微积分 (学) 基本定理就是牛顿–莱布尼茨公式.

然而真是这样吗? 公式 (1) 的部分如何理解呢? 将 FTIC 中的 integral 删掉, 直接写成 fundamental theorem of calculus (以下简称 FTC), 岂不是更简洁? 彼得•拉克斯与玛利亚•特雷尔的《微积分及其应用》(*Calculus with Applications*)、詹姆斯 • 斯图尔特 (James Stewart) 的《微积分》(*Calculus: Early Transcendentals*) 以及斯蒂芬 • 阿博特 (Stephen Abbott) 的《分析入门》(*Understanding Analysis*) 都采用了 FTC 的表述[②], 并且将公式 (1) 和公式 (2) 分别称作定理的第一部分和第二部分. 看一看国内比较有代表性的情况: 郇中丹教授是前文提及的《简明数学分析》的作者之一. 他在面向北京师范大学数学专业的大一新生讲授《数学分析》的视频公开课中, 明确提到: “微积分基本定理就是讨论积分上限函数 $\int_a^x f(t)\mathrm{d}t$ 的性质.” 再翻一翻中文教科书. 华东师范大学数学系编写的《数学分析》明确地将公式 (1) 称作微积分学基本定理, 并给出如下说明:

> 本定理[③]沟通了导数和定积分这两个从表面上看似不相干的概念之间的内在联系, 同时也证明了“连续函数必有原函数”这一基本结论, 并以积分形式 $\int_a^x f(t)\mathrm{d}t$ 给出了 f 的一个原函数.

这无疑是一个精准、凝练的表述. 打一个不算恰当的比喻, 公式 (1) 与公式 (2) 的关系像是“道”与“术”的关系一样: 公式 (1) 回答了“有还是无”的问题, 公式 (2) 回答了“怎么算”的问题. 将公式 (1) 和公式 (2) 综合地写成一个定理, 才是更完整的表述. 值得一提的是, 东南大学丘成桐中

① 它的英文术语标注为 fundamental theorem of infinitesimal calculus.

② 有些奇怪的是, 在他们所有的表述中, 都没有提及牛顿–莱布尼茨公式的说法.

③ 指 FTIC 中公式 (1) 及之前的部分.

心、东南大学数学学院的李逸教授新近编写的《基本分析讲义》里, 也是写成了微积分基本定理第一部分和第二部分的形式. 在中文微积分或者数学分析主题的教材、讲义以及译著里, 这是我们看到唯一明确将公式 (1) 与公式 (2) 合写成一个定理的表述①; 但若把搜索的范围再扩大一点儿, 在实变函数主题的中文教材中, 倒是可以看到合写的表述.

为了回答最初提及的两个问题, 我们还要再多走一点点. 与华东师范大学版《数学分析》配套的参考资料《数学分析 (第四版) 学习指导书》的“定积分”一章里, 指明了如下说法同样值得我们注意:

> 从数学发展历史看, 形成定积分概念**远早于**不定积分的概念.

确实如此. 正如本书第一章的标题是累积 (accumulation), 谈到定积分, 大部分教科书会从计算图形面积、物体体积、位移等具体问题展开. 尽管用无限分割、近似求和、求极限的方法定义定积分直到柯西的时代 (19 世纪) 才宣告完成, 但问题本身随着测量的出现就已经出现. 许多教材会将定积分的内容安排在不定积分之后. 从教学的角度而言, 这种做法的确带来了很多便利, 但这并不是历史发展的先后顺序. 尽管“微分与积分是互逆的运算”非常凝练, 但这是先贤们不断探索之后的高度总结. 更麻烦的问题在于, 如果我们理解得不够好, 单纯地将积分理解为——或者干脆定义为——微分的逆 (一个显然的事实是, 并不是所有教微积分、数学分析的从业者都能达到郇中丹老师的高度), 这就会使得原本处于微积分核心地位的公式 (1) 变成了近乎平凡的事实. 出于以上的诸多考量, 在考证了术语的演化之后 (详见 2.7 节的脚注②), 作者不厌其烦地、坚决地使用术语 FTIC, 而非 FTC. 尽管定积分是通过求和、求极限的方式定义的, 深刻的是, 这样定义的定积分可以用微分的逆进行求解和计算, 而 FTIC 的第一部分就是沟通微分和积分的桥梁. 从计算的角度看, 如果要考虑定积分 $\int_0^1 x^2\mathrm{d}x$, 比起将区间 $[0,1]$ n 等分, 然后在第 i $(i \geqslant 1)$ 个小区间 $\left[\dfrac{i-1}{n}, \dfrac{i}{n}\right]$ 选取小区间的右端点的函数取值 $\left(\dfrac{i}{n}\right)^2$, 近似得到曲边梯形的面积 $\left(\dfrac{i}{n}\right)^2 \cdot \dfrac{1}{n}$, 进而求和、求极限的做法

$$\int_0^1 x^2\mathrm{d}x = \lim_{n\to\infty}\sum_{i=1}^{n}\left(\frac{i}{n}\right)^2 \cdot \frac{1}{n} = \lim_{n\to\infty}\frac{n(n+1)(2n+1)}{6n^2}\cdot\frac{1}{n} = \frac{1}{3},$$

① 蒙李逸老师告知, 2005 年, 清华大学出版社出版, 徐森林、薛春华老师编著的《数学分析》就已经使用这样的说法了.

我们更习惯直接借助微积分基本公式 (即 FTIC 的第二部分)

$$\int_0^1 x^2 \mathrm{d}x = \frac{1}{3}x^3\Big|_0^1 = \frac{1}{3}.$$

一桥飞架南北, 天堑变通途. 不管在现实生活中, 还是在各色理论里, 显然, 没有人不喜欢桥梁. 而 FTIC 的第一部分, 则是我们可以搭梁建桥的原因.

本书作者还提到了如下观点: 在积分学没有建立, 甚至连积分的术语都不清不楚的时代, 不管是牛顿还是莱布尼茨, 都不可能建立微分和积分之间的联系. 需要特别说明的是, 这个观点并非语不惊人死不休, 而同样是尊重历史的. 我们不能否认牛顿、莱布尼茨的伟大, 但也不能带着今天已经了然于心的知识储备穿越回他们的时代, 进而评价他们的工作. 怎样理解这种观点呢? 我们不妨看一个具体的例子. 因为有

> 现在我要说明, 一般的求积问题可简化为寻找一条有特定相切规则的曲线.①

这样一句话, 莱布尼茨发表于 1693 年的论文②一直被公认为最早就积分学基本定理给出了证明. 结合当时的时代背景, 并分析了莱布尼茨的论文后, 荷兰乌得勒支大学的数学史学者维克托 • 布洛舍 (Viktor Blåsjö) 认为这是断章取义的做法, 作者进而给出如下观点③:

(i) 尽管与积分学基本定理存在关联, 尽管莱布尼茨对一般的面积求解问题感兴趣, 但 1693 年论文的基本出发点是牵引运动这样一个具体、特殊的问题;

(ii) 涉及多项式函数、指数函数、对数函数的求面积问题已被广泛地讨论, 1693 年的论文讨论的恰好是积分学基本定理不能使用的场景 (若采用当代的记号, 即 $\int \sqrt{1+x^4}\mathrm{d}x$);

---

① I shall now show that the general problem of quadratures can be reduced to the finding of a curve that has a given law of tangency.

② "Supplementum geometriae dimensoriae, seu generalissima omnium Tetragonismorum effectio per motum: similiterque multiplex constructio lineae ex data tangentium conditione." *Acta Eruditorum*. 385-392. 1693.

③ "The Myth of Leibniz's Proof of the Fundamental Theorem of Calculus." *Nieuw Archief voor Wiskunde*. Series 5, Volume 16, Issue 1, 46-50. 2015.

(iii) 尽管“定义–定理–证明”的模式已经成为当代论证的基本模式, 但莱布尼茨本人并不认为积分学基本定理是一个定理, 自然也“不需要”一个证明.

出于这样新颖的观点, 这篇论文被普林斯顿大学出版社收录在 *The Best Writing on Mathematics 2016* 中.

笔者仅就自己负责翻译的部分指出一点不足, 作者在一些细节的处理上太在乎读者的感受, 但在另外一些细节上处理得又不太够. 一方面, 在 3.5 节, 引用李普曼 • 伯斯单调递增函数定理的证明之时, 给定实数集合 S, 作者有意回避了上确界 $\sup(S)$ 这样令人望而生畏的专业术语, 转而采用文字叙述, 显然这是为了考虑读者的感受. 但另一方面, 在 3.3 节, 对于大于 1 的底数 a 和充分小的正数 ω, 作者省略了欧拉给出的具体的演算实例, 直接令 $a^{\omega} = 1 + k\omega$. 在数学科普文章中, 欧拉计算自然底数 e 的故事无疑是值得讲述的, 但作者这种“武断的”做法不太容易让人接受. 我们可以引用费尔南多 • 戈维亚 (Fernando Gouvêa) 在这本书的评论中发表的观点:

> 作者阐述数学的方式有点儿快, 这个做法大大超出了本科生的接受能力. 事实上这部书的真正受众应是那些讲授微积分课程的老师.

回想自己在大学时期对微积分的认知, 再结合近几年教微积分的经历, 笔者大致认同这个观点. 但话说回来, 考虑到文理结合的通识课程正在被越来越广泛地提及, 网络的普及使人们可以便捷地检索和查阅诸多优质的线上教学资源, 我们依旧可以期待有兴趣的读者朋友能够从历史的角度去了解微积分那些惊心动魄的伟大时刻, 去看看那些闪闪发光的公式、定理, 去试着理解和把玩这些结果. 这无疑是对刻板、严肃、以传统教科书的方式进行的课堂教学的极好补充.

本书的翻译在林开亮的提议和组织、叶卢庆的技术支持下, 由三人通力合作完成, 其中:

叶卢庆负责第一章的翻译, 并提供了 tex 模板;

陈见柯负责第二、三章的翻译, 以及全书的译稿统筹工作;

林开亮负责第四、五、六、七章的翻译.

在翻译过程中, 我们与作者通过电子邮件进行了有效的沟通, 作者也给予我们很多中肯的建议. 我们要感谢人民邮电出版社北京图灵文化发展有限公司的编辑老师. 我们在 2019 年年初接手这本书的中文翻译工作, 预计交稿时间是一年后. 出于各种原因, 交稿日期一拖再拖, 所幸最终付梓. 笔者要向北京市朝阳区教育研究中心的张浩博士、中国矿业大学理学院的张汉雄博士和中国传媒大学经济与管理学院 2018 级齐嘉璐同学、数据科学与智能媒体学院 2018 级马行健同学表示感谢, 感谢他们耐心地阅读了笔者负责翻译的部分, 并提出宝贵的建议; 感谢他们告知我们, 于品教授、李逸教授都曾编写过数学分析的讲义. 笔者也向中国传媒大学信息与通信工程学院的刘金波博士和 2016 级张锦皓同学表示感谢, 感谢他们分别为笔者补充了电磁学和乐理的基本知识.

我们努力做到忠实于原著, 也希望能够传达作者对于那些"大先生"所处时代的历史考证. 但由于译者水平和修养所限, 书稿中难免出现错误, 还望读者朋友们不吝赐教, 我们的邮箱地址是:

叶卢庆 1401058606@qq.com

陈见柯 jkchen003@126.com

林开亮 kailiang_lin@163.com

译者代表: 陈见柯

2021 年 12 月 4 日于十三陵

参考文献

[1] Abel, N. H. (1826). Recherches sur la série $1 + \frac{m}{1}x + \frac{m(m-1)}{1 \cdot 2}x^2 + \frac{m(m-1)(m-2)}{1 \cdot 2 \cdot 3}x^3 + \cdots$. *Journal für die reine und angewandte mathematik* 1, 219-250.

[2] al-Khwarizmi, M. (1915). *Robert of Chester's Latin Translation of the Algebra of Al-Khowarizmi.* New York, NY: Macmillan Company. English translation by Louis Charles Karpinski.

[3] Andersen, K. (1985). Cavalieri's method of indivisibles. *Archive for History of Exact Sciences* 31, 291-367.

[4] Barbeau, E. J., and P. J. Leah (1976). Euler's 1760 paper on divergent series. *Historia Mathematica* 3, 141-160.

[5] Baron, M. E. (1969). *The Origins of the Infinitesimal Calculus.* Oxford: Pergamon Press.

[6] Bell, E. T. (1937). *Men of Mathematics.* New York, NY: Simon and Schuster. 有中译本,《数学大师》, 徐源译, 上海科技教育出版社, 2004 年.

[7] Bers, L. (1967). On avoiding the mean value theorem. *American Mathematical Monthly* 74, 583.

[8] Boyer, C. B. (1959). *The History of the Calculus and its Conceptual Development.* New York: Dover. Reprint of *The Concepts of the Calculus*, New York, NY: Hafner, 1949.

[9] Bressoud, D. M. (2007). *A Radical Approach to Real Analysis* (2nd ed.). Washington, DC: Mathematical Association of America.

[10] Bressoud, D. M. (2008). *A Radical Approach to Lebesgue's Theory of Integration.* Cambridge: Cambridge University Press.

[11] Cantor, G. (1932). Über eine eigenschaft des inbegriffes aller reellen algebraischen zahlen. In A. Fraenkel (Ed.), *Georg Cantor Gesammelte Abhandlungen*, pp. 115-118. Berlin: Verlag von Julius Springer.

[12] Cardano, G. (1968). *The Great Art or The Rules of Algebra.* Cambridge, MA: MIT Press. Translated and edited by T. Richard Witmer.

[13] Cauchy, A.-L. (1821). *Cours d'Analyse de L'École Royale Polytechnique.* Paris: L'Imprimerie Royale.

[14] Cauchy, A.-L. (1823). *Résumé des leçons donnés a L'École Royale Polytechnique sur le Calcul Infinitésimal* vol. 1. Paris: L'Imprimerie Royale.

[15] Chandrasekhar, S. (1995). *Newton's Principia for the Common Reader*. Oxford: Oxford University Press.

[16] Child, J. M. (1920). *The Early Mathematical Manuscripts of Leibniz*. Chicago, IL: Open Court Publishing.

[17] Clagett, M. (1959). *The Science of Mechanics in the Middle Ages*. Madison, WI: University of Wisconsin Press.

[18] Copernicus, N. (1543). *De revolutionibus orbium ccelestium*. Nuremberg: Ioh. Petreium. Translated by Edward Rosen, 1978; 1999 CD published by Octavo.

[19] Courant, R., and H. E. Robbins (1978). *What is Mathematics*? Oxford, England: Oxford University Press. 有中译本,《什么是数学》, 左平、张饴慈译, 复旦大学出版社, 2005 年.

[20] d'Alembert, J. (1768). Réflexions sur les suites et sur les racines imaginaires. *Opuscules mathématiques* 5, 171-215.

[21] Descartes, R. (1925). *The Geometry of René Descartes*. Chicago: Open Court Publishing. Translated by David Eugene Smith and Marcia L. Latham, with a facsimile of the first edition, 1637.

[22] Dijksterhuis, E. J. (1956). *Archimedes*. Princeton, NJ: Princeton University Press. Translated by C. Dikshoorn.

[23] Dijksterhuis, E. J. (1986). *The Mechanization of the World Picture: Pythagoras to Newton*. Princeton, NJ: Princeton University Press. Translated by C. Dikshoorn.

[24] Drake, S. (1978). *Galileo at Work: His Scientific Biography*. Chicago, IL: University of Chicago Press.

[25] Dunham, W. (2005). *The Calculus Gallery: Masterpieces from Newton to Lebesgue*. Princeton, NJ: Princeton University Press. 有中译本,《微积分的历程: 从牛顿到勒贝格》, 李伯民、汪军、张怀勇译, 人民邮电出版社, 2010 年.

[26] Euclid (1956). *The Thirteen Books of Eudid's Elements* 2nd ed New York: Dover. Translated by Thomas L. Heath.

[27] Euler, L. (1988). *Introduction to Analysis of the Infinite*, Volume 1. New York: Springer Verlag. Translated by John D. Blanton.

[28] Euler, L. (2000). *Foundations of Differential Calculus*. New York: Springer Verlag. Translated by John D. Blanton.

[29] Euler, L. (2008). Principles of the motion of fluids. *Physica D: Nonlinear Phenomena* 237. English adaptation by Walter Pauls of Euler's memoir "Principia motus fluidorum" (Euler, 1756-1757).

[30] Ferraro, G. (2008). *The Rise and Development of the Theory of Series Up to the Early 1820s* . New York, NY: Springer Verlag. Sources and Studies in the History of Mathematics and Physical Sciences.

[31] Feynman, R., M. Sands, and R. B. Leighton (1964). *The Feynman Lectures on Physics*, Vol. 2. Reading, MA: Addison-Wesley. 有中译本,《费恩曼物理学讲义》, 上海科学技术出版社, 2013 年.

[32] Galilei, G. (1638). *Dialogues Concerning Two New Sciences* (trans. H. Crew and A. de Salvio) (2nd ed.). New York: Dover. 1954; reprint of New York: Macmillan, 1914.

[33] Gauss, C. F. (1812). *Disquisitiones generales circa seriem infinitam*··· Göttingen: Societas Regia Scientiarum Gottingensis.

[34] Gauss, C. F. (1870-1929) . Elegantiores integralis $\int(1-x^4)^{-1/2}\mathrm{d}x$ propruetates et de curva lemniscata. In *Werke*, pp. 404-432. Göttingen: Königliche Gesellschaft der Wissenschaft.

[35] Grabiner, J. V. (1981). *The Origins of Cauchy's Rigorous Calculus.* Cambridge, MA: MIT Press.

[36] Havil, J. (2014). *John Napier: Life, Logarithms, and Legacy.* Princeton, NJ: Princeton University Press.

[37] Heath, T. (1921). *A History of Greek Mathematics.* Oxford: Clarendon Press. Reprinted by Dover, 1981.

[38] Heilbron, J. (2010). *Galileo.* Oxford, England: Oxford University Press. Originally published 1921.

[39] Katz, V. J. (2009). *A History of Mathematics: An Introduction* (3rd ed.) Boston, MA: Addison-Wesley. 有中译本,《数学史通论》李文林等译, 高等教育出版社, 2004 年.

[40] Lagrange, J.-L. (1847). *Théorie des fonctions analytiques* (3rd ed.). Paris: Bachelier.

[41] Lax, P. D., and M. S. Terrell (2014). *Calculus with Applications* (2nd ed.) New York: Springer-Verlag. 有中译本,《微积分及其应用》, 林开亮等译, 科学出版社, 2018 年.

[42] Lützen, J. (2003). The foundation of analysis in the 19th century. In H. N. Jahnke (Ed.), *A History of Analysis*, pp. 155-195. Providence, RI: American Mathematical Society.

[43] Mahoney, M. S. (1994). *The Mathematical Career of Pierre de Fermat* (2nd ed.). Princeton, NJ: Princeton University Press.

[44] Mancuso, P., and E. Vailati (1991). Torricelli's infinitely long solid and its philosophical reception in the seventeenth century. *Isis* 82, 50-70.

[45] Martzloff, J.-C. (1997). *A History of Chinese Mathematics.* Berlin: Springer Verlag. Translated by Stephen S. Wilson from the French original.

[46] McKean, H., and V. Moll (1999). *Elliptic Curves: Function Theory, Geometry, Arithmetic.* Cambridge, England: Cambridge University Press.

[47] Newton, I. (1666). The October 1666 tract on fluxions. In D. T. Whiteside (Ed.), *The Mathematical Papers of Isaac Newton*, vol. 1, 1664-1666, pp. 400-448. Cambridge: Cambridge University Press.

[48] Newton, I. (1687). *The Principia: Mathematical Principles of Natural Philosophy.* Berkeley, CA: University of California Press. Translation by I. Bernard Cohen and Anne Whitman, originally published 1687.

[49] NOVA (2003). *Infinite Secrets: The Genius of Archimedes.* DVD, WGBH Boston.

[50] Oehrtman, M. (2009). Collapsing dimensions, physical limitation, and other student metaphors for limit concepts. *Journal for Research in Mathematics Education* 40, 396-426.

[51] Oehrtman, M., M. Carlson, and P. W. Thomson (2008). Foundational reasoning abilities that promote coherence in students' function understanding. In M. P. Carlson and C. Rasmussen (Eds.), *Making the Connection: Research and Teaching in Undergraduate Mathematics Education*, pp. 27-41. Washington, DC: Mathematical Association of America.

[52] Oehrtman, M., C. Swinyard, and J. Martin (2014). Problems and solutions in students' reinvention of a definition for sequence convergence. *Journal of Mathematical Behavior* 33, 131-148.

[53] Ore, O. (1974). *Niels Henrik Abel, Mathematician Extraordinary.* Minneapolis, MN: University of Minnesota Press.

[54] Plofker, K. (2007). Mathematics in India. In V. J. Katz (Ed.), *The Mathematics of Egypt, Mesopotamia, China, India, and Islam: A Sourcebook*, pp. 385-514. Princeton, NJ: Princeton University Press. 有中译本,《东方数学选粹: 埃及、美索不达米亚、中国、印度与伊斯兰》, 纪志刚等译, 上海交通大学出版社, 2016 年.

[55] Poincaré, H. (1889). La logique et l'intuition dans la science mathématique et dans l'enseignement. *L'Enseignement mathématique* 11, 157-162.

[56] Roy, R. (2011). *Sources in the Development of Mathematics: Infinite Series and Products from the Fifteenth to the Twenty-first Century.* Cambridge: Cambridge University Press.

[57] Scriba, C. J. (1970). The autobiography of John Wallis, F.R.S. *Notes and Records of the Royal Society of London* 25, 17-46.

[58] Smith, D. E. (1923, 1925). *History of Mathematics.* Boston, MA: Ginn and Company.

[59] Smith, R. J. (1982). *The École Normale Supérieure and the Third Republic.* Albany NY: State University of New York Press.

[60] Stedall, J. (2008). *Mathematics Emerging: A Sourcebook 1540-1900.* Oxford: Oxford University Press.

[61] Struik, D. J. (1996). *A Source Book in Mathematics: 1200-1800.* Berlin: Springer-Verlag.

[62] Stubhaug, A. (1996). *Niels Henrik Abel and His Times: Called Too Soon by Flames Afar.* Berlin: Springer Verlag. Translated by Richard H. Daly.

[63] Swinyard, C. (2011). Reinventing the formal definition of limit: The case of Amy and Mike. *Journal of Mathematical Behavior* 30, 93-114.

[64] Swinyard, C., and S. Larsen (2012). Coming to understand the formal definition of limit: Insights gained from engaging students in reinvention. *Journal for Research in Mathematics Education* 43, 465-493.

[65] Tall, D., and S. Vinner (1981). Concept image and concept definition in mathematics with particular reference to limits and continuity. *Educational Studies in Mathematics* 12, 151-169.

[66] Toeplitz, O. (2007). *The Calculus: A Genetic Approach.* Chicago, IL: University of Chicago Press.

[67] Van Schooten, F. (1649). *Geometria à Renato Des Cartes.* Leiden: Ioannis Maire.

[68] Volterra, V. (1881). Alcune osservazioni sulle funzioni puteggiate discontinue. *Giornale di Matematiche* 19, 76-86.

[69] Wallis, J. (2004). *The Arithmetic of Infinitesimals.* New York, NY: Springer-Verlag. Translated with an introduction by Jacqueline A. Stedall.

[70] Wapner, L. M. (2005). *The Pea and the Sun: A Mathematical Paradox.* Wellesley, MA: A K Peters.

[71] Weierstrass, K. (1895). Zur Theorie der eindeutigen analytischen Funktionen. In *Mathematische werke von Karl Weierstrass*, vol. 2, pp. 77-124. Berlin: Mayer and Müller.

[72] Whiteside, D. T. (1962). Patterns of mathematical thought in the later seventeenth century. *Archive for History of Exact Sciences* 1, 179-388.